工业和信息化部"十四五"规划教材
航天科学与工程教材丛书

现代导弹制导控制

（第 2 版）

杨　军　袁　博　朱学平　朱苏朋　李　玥　编

科学出版社

北　京

内 容 简 介

本书重点论述导弹制导控制的基本理论,系统介绍导弹制导控制的基本原理、工程问题、综合实例、试验技术和先进制导控制技术。全书共 24 章,内容包括:绪论、导弹制导控制基本原理、目标特性与环境、导弹弹体动力学、导弹制导控制系统元部件、导弹四类飞行控制系统、工程设计中的控制问题、导弹制导系统分析与设计一般理论、四种制导系统以及两个导弹实例的制导控制系统、工程设计中的制导问题、导弹制导系统干扰环境与抗干扰技术、导弹制导控制系统仿真试验技术和飞行试验、先进导弹控制技术、先进导弹制导技术、新一代导弹制导控制前沿技术及展望。本书既有深入浅出的理论推导,又有作者多年从事相关领域研究工作的工程经验积累。读者通过学习本书,既能对导弹制导控制系统的基本知识有系统的了解,又能深入掌握相关的专业技术。

本书内容既可以满足飞行器控制与信息工程等专业的本科教学需求,又能作为相关专业本科生的专业选修内容,同时可作为研究生及相关专业技术人员的参考用书。

图书在版编目(CIP)数据

现代导弹制导控制 / 杨军等编. —2 版. —北京:科学出版社,2024.5
(航天科学与工程教材丛书)
工业和信息化部"十四五"规划教材
ISBN 978-7-03-074233-9

Ⅰ. ①现… Ⅱ. ①杨… Ⅲ. ①导弹制导–教材 ②导弹控制–教材
Ⅳ. ①TJ765

中国版本图书馆 CIP 数据核字(2022)第 235637 号

责任编辑:宋无汗 郑小羽 / 责任校对:崔向琳
责任印制:徐晓晨 / 封面设计:陈 敬

科学出版社 出版
北京东黄城根北街 16 号
邮政编码:100717
http://www.sciencep.com

北京中石油彩色印刷有限责任公司印刷
科学出版社发行 各地新华书店经销
*
2016 年 3 月西北工业大学出版社第一版
2024 年 5 月第 二 版 开本:787×1092 1/16
2024 年 5 月第一次印刷 印张:19 1/4
字数:456 000

定价:95.00 元
(如有印装质量问题,我社负责调换)

前　言

《现代导弹制导控制(第2版)》是飞行器控制与信息工程专业教材，是在2010年国防工业出版社出版的《导弹控制原理》和2016年西北工业大学出版社出版的《现代导弹制导控制》基础上，结合多年工程设计经验以及相关文献编写完成的，补充了近年来国内外研究成果。

现代技术的进步和应用需求推动导弹制导控制不断向前发展，使我们迫切感受到需要对教材进行修订并补充新的内容，反映行业发展前沿。本书从导弹制导控制的基础理论出发，涉及导弹制导控制的基本原理、工程问题、试验技术、先进制导控制技术等，全面、系统地向读者介绍了导弹制导控制的发展情况与前沿研究成果，对第1版章节内容进行了不同程度的修改。综合近几年导弹制导控制技术的发展，本书对战术导弹及其制导控制系统发展进行了阐述，并介绍了制导系统的智能化发展。除导弹制导控制系统的基础理论之外，本书还加入了理论知识的延伸性阅读内容，包括工程设计中的制导问题、先进导弹控制和制导技术、新一代导弹制导控制前沿技术及展望等，使读者能深入掌握导弹制导控制技术的工程设计问题及先进方法。其中加*部分是扩展内容，不作为教学要求。

本书撰写过程中，既考虑大多数学生的需要组织主要内容，又给少数学有余力的学生提供了一些拓展阅读内容。主要章节给出了例题和实例，章后列出了本章要点和习题，书后参考文献供复习和查询相关资料用。本书既可作为飞行器控制与信息工程专业和相关专业本科生的教学用书，也可供相关专业研究生和工程设计人员作为学习参考书籍。

本书要求读者具有自动控制原理、导弹概论、飞行力学等有关课程的学习基础。

杨军负责全书统稿，同时负责编写第1章、第12～14章，袁博负责编写第2～6章，朱学平负责编写第7～11章，朱苏朋负责编写第15～19章，李玥负责编写第20～24章。在撰写本书过程中，王豪杰硕士、冯闽蛟硕士、丁禹鑫硕士、侯思林硕士等协助完成了资料准备、书稿校对和绘图工作，在此表示衷心感谢。

书中的很多研究成果是在航空、航天、兵器、电子等行业院所的大力支持下获得的，在此一并致谢。

由衷感谢前辈陈新海教授、周凤岐教授和阙志宏教授多年来的支持和帮助。

本书涉及内容广泛，限于作者的水平，书中难免存在不足之处，欢迎读者批评指正。

目　录

第 1 章

绪　论

导弹是一种携带战斗部，依靠自身动力装置推进，由制导系统导引控制飞行航迹，导向目标并摧毁目标的飞行器。导弹通常由战斗部、制导系统、发动机装置和弹体结构等组成。

1.1　战术导弹发展史

战术导弹(tactical missile)是用于毁伤战役战术目标的导弹，其射程通常在 1000km 以内，多属近程导弹。它主要用于打击敌方战役战术纵深内的核袭击兵器、集结的部队、坦克、飞机、舰船、雷达、指挥所、机场、港口、铁路枢纽和桥梁等目标。20 世纪 50 年代以后，常规战术导弹曾在多次局部战争中被大量使用，成为现代战争中的重要武器之一。

在战术导弹的发展过程中，拓展可打击目标的类型和提高制导精度是战术导弹发展的重要目标，而这离不开制导控制技术的发展与推动。

1.1.1　面空导弹发展史

面空导弹是指从陆地或舰艇发射，用于拦截空中来袭目标的导弹。最早的面空导弹是 20 世纪 40 年代初德国研制的"龙胆草"和"蝴蝶"亚音速地空导弹与"莱茵女儿"和"瀑布"超音速地空导弹。

迄今为止，面空导弹已经发展了八十多个春秋，经历了四个发展时期，发展了四代。现在正处于第四代面空导弹快速发展时期，探索新一代面空导弹的发展途径。据不完全统计，世界各国已研制出的面空导弹型号超过 130 种，现役型号约百种。

1. 第一代面空导弹

20 世纪 50 年代研制并装备的第一代面空导弹，主要是为了解决飞机和高射炮无法打击中高空进入的轰炸机和侦察机的问题，多属于中高空远程面空导弹，其作战距离一般在 50～100km，作战高度约为 30km。

第一代面空导弹大多采用无线电指令制导，使用液体或固体火箭发动机。由于采用分立元器件，导弹发射质量大，地面设备庞大，空中和地面机动性能差，抗干扰能力差，使用和维护复杂，因此多数型号的第一代面空导弹现已退役。第一代面空导弹的主要代表型号有"波马克"、SA-2 和"奈基 2"等。

2. 第二代面空导弹

20 世纪 50 年代中后期至 70 年代初，由于第一代面空导弹低空性能差，空袭作战飞机在提高性能的同时，普遍采用低空、超低空突防和电子对抗作战模式，促使世界各国开始研制并装备具有低空和超低空能力的第二代面空导弹，与第一代面空导弹共同形成全空域火力配系。

第二代面空导弹的特点是为了解决导弹制导精度问题，将目标探测装置都设计到导弹上。最主要的制导系统类型是被动红外寻的制导和半主动雷达寻的制导。导弹采用复合制导，即在导弹不同飞行阶段使用多种不同的导引方法完成全程控制任务。不同导引和控制方法的采用，大大提高了导弹的作战距离和抗干扰能力。推进系统广泛采用固体火箭发动机，极大地缩短了反应时间。

这些技术的采用，使第二代面空导弹在低空飞行能力、制导精度、抗干扰能力、系统自动化程度和可靠性等方面得到明显提高，主要代表型号有"霍克"、"标准-1"、SA-6、"罗兰特"等。

3. 第三代面空导弹

从 20 世纪 70 年代中期开始，干扰、机动、饱和攻击、低可探测性目标和战术导弹成为战场上的主要威胁。针对这些变化而研制出第三代面空导弹，着力于提高抗干扰和抗饱和攻击能力、对付多目标和低可探测性目标能力，提高武器系统自动化程度。

第三代面空导弹更多选用复合制导体制，制导雷达普遍采用相控阵雷达体制和多目标通道技术。第三代面空导弹采用垂直发射技术，具有全空域作战、对付多目标、抗饱和攻击能力，其命中精度和火力密度大幅度提高，武器系统的快速机动性、生存能力、可靠性和可维护性也得到进一步提高。第三代面空导弹经改进后还具有一定的反战术弹道导弹能力，主要代表型号有"爱国者"、"标准-2"和 S-300 等。

4. 第四代面空导弹

20 世纪 80 年代中期至 90 年代，隐身飞机、战术弹道导弹、巡航导弹和各类精确制导弹药进入空袭兵器行列，"空地一体战"和"大纵深立体战"等作战理论改变了空袭作战模式，大纵深、立体化攻击、防区外攻击和饱和攻击等战术得到广泛使用。针对这些威胁，第四代面空导弹开始发展。

第四代面空导弹更加强调反弹道导弹能力，具有射程更远、目标通道更多、平均速度更高、发射质量更轻、制导精度更高等特征。其在脉冲发动机技术、直接力气动力复合控制技术、定向战斗部和直接碰撞动能杀伤技术、固态有源相控阵雷达技术以及红外成像、毫米波末制导等关键技术上取得突破性进展，命中精度达到新的水平，最大脱靶量趋于零，实现直接碰撞杀伤。

最具有代表性的第四代面空导弹是美国推出的"萨德"和 PAC-3，这两种导弹构成了大气层内外末段高低两层拦截系统。

1.1.2 空空导弹发展史

美国海军军械测试站从 1946 年开始研制真正意义上的空空导弹，至今发展了将近八十年，从无到有、从弱到强，发展成为一个庞大的系列，形成了红外和雷达两种制导体制互补搭配使用的空空导弹。它是机载武器中出现较晚但发展最快的一类武器。战争是空空导弹发展的原动力，技术突破推动其更新换代。按照导弹的攻击方式和采用的标志性技术划分，世界各国公认空空导弹已走过四代的发展历程。

1. 第一代空空导弹

20 世纪 50 年代，第一代空空导弹开始服役，实现了空空导弹从无到有的跨越，使飞行员有了在航炮射程以外摧毁目标的武器。第一代空空导弹就建立了红外与雷达两种制导体制，此后两种制导体制一直并存，并沿着各自的道路发展。第一代红外弹采用单元非制冷的硫化铅探测器，工作在近红外波段，只能探测飞机发动机尾喷口的红外辐射。第一代雷达弹采用雷达驾束制导模式，载机雷达的主波束时刻指向目标，导弹需要沿载机波束飞向目标。

第一代空空导弹主要用于攻击亚音速轰炸机。由于技术上的限制，飞行员在战术使用上只能从目标的尾后采用追击方式进行攻击，这对载机的占位提出了很高的要求，在空战中很难觅得发射时机。同时第一代空空导弹射程有限，机动能力差，目标稍作空中机动，就很容易将导弹摆脱。第一代空空导弹作战使用情况并不理想，实战命中率只有 10% 左右。第一代红外弹的典型代表有美国的"响尾蛇"AIM-9B、苏联的 K-13 等，第一代雷达弹的典型代表有美国的"猎鹰"AIM-4A、"麻雀"AIM-7A 和中国的 PL-1 等。

2. 第二代空空导弹

第二代空空导弹于 20 世纪 60 年代中期开始服役，重点解决了第一代空空导弹在空战中暴露出的性能和可靠性问题。从这一代开始，逐渐形成近距用红外导弹、中距用雷达导弹的作战运用体系。第二代红外弹采用单元制冷硫化铅或锑化铟探测器，敏感波段延伸至中红外波段，探测灵敏度提高，可探测飞机发动机的尾焰。第二代雷达弹采用圆锥扫描式连续波半主动雷达制导，具有一定的上视前侧向攻击目标的能力。同时针对第一代空空导弹的性能问题，对导弹气动外形、推进系统、引战系统等进行了改进，使导弹的攻击包线有所扩大。

第二代空空导弹主要用于攻击超音速轰炸机和歼击机，飞行员可以从目标尾后的较大范围内进行攻击，增加了战术使用灵活性。从实战效果看，存在的主要问题是低空下视能力差，机动能力有限，难以对付高机动目标，不能适应战机间的格斗需要。尽管如此，第二代空空导弹在空战中的使用率仍有所提高，其逐渐取代机炮成为主战武器。这一时期的空空导弹代表：红外弹有美国的"响尾蛇"AIM-9D、苏联的"蚜虫"P-60 等，雷达弹有美国的"麻雀"AIM-7D 等。

3. 第三代空空导弹

20世纪80年代是空空导弹发展的黄金时期。对第一、二代空空导弹研制道路与实践经验教训的归纳总结,结合精确制导技术的发展,使第三代空空导弹的技术升级做到了有的放矢。第三代红外弹采用高灵敏度单元或多元致冷锑化铟探测器,能够从前侧向探测目标,具有离轴发射能力,机动过载达35g以上。第三代雷达弹采用了单脉冲半主动导引头,具有下视下射能力。数字自动驾驶仪的引入,以及发动机、引信、战斗部等组件水平的提高,使这一代空空导弹的性能得以全面提升,具有"全高度、全方位、全天候"作战能力,可以全向攻击大机动目标。

第三代空空导弹的战术运用灵活性大幅提高,其真正具备了近距格斗与超视距作战能力,战术运用日趋成熟。第三代空空导弹的问题集中体现在导弹抗干扰能力不足和半主动雷达导引体制自身的缺陷上。第三代红外弹的典型代表有美国的"响尾蛇"AIM-9L、苏联的 P-73 和中国的 PL-9C 等。第三代雷达弹的典型代表有美国的"麻雀"AIM-7F、英国的"天空闪光"等。

4. 第四代空空导弹

20世纪后20年的几次局部战争表明,空中力量强弱对战争胜负起着至关重要的作用,空空导弹作为空战的主要武器,成为世界军事强国优先发展的装备。第四代空空导弹呈现诸强割据、百花齐放的局面,美、俄、欧等军事强国/地区均有优秀的导弹代表型号。值得一提的是,我国实现了第四代空空导弹的自主研制,成为世界空空导弹版图新的一员。

为满足空战全面迈入信息化体系对抗的新要求,第四代空空导弹主要解决了探测性能不足、抗干扰能力弱和半主动制导的体制缺陷问题。这一时期,红外成像探测、主动雷达导引、复合制导、大攻角气动外形和飞行控制技术的发展与应用,奠定了第四代空空导弹发展的技术基础。随着第四代空空导弹的服役,空战真正进入了超视距时代,空空导弹成为空战效能的倍增器。

第四代红外弹采用了红外成像制导、小型捷联惯导、气动力/推力矢量复合控制等关键技术,能有效攻击载机前方±90°范围的大机动目标,具有较强的抗干扰能力,可以实现"看见即发射",降低了载机格斗时的占位要求。第四代红外弹的典型代表有美国的"响尾蛇"AIM-9X、英国的 ASRAAM(现属于欧洲导弹集团)、以德国为主多国联合研制的 IRIS-T 等。

1.1.3　反坦克导弹发展史

反坦克导弹是用于击毁坦克和其他装甲目标的导弹,20世纪50年代中期由法国率先投入使用,继而在众多国家掀起研制高潮。其发展经历了四个阶段,至今已经成为最有效的反坦克武器之一。

1. 第一代反坦克导弹

第一阶段在20世纪50~60年代,第一代反坦克导弹的主要产品为第一代手控反坦克导弹。其典型型号为苏联的 AT-3、中国的 HJ-73 等。第一代反坦克导弹采用目视瞄准和手动操纵的制导方式。由于射手的反应能力低，因此弹速不能太快，以免射手暴露时间长，安全性低。另外，由于导弹制导回路的校正由人脑完成，因此射手训练困难，命中精度低，射击死区大。当前，这一代反坦克导弹已基本退役。

2. 第二代反坦克导弹

第二阶段在 20 世纪 70～80 年代，第二代反坦克导弹的主要产品为红外半自动有线制导反坦克导弹。其典型型号为美国的"龙"式反坦克导弹和"陶"式反坦克导弹，欧洲的"米兰"反坦克导弹，俄罗斯的 AT-4、AT-7，中国的 HJ-8、HJ-9 等。第二代反坦克导弹采用了三点法半自动瞄准线指令制导方式，射手只需保持将瞄准具十字线压在目标上，即可保证命中目标。由于是半自动操作，允许弹速提高。这样，一方面使导弹飞行时间缩短，减少了射手暴露时间，缩短了最小使用射程；另一方面减小翼面和舵面尺寸，采用折叠翼或卷弧翼进行管式发射，从而提高了可靠性。这种制导方式的缺点是，在导弹的飞行过程中，射手需一直瞄准目标，所以有可能遭到敌方的攻击。由于目标和导弹同时存在于测角仪视场内，因此敌方可通过施放红外诱饵，对发射方进行干扰。

为了解决坦克正面装甲太厚，从而难于攻击的问题，一些第二代反坦克导弹采用了掠飞攻顶方案。此方案令导弹在瞄准线上方一定高度飞行，当导弹接近目标时，向下斜置的破甲或爆炸成型战斗部被启动，直接攻击目标顶装甲，这样可以大大提高对装甲目标的毁伤效能。目前采用此方案的典型反坦克导弹有美国的 TOW-2B、"掠夺者"(Predator)，瑞典的"比尔"(Bill)反坦克导弹等。

3. 第三代反坦克导弹

第三阶段在 20 世纪 80～90 年代，为了提高第二代反坦克导弹的抗干扰能力，研制开发了激光驾束和激光半主动两种反坦克导弹。有些学者也将这代反坦克导弹称为二代半反坦克导弹。

激光驾束反坦克导弹的典型型号为欧洲的"崔格特-MR"和中国的 HJ-11 等。它采用了三点法半自动指令制导方式，但此时导弹偏离瞄准线的偏差不是由测角仪测出的，而是由导弹从调制后的激光束内得到的。由于此时目标处施放的诱饵无法干扰偏差测量信号，故此类导弹的抗干扰能力较强。

激光半主动反坦克导弹的典型型号有乌克兰的"考萨尔"(Corsar)反坦克导弹等。它采用了比例导引激光半主动寻的制导方式，其目标由前方观察所得的激光照射手通过激光照射器指示。导弹发射后，激光照射手可马上隐蔽，从而使激光照射手的安全性大大提高，但激光照射手在导弹击中目标前的十几秒时间内仍需维持瞄准照射，故仍存在激光照射手安全问题。

4. 第四代反坦克导弹

第四阶段是 20 世纪 90 年代后期至今，第四代反坦克导弹的主要产品为具备"发射后不管"能力的电视或红外成像制导反坦克导弹。其典型型号有美国的"标枪"反坦克导弹、以色列的"长钉"反坦克导弹、中国的 HJ-12 反坦克导弹。第四代反坦克导弹采用多种制导方式,如电视制导或红外图像制导、光纤制导、毫米波制导和多模复合制导等,代表着反坦克导弹的发展方向,主要特点是"发射后不管",曲射攻顶,射手安全性高。另外,由于第四代反坦克导弹节省了射手跟踪目标的时间,因此射速也可大幅提高。

1.2　战术导弹制导控制系统发展史

导弹的发展离不开导弹相关技术的发展与支撑,其中,制导控制系统的发展在导弹更新换代中起到了重要的推动与支撑作用。下面以战术导弹制导控制系统为例,从弹载导航系统、导引系统、飞行控制系统这三方面简要回顾制导控制系统的发展史。

1.2.1　弹载导航系统发展史

导航系统是自动确定位置、速度、方位等载体运动信息的装置,最初的导航系统是 20 世纪 20 年代初出现的仪表导航,距今已经有约一百年的发展历史。

1. 惯性导航系统的发展

惯性导航原理在 1942 年就应用于导弹的鼻祖——V-2 导弹,因此惯性导航原理从导弹的最早应用距今已有八十多年的历史。

在 20 世纪 50 年代早期,美国空军的西部航天和导弹试验中心邀请麻省理工学院 (MIT)的仪器仪表实验室(后来的德雷珀实验室)设计一种独立的导航系统,该导航系统安装在康维尔公司的新一代 Atlas 洲际弹道导弹上,这是惯性导航系统在导弹上的首次正式应用。

随着计算机和微技术的迅猛发展,一种新型惯导系统——捷联惯导系统从 20 世纪 60 年代初开始发展起来,并在 20 世纪 80~90 年代,在包括导弹在内的各领域得到广泛应用。据相关报道,美国军用惯性导航系统在 1984 年以前全部为平台式惯导,到 1989 年已有一半改为捷联式惯导,到 1994 年捷联惯导系统已占据 90%,而且欧洲各公司的产品也主要是捷联惯导系统。

2. 卫星导航系统的发展

卫星导航(satellite navigation)是指采用导航卫星对地面、海洋、空中和空间用户进行导航定位的技术。常见的全球定位系统(global positioning system,GPS)导航、北斗卫星导航系统(BeiDou Navigation Satellite System,BDS)等均为卫星导航。

GPS 起始于 1958 年美国军方的一个项目,1964 年投入使用。20 世纪 70 年代,美国陆、海、空三军联合研制了新一代 GPS。其主要目的是为陆、海、空三大领域提供实时、全天候和全球性的导航服务,并用于情报收集、核爆炸监测和应急通信等一些军事目的。经过 20 余年的实验研究,耗资 300 亿美元。到 1994 年,全球覆盖率高达 98% 的 24 颗 GPS 卫星已布设完成。

北斗卫星导航系统是我国自行研制的全球卫星定位与通信系统,是继美国的全球定位系统和俄罗斯的全球导航卫星系统(GLONASS)之后，第三个成熟的卫星导航系统。2012 年 12 月 27 日，北斗卫星导航系统空间信号接口控制文件正式版公布，北斗卫星导航业务正式对亚太地区提供连续无源定位、导航、授时等服务。BDS 由空间端、地面端和用户端组成，可在全球范围内全天候、全天时为各类用户提供高精度和高可靠定位、导航、授时服务，并具有短报文通信能力，已经初步具备区域导航、定位和授时能力，全球范围水平定位精度优于 9m，垂直定位精度优于 10m，授时精度优于 20ns。

3. 其他单一导航系统的发展

除了惯性导航系统和卫星导航系统外，应用于导弹的单一导航系统还有很多种，研究和应用较多的包括地磁匹配导航系统和地形匹配导航系统等。

1) 地磁匹配导航系统

20 世纪 60 年代，国际上提出并论证了磁轮廓匹配(magnetic contour matching，MAGCOM)导航系统的概念，由于当时没有实测地磁数据，因此没有进行实验验证。1974~1976 年，苏联 Ramenskoye 设计公司利用实测地磁数据成功进行了 MAGCOM 导航系统的离线实验。随后的二十多年中，GPS 技术取得的巨大进展暂时掩盖了地磁匹配导航系统的优势，使得地磁匹配导航研究停滞不前，并未获得深入的发展。由于 GPS 技术暴露出各种弱点，学者们逐渐转向寻找新的导航替代方法，地磁匹配导航系统就成了考虑中的替代方法之一。在应用上，2003 年 8 月，美国国防部宣称他们所研制的纯地磁导航系统的导航精度：地面和空中定位精度优于 30m 的圆概率误差(circular error probable，CEP)，水下定位精度优于 500m 的 CEP。俄罗斯的 SS-19 导弹采用地磁等高线制导方式做机动变轨，使得导弹沿大气层边缘近乎水平地飞行，从而增强了导弹的突防能力。

2) 地形匹配导航系统

地形匹配导航系统又称地形相关修正制导系统，通常指利用地球表面海拔(或地形特征)数据来确定飞行器的地面坐标位置，并修正惯导系统工作误差的自动制导系统。大多数巡航导弹采用的地形轮廓匹配(terrain contour matching，TERCOM)系统是一种典型的地形匹配导航系统，是美国 E-System 公司于 20 世纪 70 年代开始研制，并于 90 年代成功使用的一种导航系统。众所周知的"战斧"巡航导弹就采用了 TERCOM 系统，据说它的定位精度可保持在 10~300m，通常情况为 100m 左右。

4. 组合导航系统的发展

20 世纪 60 年代开始，随着计算机技术，尤其是微型计算机技术和现代控制理论的发展，英、美等西方工业强国竞相发展各种用途的组合导航系统，广泛应用于导弹、舰船和飞机上。惯性导航和卫星导航的性能具有非常强的互补性，因而惯性/卫星组合导航被公认为是最佳的组合导航方案。

最早采用 GPS/INS(惯性导航系统)组合制导技术的机载精确制导武器，是美国海军的舰载攻击机 A-7E 装备使用的"斯拉姆"AGM-84E 空舰导弹。该导弹采用 GPS/INS 组合制导为中段制导，红外成像加视频数据链遥控为末段制导。

美国在 B-2、F-16、F-22 等诸多飞机,"战斧"Ⅲ和Ⅳ型、联合制导攻击武器(joint direct attack munition,JDAM)等诸多导弹上均已采用 GPS/INS 组合导航系统。

我国对组合导航技术的研究开始于 20 世纪 70 年代,由于在硬件设备、基础设施、生产设备、工艺等方面与国外有着一定的差距,因此研究范围受到较大的制约,仅仅集中在与导航领域相关的科研院所和生产导航设备的大中型企业。对组合导航系统的研究大多停留在松组合或常规紧耦合模式下,大多数是以理论研究和数学仿真为主,展开实物研究的较少。经过几代科研工作者的努力,组合导航技术现在发展很快,已经广泛应用于飞机、车辆、舰艇、导弹等武器系统。随着北斗卫星导航系统的组网运行,我国的组合导航技术正在向世界先进水平迈进。

1.2.2 导引系统发展史

导引系统用来测定或探测导弹相对目标或发射点的位置,按要求的弹道形成导引指令,并把导引指令发送给控制系统。导引系统通常由目标、导弹敏感器(导引头、制导站雷达等)和导引指令形成装置(包括硬件及导引律算法)等组成。其中,目标、导弹敏感器的主要功能是获取目标、导弹的运动信息或目标–导弹的相对运动信息,相应的技术称为探测技术;导引指令形成装置的主要功能是利用目标或目标–导弹的相对运动信息通过导引律解算生成导弹的制导指令,相应的理论称为制导理论。下面分别从探测技术和制导理论两方面来介绍导引系统的发展史。

1. 探测技术的发展

目标、导弹敏感器相当于导弹的眼睛,用以获取目标、导弹的运动信息或目标–导弹的相对运动信息,是生成制导指令,实现对目标精确打击的重要组成环节。根据获取目标、导弹的运动信息或目标–导弹的相对运动信息的方式不同,可以将导引系统分为指令导引系统、驾束导引系统、自动寻的导引系统和串联复合导引系统。

1) 指令导引系统

指令导引系统通常由导弹之外的探测装置(如制导雷达、光电探测设备等)实现对目标和导弹运动信息的探测,然后由导弹之外的导引指令形成装置生成制导指令,并通过无线传输发送给导弹执行。这类导引系统多用于地空导弹,如美国的"奈基"地空导弹,它是美国 20 世纪 50 年代研制的远程高空地空导弹,是一种用雷达跟踪、无线电指令制导的全天候中高空防空武器系统。

2) 驾束导引系统

驾束导引系统通常由导弹之外的制导雷达或激光照射器实现雷达波束或激光波束对目标的精确跟踪,然后导弹通过弹载的敏感器实时测量导弹自身与雷达波束中心线或激光波束中心线的偏差,再由弹上导引指令形成装置生成制导指令。采用驾束导引系统的导弹能有效地攻击地面上静止和缓慢变化的目标。典型代表有采用雷达驾束制导的俄罗斯空空导弹 AA-1 和采用激光驾束的中国反坦克导弹"红箭-11"。

3) 自动寻的导引系统

自动寻的导引系统由导弹自身的导引头实现对目标–导弹相对运动信息的测量,然后由弹载导引指令形成装置生成制导指令。这类导引系统应用十分广泛,根据导引头的工作波段和工作方式可分为主动雷达自动寻的导引系统、半主动雷达自动寻的导引系统、被动雷达自动寻的导引系统、光电自动寻的导引系统、多模复合自动寻的导引系统等。

主动雷达自动寻的导引系统是指导引头发射电磁波,通过敏感目标反射的电磁波实现对目标–导弹相对运动信息的测量。最早使用主动雷达自动寻的导引系统的空空导弹是美国的"不死鸟"AIM-54 空空导弹。

半主动雷达自动寻的导引系统是指导弹外的制导雷达向目标发射电磁波,弹上的导引头通过接收目标反射的电磁波实现对目标–导弹相对运动信息的测量。较早采用半主动雷达自动寻的导引系统的导弹典型型号为 1946 年开始研制的 AIM-7 空空导弹,是一种中程雷达半主动制导空空导弹。

被动雷达自动寻的导引系统又称反辐射自动寻的导引系统,通常用于打击雷达类目标的反辐射导弹,其基本原理是导引头通过接收雷达类目标的辐射电磁波来实现对目标–导弹相对运动信息的测量。最早采用被动雷达自动寻的导引系统的导弹典型型号是美国的"百舌鸟"反辐射导弹,于 1958 年在海军武器中心(Naval Weapons Center,NWC)开始研制。

光电自动寻的导引系统通过接收目标光波(包括红外辐射、可见光和激光)来实现对目标–导弹相对运动信息的测量。红外自动寻的导弹(敏感红外辐射)典型型号是美国的"响尾蛇"空空导弹,其是 20 世纪 50 年代美国研制的一款近距红外制导空空导弹;最早使用的电视制导武器是 Hs294D 空地导弹;激光半主动自动寻的导弹(敏感激光)典型型号有美国的"地狱火"多用途导弹、中国的"蓝箭"反坦克导弹等。

多模复合自动寻的导引系统是指导弹采样两种或两种以上不同工作波段或工作方式的导引头,以达到更好的导引性能。常见的复合方式有主/被动雷达复合自动寻的导引系统、主动雷达/光电复合自动寻的导引系统、不同波段的光电复合自动寻的导引系统等。例如,英国的双模"硫磺石"反坦克导弹,采用了毫米波雷达与激光半主动制导双模导引头;以联合空地导弹为代表的三模复合自动寻的导引系统,其采用了半主动激光/毫米波雷达/红外成像的三模导引体制。

4) 串联复合导引系统

上面给出的几种导引系统各有其优缺点,在很多要求较高的场合,会使用这几种导引系统的串联复合方式,即在不同阶段使用不同的导引方式。最典型的代表为美国的 PAC-3 导弹,采用了指令制导+半主动制导相结合的指令–寻的制导方式。初始飞行段采用无线电指令制导引导导弹飞向目标,待导弹导引头截获目标后,转由导引头测量弹目相对运动信息,并将测量的坐标数据通过下行通道发回地面,由地面站进行处理,得出导弹的控制指令,再由地面指令发射机发射导弹控制指令控制导弹飞行。

2. 制导理论的发展

1) 经典制导规律

建立在早期概念上的制导规律通常称为经典制导规律,其主要有追踪法、视线指令制导和比例导引法三类。也可根据控制信号来源和误差组成的不同分为遥控法制导、自动寻的制导和复合制导三类。属于这三类制导规律的有三点法、前置点法(或半前置点法)、预测命中点法、追踪法、平行接近法、比例导引法等制导规律,最常用的是三点法、半前置点法、比例导引法及其改进形式的制导规律。它们以质点运动学研究为特征,不考虑导弹和目标的运动学特性,导引规律的选取随目标飞行特性和制导系统的组成不同而不同。经典制导规律有的已被淘汰,有的经改进后在工程中仍有广泛应用。

2) 现代制导规律

现代制导规律是随现代控制理论和计算机技术发展的,研究较多的主要是基于最优控制理论、非线性控制理论和鲁棒控制理论等设计的新型制导规律。其中,以最优控制理论为基础的导弹制导,在 20 世纪 60 年代中期大量文献开始出现。线性二次调节器理论和卡尔曼滤波取得了巨大的成就,加上引人注意和容易确定的反馈解形式,使得这个领域内几乎所有的著作都是以具有二次性能指标和附加高斯噪声的线性模型动力学为基础的。这就是众所周知的线性二次高斯(linear quadratic Gaussian,LQG)问题。

1.2.3 飞行控制系统发展史

飞行控制系统响应导引系统产生的指令信号和作用力迫使导弹改变航向,使导弹沿着要求的弹道飞行。根据自动控制理论,飞行控制系统除了被控对象——导弹以外,通常由控制系统传感器、执行机构、控制装置和算法组成。下面分别从硬件和算法两方面来简要介绍飞行控制系统的发展,其中硬件方面主要结合弹载传感器的发展介绍飞行控制系统方案的发展,算法方面主要介绍飞行控制系统综合设计与分析理论的发展。

1. 飞行控制系统方案的发展

飞行控制系统通常采用反馈控制结构,而反馈控制的方案一方面取决于控制理论的发展;另一方面取决于传感器的发展。

20 世纪 40 年代研制的 V-2 火箭采用的是基于自由陀螺仪的姿态角反馈控制方案,并且只在初始飞行阶段进行了控制,其余飞行阶段并没有引入控制系统。

随着控制理论和传感器的发展,出现了基于角速率陀螺仪的姿态角反馈控制方案和过载反馈控制方案、基于角速率陀螺仪+加速度计的过载反馈控制方案、基于角速率陀螺仪+加速度计+高度表的高度反馈控制方案等。尤其是 20 世纪 80~90 年代开始在导弹中大量采用捷联导航系统,角速率陀螺仪和加速度计作为捷联导航系统和飞行控制系统的共用传感器,成为一种发展趋势,基于捷联导航系统传感器的飞行控制系统得到了大量发展与应用。

随着现代战争对协同攻击和智能化攻击能力的需求日益增加,飞行控制系统基于数据链技术、智能化控制理论、一体化控制理论,向协同控制、智能化控制、一体化控制方向发展。

2. 飞行控制系统综合设计与分析理论的发展

从本质上,导弹的控制问题可以看成对空中飞行的导弹姿态、法向过载等动力学变量的稳定和控制问题,这些问题既可以用经典控制理论,也可以用现代控制理论来解决。

控制理论的发展过程一般分为三个阶段。

第一阶段，时间为 20 世纪 40～60 年代，称为"经典控制理论"时期。这一时期主要解决单输入单输出问题，通常采用以传递函数、频率特性、根轨迹为基础的频域分析法，研究对象多半是线性定常系统。经典控制理论是建立在传递函数基础上的，系统传递函数可表示为 $Y(s)=G(s)X(s)$。经典控制理论的主要特点是对单输入单输出线性定常对象完成镇定任务。其局限性主要表现为①只适用于单输入单输出线性定常系统；②根据幅值裕度、相位裕度、超调量、上升时间等性能指标来确定校正装置，很大程度上依赖于设计者的经验；③设计时无法考虑初始条件。

第二阶段，时间为 20 世纪 60～70 年代，称为"现代控制理论"时期。这一时期提出了最优控制(optimal control)方法，又相继出现了自适应控制系统(adaptive control system)、卡尔曼滤波(Kalman filter)等。现代控制理论与经典控制理论相比，其主要优点如下：①适用于多输入多输出系统，其系统可以是线性或非线性、定常或时变的，特别是对多输入多输出系统有透彻的研究；②采用时域分析方法对于控制过程来说是直接、直观和易理解的；③系统设计方法基于一种控制规律或最优控制策略，计算机能够提供一系列解析设计方法，并有许多标准程序可用；④现代控制理论的综合步骤中能够考虑任务的初始条件。现代控制理论存在的问题：①主要考虑线性多变量系统的设计问题，对非线性系统的设计考虑较少；②控制系统设计是根据标称模型设计的，在系统存在参数摄动、外部扰动、不确定性和未建模动态时，很难保证其鲁棒性；③设计指标与工程需求之间的关系不直观，阻碍了其在工程上的应用。

第三阶段，时间为 20 世纪 70 年代至今。针对非线性问题，出现了微分几何理论、逆系统方法和非线性系统直接设计方法等；针对干扰、模型参数和结构不确定性等问题，出现了变结构控制理论、鲁棒控制理论、参数空间方法；针对被控对象的模糊和不确定问题，出现了模糊控制理论和神经网络控制理论等先进控制理论。第三阶段的目标是扩大控制理论在工程上的应用范围，架起现代控制理论与工程应用之间的桥梁。

1.3 制导系统的智能化发展

在未来战争中，侦察与反侦察、干扰与反干扰、隐身与反隐身等对抗将非常激烈。在导弹制导系统中引入智能技术，使其能够在复杂、多变的背景中识别出目标和干扰，自适应地进行抗干扰，提高了导弹的突防能力和生存能力。导弹制导系统的智能化体现在智能探测，智能搜索、识别与跟踪，智能制导和智能命中等方面，几乎涵盖了导弹攻击目标的整个过程。

1. 智能探测

探测是实现导弹"眼睛"的功能。智能探测器应该具有探测目标多维特性的能力，因此多元/多模传感器是其关键部件。目前用于研制和应用的先进探测手段有电视与红外CCD 凝视成像、毫米波相控阵成像和激光成像等。智能探测器同时还具备自适应管理探测参数的功能，以期获得最佳探测效果。

2. 智能搜索、识别与跟踪

智能搜索主要是实现探测器对目标的最优搜索，保证其能自动、迅速、准确地捕获目标，提高搜索的成功概率。具体体现在：

(1) 根据被搜索目标和环境自适应地改变搜索策略、搜索视场、搜索速度和搜索门限等；

(2) 自适应地进行搜索与跟踪的状态转换，当目标离开或再进入视场时，能够自动重新搜索或跟踪。

智能跟踪是在目标识别的基础上进行的。首先对探测到的全视场内信息进行自适应处理，采用最优算法把目标分类和识别出来，然后转入自适应跟踪。智能跟踪是对探测到的目标数据分时段、连续地进行比较，自适应地进行最优决策，完成对目标的最优跟踪。

3. 智能制导

智能制导控制系统能够在线感知导弹制导过程中外界环境因素的变化，如目标、背景和干扰的变化，导弹飞行条件的变化等，做出决策，调整和改变导弹制导控制系统的结构和参数，自适应地改变制导方式和飞行弹道，确保导弹以某种最优性能指标的状态飞行。

当导弹在复杂的背景和电子对抗环境下，用以构造制导规律的制导信息常常出现缺损，可能无法实现最优制导规律。为此，发展能够根据制导信息缺损情况智能化地选取当时条件下最恰当的导引律结构和制导参数的自适应制导规律具有十分重要的意义。解决上述问题的途径之一是利用各种经典制导规律和现代制导规律使用的制导信息不完全相同的特点，通过建立人工智能专家系统，将各种不同制导规律组合起来，构造出具有自适应功能的智能多模式制导规律。

在工程上，这种智能多模式制导规律表现为一种多模加权导引律形式。在导弹上采用几种互补型的制导规律，使之在制导回路中并行加权工作。根据每种导引律对不同阶段、不同攻击条件、不同干扰条件下的适应程度，智能化地调整其制导回路中的加权值，以实现导弹在全空域整个攻击过程的最优控制。图 1.1 为某空空导弹多模加权制导系统原理框图。从中可以看出，多模加权制导系统采用了比例导引律、最优导引律和末端控制导引律，利用智能控制器调整和综合三种导引律的输出，以达到各种情况下的最优控制效果。

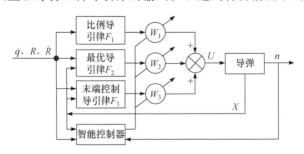

图 1.1　某空空导弹多模加权制导系统原理框图

4. 智能命中

智能制导系统在跟踪目标过程中，能自动识别目标的部位，完成选择目标"要害"和"薄弱"部位的职能(瞄准点选择)，并能与控制协同，完成对被跟踪目标"要害"和"薄弱"部位的攻击。

在新一代雷达制导地空导弹研制中，发展毫米波成像与导引头结合的一体化引信，利用毫米波导引头的宽带接收技术，可对目标一维距离成像来测量目标的要害部位，使引信启动时战斗部(或杀伤增强装置)的破片对准目标的要害部位，如弹道导弹的弹头等位置，这是引信发展的重要方向。新一代具有反导弹能力的引信采用毫米波脉冲线性调频技术，能对目标一维距离成像，距离分辨能力可达 0.2m 的水平，并能控制导弹进行遭遇段制导，确定弹头要害部位和选择最佳时刻引爆战斗部。

另外，进一步充分利用导引头、惯导系统和其他制导设备提供的信息来优化引战配合，可以使引信具备以下更高的性能：

(1) 识别目标类别。根据目标的大小，针对飞机型目标或导弹型目标应区别控制引信的启动规律。不同的目标类别，其尺寸大小、易损性等均差别很大，在引信延迟时间控制规律上有很大差别，故新一代防空导弹必须引入目标类型的识别功能，这种识别可以在地面雷达或在弹上导引头进行，提供目标识别的信息给引信。

(2) 识别脱靶方位和脱靶量参数。控制破片飞散方向并优化延迟时间，提供引信最佳引爆战斗部时刻的信息和战斗部定向起爆控制所需的信息。新一代防空导弹采用破片定向战斗部，目标脱靶方位的识别成为重要的引战配合问题。

1.4 本书主要内容

本书重点讲述现代导弹制导控制的基本理论，系统地介绍现代导弹制导控制的基本原理、工程问题、综合实例、试验技术和先进制导控制技术，共 24 章。

前 19 章为基本原理、工程问题和综合实例，内容包括：绪论、导弹制导控制基本原理、目标特性与环境、导弹弹体动力学、导弹制导控制系统元部件、导弹四类飞行控制系统、工程设计中的控制问题、导弹制导系统分析与设计一般理论、四种制导系统、两个导弹实例的制导控制系统分析、工程设计中的制导问题、导弹制导系统干扰环境与抗干扰技术。

第 20 和 21 章为导弹制导控制系统仿真试验技术和飞行试验。

第 22～24 章为先进导弹控制技术、先进导弹制导技术和新一代导弹制导控制前沿技术及展望。

本 章 要 点

1. 面空导弹发展史。
2. 空空导弹发展史。

3. 反坦克导弹发展史。

4. 战术导弹制导控制系统发展史。

5. 制导系统的智能化发展。

习　　题

1. 面空导弹发展史主要分为几个阶段? 每个阶段的特点分别是什么?

2. 空空导弹发展史主要分为几个阶段? 每个阶段的特点分别是什么?

3. 反坦克导弹发展史主要分为几个阶段? 每个阶段的特点分别是什么?

4. 简述战术导弹弹载导航系统发展史。

5. 简述战术导弹导引系统发展史。

6. 简述战术导弹飞行控制系统发展史。

7. 制导系统的智能化发展主要包括几个方面?

第 2 章

导弹制导控制基本原理

2.1 导弹控制的基本原理

导弹制导控制的目的是将其引向目标或使其按给定的弹道飞行。为实现这一目的，除了要求导弹具有一定的飞行速度外，还要求导弹在运动过程中以一定的方式改变飞行速度矢量的方向。导弹飞行速度矢量的大小和方向的改变是借助飞行控制系统来实现的，而飞行控制系统的任务是通过改变作用在导弹上的力和力矩来完成的。

2.1.1 作用在导弹上的力和力矩

1. 切向和法向控制力

在一般情况下，作用在飞行器上的力是发动机推力、空气动力和重力。为了控制导弹的飞行弹道，需要改变这些力的合力大小和方向。由于到目前为止还不能改变重力，因此，实际上控制飞行是通过改变发动机推力和空气动力合力的大小和方向来实现的。合力 N 通常称为控制力。控制力与导弹重力之比 $n = N / G$，称为过载矢量。图 2.1 为作用在导弹上的力的示意图。

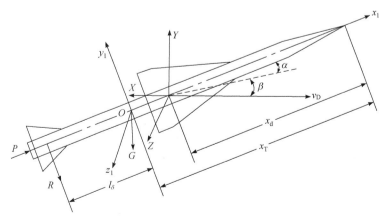

图 2.1　作用在导弹上的力的示意图

控制力可分为两个分量：平行于飞行速度矢量的切向控制力和垂直于飞行速度矢量的法向控制力。为了控制飞行速度的大小，需要改变在运动方向上作用于导弹的力，即切向控制力。为了改变飞行方向，必须在导弹上加一个垂直于飞行速度矢量的力，即法向控制力。显然，保证了切向控制力和法向控制力的大小和方向，就可在需要的时间内将导弹导向空间的给定点。在导弹上，改变法向控制力的任务是由法向过载控制系统完成的，它将法向过载指令转变为法向过载。

法向过载控制系统的基本组成在很大程度上由建立法向控制力的方法来确定，下面讨论建立法向控制力的几种基本方法。第一种方法是围绕质心转动导弹，使导弹产生攻角，由此形成气动力，这种建立法向控制力的方法被广泛采用。第二种方法是直接产生法向控制力，这种方法不需改变导弹攻角，如位于质心的喷流装置产生的直接力。介于这两种方法之间的一种方法是采用旋转弹翼建立法向控制力。法向控制力是由弹翼偏角产生的直接控制力和弹体转动引起攻角产生的气动力组成的。

前面讨论了建立法向控制力的方法，下面讨论怎样才能实现法向控制力在空间具有要求的方向。

如果导弹为飞航式气动外形或仅能在一个纵向平面上产生法向控制力，为了改变法向控制力的空间方向，导弹应相对自身转动，这种控制法向控制力的方法称为"极坐标控制方法"，如图 2.2 所示。

如果导弹为轴对称气动外形或能在两个垂直的纵向平面上产生法向控制力，为了改变法向控制力的空间方向，导弹不需转动，这种控制法向控制力的方法称为"直角坐标(或笛卡儿坐标)控制方法"，如图 2.3 所示。

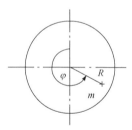

图 2.2　导弹极坐标控制方法

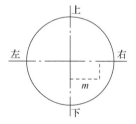

图 2.3　导弹直角坐标控制方法

2. 控制力矩

如上所述，为了获得在大小和方向上所需的法向控制力，必须以一定的方式调整导弹在空间的角位置。这项任务要通过建立控制力矩的方法实现，通过控制力矩使导弹围绕质心转动。为了产生控制力矩，在导弹上装有操纵机构。操纵机构产生不大的空气动力或反作用力，相对于导弹质心，它的力矩已足够控制导弹的角运动。通常，这种力对导弹的法向控制力影响甚小，只有既产生大部分的法向控制力，又产生控制力矩的旋转弹翼是一种例外。

操纵机构产生力的大小，一般取决于这些操纵机构的角位置，如果操纵机构是特殊的舵——火箭发动机，其产生力的大小就取决于燃料的消耗量。

相对体轴 Oy_1 和 Oz_1 的控制力矩(偏航力矩和俯仰力矩),可以用空气动力产生,如空气舵、旋转弹翼和阻流板等,也可以用反作用力产生,如燃气舵和推力矢量发动机等。

相对体轴的倾斜控制力矩可以用副翼、空气舵和燃气舵产生,也可以用差动旋转弹翼、阻流板和推力矢量发动机产生。

3. 干扰力和干扰力矩

除了引起运动参数所期望变化的控制力和控制力矩之外,作用于导弹上的还有干扰力和干扰力矩。这些干扰力和干扰力矩降低了系统的控制精度。

产生干扰力和干扰力矩的根源主要如下:

(1) 发动机推力偏心及各种生产误差(导弹的不对称、弹体偏差等);

(2) 风对导弹的影响;

(3) 操纵机构偏转误差造成的干扰力和干扰力矩。

引起操纵机构偏转误差的根源:设备工作误差、设备参数相对额定值的偏离、制导控制系统元件和线路中引起的各种假信号。进入目标和导弹的坐标测量装置、信号接收装置以及其他装置的起伏噪声是很重要的干扰。

2.1.2　导弹的气动外形与操纵特点

导弹在各种空间弹道上的运动,通常由控制导弹气动力的大小和方向来实现,而这与导弹的气动外形和操纵特点有关。

1. 导弹的气动外形

导弹的气动力面包括翼面(主升力面)和舵面。翼面有两种基本配置形式,如图 2.4 所示。

图 2.4(a)为面对称配置。这种配置的主要特征是升力由一对翼面产生,两翼面在导弹的某一对称平面(通常是纵平面)安装,呈"一"字形。图 2.4(b)和(c)为轴对称配置。这种配置的主要特征是升力由两对相互垂直的翼面产生,而翼面是以导弹的纵轴为对称轴安装,呈"+"字形或"×"字形。

根据翼面和舵面在弹身上的不同安装位置,战术导弹典型的气动布局有以下三种形式,如图 2.5 所示。

(a) "一"字形　(b) "+"字形　(c) "×"字形

图 2.4　翼面的配置形式

(a)正常式布局　(b)鸭式布局　(c)全动弹翼式布局

图 2.5　导弹气动布局示意图

图 2.5(a)为正常式布局,这种布局的特点是舵面在翼面之后,舵面转轴位置在远离导弹质心的弹身尾部。图 2.5(b)为鸭式布局,这种布局的特点是舵面在翼面之前,舵面转轴位置在远离导弹质心的弹身前部。图 2.5(c)为全动弹翼式布局,这种布局是将导弹的翼面

当作舵面使用,翼面通常称为弹翼,所以称为全动弹翼式布局。它的特点是全动弹翼的转轴位置在导弹质心附近,导弹的尾部安装固定面,起稳定尾翼的作用。

如果按弹翼与舵面呈"+"字形或"×"字形来分,有"× - +""+ - ×""× - ×"等布局形式。

2. 导弹的操纵特点

1) 正常式布局导弹的操纵特点

正常式布局导弹的舵面在导弹的尾部,因此也可以称为尾部控制面。为了直观地说明操纵特点,假定导弹在水平面内等速运动,且导弹不滚转,若控制面偏转一个角度 δ,则在控制面上产生一个升力 $F(\delta)$。令 $F(\delta)$ 压心到导弹质心的距离为 l_δ。在力矩 $M_\delta = F(\delta)l_\delta$ 的作用下,导弹在水平面内绕质心转动而产生攻角 α,此时,控制面与导弹速度矢量的夹角为 $\delta - \alpha$,控制面升力变为 $F(\delta - \alpha)$。

2) 鸭式布局导弹的操纵特点

鸭式布局导弹的舵面在导弹的前部,因此也可以称为前控制面。若控制面有一正偏角 δ,则其升力也是正的。当出现攻角 α 时,控制面升力与等效偏角 $\delta + \alpha$ 有关,即 $F(\delta + \alpha)$。

3) 全动弹翼式布局导弹的操纵特点

全动弹翼式布局导弹的舵面就是主升力面。值得提及的是,舵面转轴位置在导弹的质心之前,其操纵特点类似于鸭式布局导弹。

全动弹翼式布局的优点在于升力响应很快,且较小的导弹攻角能获得较大的侧向过载。因为在产生或调整升力的过程中,只需要转动弹翼,而不需要转动整个导弹,所以导弹的攻角是比较小的。显然,弹翼的攻角远大于导弹的攻角,由于弹翼的面积比较大,因而要求伺服机构有较大的功率。

由于全动弹翼式布局与鸭式布局类似,这里就不再详细讨论了。

2.1.3　反馈在导弹控制中的应用

本小节讨论为了保证以给定精度将导弹导引至目标区域或者保证导弹按给定弹道飞行,应当怎样控制操纵机构这样一个问题。

初看起来,为了控制导弹,只要将其舵面按一定程序进行偏转就可以了。由带有使操纵机构偏转的动力传动装置的程序机构组成的控制系统是开环自动控制系统。众所周知,这种系统广泛用于带有程序控制的机床上。

然而,开环自动控制系统一般不适用于导弹的制导控制。这可由下述两个原因来说明。

(1) 假设按给定弹道飞行:在开环自动控制系统中,操纵机构偏转和弹道参数之间所要求的相互联系,在随机干扰力和干扰力矩作用下,经常是保持不了的。

(2) 假设要求保证将导弹引向运动目标区域:若对目标运动事先不知道,那么给出保证完成给定任务的操纵机构偏转程序是不可能的。除此之外,和上述原因(1)一样,在导弹上作用着各种干扰力和干扰力矩。

因此,为了有效控制导弹的飞行,仅规定相应的控制信号大小是不够的,还应当检查指令是如何执行的,而且在必要时可以改变它。

为此目的，将所感兴趣的参量 X 的理想值 X^* 与实际值 X 比较，确定它们之间的误差 $e = X^* - X$，控制系统的目的是使误差 e 趋于最小。图 2.6 表达了这种思想，很显然，这种系统是一个反馈系统。

反馈系统具有以下几个基本特点：

(1) 更加精确的传输控制作用；

(2) 良好的干扰抑制性能；

(3) 对不可预测环境的适应能力，对系统参数变化具有更低的灵敏度。

由此可以看出，对导弹的高标准要求和恶劣的工作环境(各种干扰和快速的参数变化)，决定了制导控制系统无一例外是闭环反馈控制系统。图 2.7 是 V-2 导弹程序控制系统方框图，从中可以直观地了解反馈在制导控制系统中的作用。

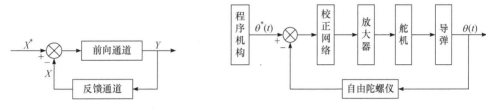

图 2.6 反馈系统方框图　　　　图 2.7 V-2 导弹程序控制系统方框图

2.1.4 导弹的控制方式

为提高导弹的命中精度和毁伤效果，对导弹进行控制的最终目的是使导弹命中目标时，质心与目标足够接近，有时还要求有相当的弹着角。为完成这一任务，需要对导弹的质心与姿态同时进行控制，但目前大部分导弹是通过对姿态的控制间接实现质心控制的。导弹姿态运动有三个自由度，即俯仰、偏航和滚转三个姿态，通常也称为三个通道。如果以控制通道的选择作为分类原则，导弹稳定控制系统典型控制方式可分为单通道控制方式、双通道控制方式和三通道控制方式。

1. 单通道控制方式

一些小型导弹，弹体直径较小，在导弹以较大的角速度绕纵轴旋转的情况下，可用一个控制通道控制导弹在空间的运动，这种控制方式称为单通道控制方式。采用单通道控制方式的导弹可采用"一"字形舵面。继电式舵机一般利用尾喷管斜置和尾翼斜置产生自旋，利用弹体旋转，使一对舵面在弹体旋转中不停地按一定规律从一个极限位置向另一个极限位置交替偏转，其综合效果产生的控制力使导弹沿基准弹道飞行。

在单通道控制方式中，弹体的自旋转是必要的，如果导弹不绕其纵轴旋转，则一个通道只能控制导弹在某一平面内的运动，而不能控制其空间运动。

单通道控制方式的优点是由于只有一套执行机构，弹上设备较少，结构简单，质量轻，可靠性高。但由于仅用一对舵面控制导弹在空间的运动，对制导系统来说，有不少特殊问题要考虑。

2. 双通道控制方式

双通道控制方式是指只对三个姿态控制通道中的两个通道进行控制或稳定的方式，目前常见的应用主要是用于慢速旋转导弹（简称慢旋弹）的俯仰-偏航双通道控制，这种慢旋弹的典型转速为3~5r/s。

双通道慢旋弹在俯仰通道和偏航通道采用了比例式舵机控制，理论上可以实现效率为1的等效控制。与单通道控制旋转弹（以正弦舵为例）相比，双通道控制效率大大提高，显著减小了舵面局部攻角，同时降低了对舵机负载能力和最大偏转速度的要求，双通道控制过载能力输出的优势明显。

3. 三通道控制方式

三通道控制方式是指导弹稳定控制系统同时对俯仰、偏航和滚转三个通道进行稳定或控制，典型的应用有侧滑转弯(STT)导弹三通道控制和倾斜转弯(BTT)导弹三通道控制。

1) STT 导弹三通道控制

对于 STT 导弹，根据不同的制导方式，典型的三通道控制方式包括俯仰/偏航控制+滚转角稳定(如采用遥控制导的 STT 导弹)和俯仰/偏航控制+滚转角速率稳定(如采用自寻的制导的 STT 导弹)。

2) BTT 导弹三通道控制

对于 BTT 导弹，法向力的大小通过俯仰通道控制导弹旋转来产生，而法向力的方向则通过控制滚转角来产生。同时，为了减小横侧向耦合或导弹采用冲压发动机时的侧滑约束，偏航通道控制的目的是侧滑角为 0，即偏航通道采用侧滑角稳定控制，因此 BTT 导弹常用的三通道控制方案是俯仰控制+侧滑角稳定+滚转角控制。

2.2 制导系统功用和组成

导弹制导系统是测量和计算导弹对目标或空间基准线的相对位置，以预定的导引规律控制导弹飞达目标的自动控制系统。

导弹制导系统由导引系统和飞行控制系统组成，如图2.8所示。导引系统用来测定或探测导弹相对目标或发射点的位置，按要求的弹道形成制导指令，并把制导指令发送给飞行控制系统。导引系统通常由目标、导弹敏感器和制导指令形成装置等组成。飞行控制系统响应导引系统产生的指令信号，产生作用力迫使导弹改变航向，使导弹沿着要求

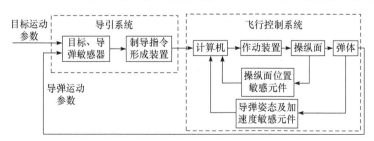

图2.8　导弹制导系统的基本组成

的弹道飞行。飞行控制系统通常由导弹姿态及加速度敏感元件、操纵面位置敏感元件、计算机、作动装置和操纵面等组成。

制导系统的工作过程如下：导弹发射后，目标、导弹敏感器不断测量导弹相对要求弹道的偏差，并将此偏差发送给制导指令形成装置。制导指令形成装置将该偏差信号加以变换和计算，形成制导指令，该指令要求导弹改变航向或速度。制导指令信号送往稳定控制系统，经变换、放大，通过作动装置驱动操纵面偏转，改变导弹飞行方向，使导弹回到要求的弹道上；当导弹受到干扰而姿态角发生改变时，导弹姿态敏感元件检测出姿态偏差，并以电信号的形式送入计算机，从而操纵导弹恢复到原来的姿态，保证导弹稳定地沿要求的弹道飞行。操纵面位置敏感元件能感受操纵面位置，并以电信号的形式送入计算机。计算机接收制导信号、导弹姿态运动信号和操纵面位置信号，经过比较和计算，形成控制信号，以驱动作动装置。

2.3 导弹制导系统分类

粗略地分，所有制导系统可以分成两种类型，即程序制导系统和从目标获取信息的制导系统。在程序制导系统中，由程序机构产生的信号起控制作用。这种信号确定所需的飞行弹道，制导系统的任务是力图消除弹道偏差。飞行程序在导弹发射前根据目标坐标给定，因此这种制导系统只能导引导弹攻击固定目标。相反，从目标获取信息的制导系统，可以在飞行过程中根据目标的运动改变导弹的弹道，因此这种制导系统既可以攻击固定目标，也可以攻击活动目标。

如果将制导系统的作用原理作为分类基础，以在什么样的信息基础上产生制导信号，利用什么样的物理现象确定目标和导弹的坐标为分类依据，就可按下述广泛采用的制导系统进行分类：自主制导系统、遥控制导系统、自动寻的制导系统、复合制导系统。

2.3.1 自主制导系统

制导指令信号仅由弹上制导设备感应地球或宇宙空间物质的物理特性而产生，制导系统和目标、制导站不发生联系，称为自主制导。自主制导示意图如图 2.9 所示。

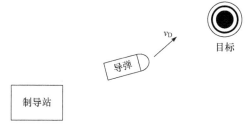

图 2.9 自主制导示意图

导弹发射前，预先确定了导弹的弹道，因此自主制导也称方案制导。导弹发射后，弹上制导系统的敏感元件不断测量预定的参数，如导弹的加速度、导弹的姿态、天体位置、地貌特征等。这些参数在导弹上经适当处理，与在预定的弹道运动时的参数进行比较，一旦出现偏差，便产生制导指令，使导弹飞向预定的目标。

为了确定导弹的位置，在导弹上必须安装导航系统。常用的导航系统有天文导航系统、惯性导航系统、卫星导航系统、地图匹配导航系统和各种导航组合的组合导航系统等。相应地，根据采用的导航系统可分为天文导航自主制导、惯性导航自主制导、卫星导航自主制导、地图匹配导航自主制导和各种组合导航自主制导。

采用自主制导系统的导弹，由于和目标及制导站不发生任何联系，故隐蔽性好，不易被干扰。导弹的射程远，制导精度也较高。但导弹一经发射出去，其飞行弹道就不能再变，所以只能攻击固定目标或将导弹引向预定区域。自主制导系统一般用于弹道导弹、巡航导弹和某些战术导弹(如地空导弹)的初始飞行段。

2.3.2　遥控制导系统

由导弹以外的制导站向导弹发出制导信息的制导系统，称为遥控制导系统。这里所说的制导信息，可能是制导指令或导弹的位置信息。根据制导指令在制导系统中形成的部位不同，遥控制导系统又分为驾束制导系统和遥控指令制导系统。

驾束制导系统中，制导站发出波束(如无线电波束、激光波束等)指示导弹的位置，导弹在波束内飞行，弹上的制导设备能感知它偏离波束中心的方向和距离，并产生相应的制导指令，操纵导弹飞向目标，其工作示意图见图 2.10(a)。在多数驾束制导系统中，制导站发出的波束应始终跟踪目标。

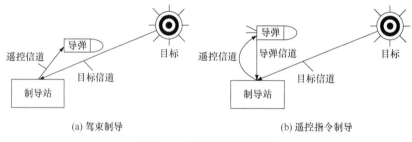

(a) 驾束制导　　　　　　　　　　　　(b) 遥控指令制导

图 2.10　遥控制导示意图

遥控指令制导系统中，由制导站导引设备同时测量目标、导弹的位置和运动参数，并在制导站形成指令。该指令送至弹上，弹上控制系统操纵导弹飞向目标，其工作示意图见图 2.10(b)。

可见，驾束制导系统和遥控指令制导系统虽然都由导弹以外的制导站导引导弹，但前者制导站的波束指向只给出导弹的位置信息，至于制导指令，则由飞行在波束中的导弹检测其在波束中的偏差来形成。遥控指令制导系统的制导指令则由制导站根据导弹、目标的信息，检测出导弹与给定弹道的位置偏差，并形成制导指令，该指令送往导弹，以操纵导弹飞向目标。

遥控制导系统与自动寻的制导系统的区别也很明显。前者，在导弹发射后，制导站必须对目标(遥控指令制导中还包括导弹)进行观测，并通过其遥控信道向导弹不断发出制导信息(或制导指令)。后者，在导弹发射后，只由弹上制导设备通过其目标信道对目标进行观测，并形成制导指令。原则上，导弹一经发射，制导站不再与它发生联系。因此，遥控制导系统的制导设备分装在制导站和导弹上，自动寻的制导设备基本装在导弹上。

　　遥控制导的制导精度较高，作用距离比自动寻的制导稍远些，弹上制导设备较简单。但其制导精度随导弹与制导站的距离增大而降低，由于它要使用两个以上的信息，因此容易受外界干扰。

　　遥控制导系统多用于地空导弹和一些空空导弹、空地导弹，有些战术巡航导弹也用遥控制导系统来修正其航向。

2.3.3　自动寻的制导系统

　　利用目标辐射或反射的能量(如电磁波、红外线、激光、可见光等)，通过弹上制导设备测量目标、导弹相对运动的参数，按照确定的关系直接形成制导指令，使导弹飞向目标的制导系统，称为自动寻的制导系统，见图 2.11。

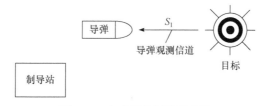

图 2.11　自动寻的制导示意图

　　导弹发射后，弹上的制导系统接收来自目标的能量，角度敏感器觉察出导弹接近目标时的方向偏差，弹载计算机依照偏差形成制导指令，使导弹飞向目标。自动寻的制导系统与自主制导系统的区别是导弹与目标间有联系，即有导弹观测信道。

　　自动寻的制导系统可使导弹攻击高速目标，制导精度较高，而且导弹与制导站间没有直接联系，能发射后不管。但由于它通过来自目标的能量来检测导弹的飞行偏差，因此作用距离有限，且易受外界的干扰。自动寻的制导系统一般用于空空导弹、地空导弹、空地导弹和某些弹道导弹、巡航导弹的飞行末段，以提高末段制导精度。

2.3.4　复合制导系统

　　以上三种制导系统各有其优、缺点，如表 2.1 所列。当要求较高时，根据目标特性和要完成的任务，可把三种制导系统以不同的方式组合起来，取长补短，进一步提高制导系统的性能。例如，导弹飞行初段用自主制导，将其导引到要求的区域；中段用遥控制导，以较精确地把导弹导引到目标附近；末段用自动寻的制导。这不仅增大了制导系统的作用距离，而且更重要的是提高了制导精度。当然，还可用自主制导+自动寻的制导、遥控制导+自动寻的制导等复合制导系统。

表 2.1　三种制导系统的简要比较

类型	作用距离	制导精度	制导设备位置	抗干扰能力
自主制导系统	较远	较高	在弹上	极强
遥控制导系统	较远	高，随距离降低	分装在制导站内和弹上	较差
自动寻的制导系统	小于遥控制导	高	在弹上	较差

复合制导系统在方式转换过程中，各种制导设备的工作必须协调过渡，使导弹的弹道能够平滑地衔接起来。目前，复合制导系统已获得广泛应用，如地空导弹、空地导弹、地地导弹等。随着微电子器件的发展，复合制导系统的应用将越来越广泛。

2.4　导弹控制系统分类

导弹控制系统是一组安装在导弹上的装置，通过改变导弹的角位置或角运动，实现对导弹运动参数的稳定和控制，其典型形式包括姿态角稳定控制系统、法向过载控制系统、速度控制系统、位置控制系统等。

1. 姿态角稳定控制系统

姿态角稳定控制系统主要实现对导弹姿态三个飞行姿态角(滚转、偏航和俯仰)的稳定与控制，这是导弹在有些场合或飞行阶段的控制目的，如地空导弹的初始飞行段和所有导弹的滚转通道。

姿态角稳定控制系统一般由三个基本通道组成，分别稳定和控制导弹的滚转、偏航和俯仰姿态。其中，滚转通道的姿态角控制系统即为倾斜运动稳定系统。

2. 法向过载控制系统

导弹精确命中目标是其最终的控制目的，为实现这一目的，一般通过改变法向过载来改变速度方向，从而实现对目标的攻击，而改变法向过载大小和方向就是法向过载控制系统的控制任务。

3. 速度控制系统

速度控制系统通常用于飞机，在导弹中的应用很少，但随着对时敏目标打击需求的出现、先进发动机的应用等，一些导弹中也有了引入速度控制系统的必要。例如，多脉冲技术通过改变弹体的速度，可以实现对弹道的修正，继而达到提高导弹命中率的目的。

4. 位置控制系统

在有些飞行阶段(如某些导弹的中制导段)需要对导弹的位置进行控制。俯仰通道位置控制的典型例子是反舰导弹，其在中制导段为了减阻增程，通常在设计好的飞行高度定高飞行；侧向通道位置控制的典型例子是飞航导弹，其在进行地形规避或突防时，通常要按照规划好的路线前进，这主要通过水平位置控制系统来实现。

2.5　制导控制系统的设计方法

2.5.1　制导控制系统的设计特点

与其他工业自动化系统相比，制导控制系统更为复杂。这主要是由于制导控制系统特殊的工作条件和对其在精度和可靠性方面的高要求。

制导控制系统工作条件的特殊性表现在它的复杂性和多样化上,主要有如下几个因素:

(1) 导弹空间运动、导弹与空间介质的相互作用和结构弹性引起的操纵机构偏转与导弹运动参数之间的复杂联系;

(2) 导弹的动力学特性与导弹飞行时快速变化的飞行速度、高度、质量和转动惯量之间的密切联系;

(3) 控制系统通道之间复杂的相互作用;

(4) 导弹的空气动力特性和控制装置元件的非线性;

(5) 大量各种类型的干扰作用;

(6) 各种各样的发射和飞行条件,如飞行高度、导弹和目标在发射瞬间相对运动的参数和目标以后的运动的参数。

因为受控对象是可以人为改变的导弹,所以导弹制导控制系统设计有着与一般工业过程控制不同的设计特点(如化工过程控制,其被控对象是化学反应过程,它是不能人为改变的)。当对其进行设计时,应将系统看成一个完整的有机体。系统中每个元件的设计师应当注意,元件不仅本身重要,而且作为整体的一部分也很重要。尤其是导弹本身的设计不仅要按照对其本身的要求进行,而且应考虑对整个制导控制系统的要求。

2.5.2　制导控制系统的研究和设计方法

制导控制系统的整体综合问题是十分复杂的,因而在实际中采用了逐次接近法和解决同一问题的不同可能方案中优选的比较分析法。

制导控制系统的复杂性使得一次综合完成设计在工程中是行不通的,只能经过几个研究阶段逐次接近完成设计。一般可将制导控制系统设计分成以下几个阶段。

(1) 预先研究和草图设计阶段:利用研制早期导弹模型的试验数据,采用理论研究方法(解析法和计算机仿真技术)完成系统的初步设计工作。

(2) 技术设计阶段:以实物模型的实验研究为基础,在制导控制系统的半实物仿真系统上完善设计。

(3) 导弹飞行试验阶段:全面考核制导控制系统的实际性能,并对获得的实验数据进行理论分析,为改进制导控制系统的设计提供参考数据。

制导控制系统的复杂性决定了在实际设计时,设计方案的选择存在着多样性,而评价这些设计方案的优劣并非易事。因此只能在整个设计过程中采用比较分析法逐步淘汰不太合理的方案,最终给出满意的结果。

2.6　制导控制系统的要求

2.6.1　制导控制系统的基本要求

为了完成导弹的制导任务,对制导控制系统的主要要求:制导精度高,对目标的分辨率高,反应时间应尽量短,控制容量大,抗干扰能力和生存能力强,可靠性高和可维修性好等。

1. 制导精度

制导精度是制导系统最重要的指标之一。如果制导控制系统的制导精度很低，便不能把导弹的有效载荷(如战斗部)引向目标，完不成摧毁目标的任务。制导精度通常用脱靶量来表示。脱靶量是指导弹在制导过程中与目标间的最短距离。导弹的脱靶量不能超出其战斗部的杀伤半径，否则导弹便不能以预定概率杀伤目标。战术导弹的脱靶量可达到几米，甚至有的可与目标相碰。由于战略导弹的战斗部威力大，目前的脱靶量放宽到几十米至几百米。

2. 对目标的分辨率

被攻击的目标附近有其他非指定目标时，制导控制系统对目标必须有较高的距离和

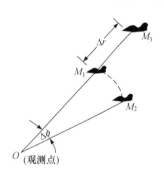

图 2.12　制导控制系统对目标的分辨率

角度分辨能力。距离分辨率是制导设备在同一角度上，对不同距离目标的分辨能力，一般用制导控制系统能分辨出两个目标的最小距离 Δr 来表示。角度分辨率则是制导控制系统在同一距离上，对不同角度目标的分辨能力，一般用制导控制系统能分辨出的两个目标与观测点连线间的夹角 $\Delta\phi$ 表示。如图 2.12 所示，制导控制系统对目标 M_1、M_3 的距离分辨率为 Δr，目标的角度分辨率为 $\Delta\phi$。

制导控制系统对目标的分辨率，主要由其传感器的测量精度决定。要提高制导控制系统对目标的分辨率，必须采用高分辨能力的目标传感器。目前，制导控制系统对目标的距离分辨率可达到几米以内，角度分辨率可达到毫弧度级以内。

3. 反应时间

一般来说，反应时间应由防御的指挥、控制、通信系统(C3I 系统)和制导控制系统的性能决定。但对于攻击活动目标的战术导弹，反应时间则主要由制导控制系统决定。当导弹系统的搜索探测设备对目标进行识别和威胁判定后，立即计算目标诸元并选定应射击的目标。制导控制系统接受被选定的目标，对目标进行跟踪(照射)，并进行转动发射设备、捕获目标、计算发射数据、执行发射等操作。此后，导弹才从发射设备射出。制导控制系统执行上述操作所需要的时间称为反应时间。随着科学技术的发展，目标速度越来越快，由于难以实现在远距离上对低空目标的搜索、探测，因此制导控制系统的反应时间必须尽量短。

缩短制导控制系统反应时间的主要途径是提高制导控制系统准备工作的自动化程度，如使跟踪、瞄准自动化，发射前测试自动化等。目前，技术先进的弹道导弹反应时间可缩短到几分钟，近程地空导弹的反应时间可缩短到几秒钟内。

4. 控制容量

控制容量是对地空导弹、空空导弹系统的主要要求之一。它是指制导控制系统能同时观测的目标和制导的导弹数量。在同一时间内，制导一枚或几枚导弹只能攻击同一目标的制导控制系统，称为单目标信道系统。制导多枚导弹能攻击多个目标的制导控制系

统，称为多目标、多导弹信道系统。单目标信道系统只能在一批(枚)导弹制导过程结束后，才能发射第二批(枚)导弹攻击另一目标。因此，空空导弹和地空导弹多采用多目标、多导弹信道系统，以增强导弹武器对多目标入侵的防御能力。

提高制导控制系统控制容量的主要途径：采用具有高性能的目标、导弹敏感器和快速处理信号能力的导引设备，以便在大的空域内跟踪、记忆和实时处理多个目标信号，也可采用多个制导控制系统组合使用的方法。目前，技术先进的地空导弹导引设备，能够处理上百个目标的数据，跟踪几十个目标，制导几批导弹分别攻击不同的目标。

5. 抗干扰能力和生存能力

抗干扰能力和生存能力是指遭到敌方袭击、电子对抗、反导对抗和受到内部、外部干扰时，制导控制系统保持正常工作的能力。对多数战术导弹，要求的是抗干扰能力。为提高制导控制系统的抗干扰能力，一是采用新研发的技术，使制导控制系统对干扰不敏感；二是使制导控制系统的工作具有突然性、欺骗性和隐蔽性，使敌方不易觉察制导控制系统是否在工作；三是制导控制系统采用多种模式工作，一种模式被干扰时，立即转成另一种模式。对战略弹道导弹，要求的是生存能力。为提高生存能力，导弹可在井下发射、水下发射、机动发射等。为提高突防能力，可采用多弹头和分导多弹头制导技术等。

6. 可靠性和可维修性

制导控制系统在给定的时间内和一定条件下，不发生故障的工作能力，称为制导控制系统的可靠性。它取决于系统内各组件、元件的可靠性及由结构上决定的对其他组件、元件和整个系统的影响。目前，技术先进的战术导弹制导控制系统的可靠度可达 95%以上；弹道导弹制导控制系统的可靠度为 80%～90%。

制导控制系统发生故障后，在特定的停机时间内，系统被修复到正常的概率，称为制导控制系统的可维修性。它主要取决于系统内设备、组件、元件的安装，人机接口，检测设备，维修程序，维修环境等。目前，技术先进的制导控制系统用计算机进行故障诊断，内部多采用接插件，维修场地配置合理，环境舒适，并采用最佳维修程序，因而大大提高了制导控制系统的可维修性。

2.6.2 制导控制系统的品质标准

在工程中，评定导弹制导控制系统的品质标准一般由战术技术指标规定，通常用目标杀伤概率、有效脱靶量等指标来衡量。但是在设计制导控制系统时，这些指标常常无法利用，这是因为寻找有效脱靶量与制导控制系统参数之间的联系是十分困难的任务，尤其在设计的最初阶段。因此，在实践中较有意义的是经典的自动控制系统的品质标准，这种标准与其基本参数有着更简单的联系，并可间接地考察系统精度。下面对这些品质标准进行简要介绍。

1. 稳定性

稳定条件是许多自动控制系统所必需的，如测量系统、跟踪系统和稳定系统等。导弹的倾斜稳定系统是一个典型例子。所有这些系统在不稳定情况下是不能完成其规定任务的。

然而，在有些具有有限工作时间的自动化系统中，可以允许不稳定。例如，对于导弹制导控制系统来说，稳定性的要求不是必要的。制导控制系统应当满足的基本要求是保证制导的必要精度。

事实上只保证制导控制系统具有稳定性是远远不够的，应使制导控制系统不仅具有足够可靠的稳定性，而且具有良好的过渡过程的品质。

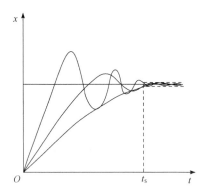

图 2.13　具有各种不同快速性的过渡
过程实例

2. 过渡过程的系统品质(时域指标)

系统的过渡过程的品质可由三个重要的动力学特性表征，即阻尼、快速性、稳态误差。

为了形成确定以上动力学特性的标准，常常研究自动控制系统对阶跃输入的响应，即过渡过程，并且可根据过渡过程响应曲线评定系统的品质。自动控制系统的阻尼特性常常由超调量来评价，它可作为衡量系统振荡性的指标。

选择系统快速性的评价指标，存在着一些困难，单纯靠调节时间来描述系统快速性是不够的。图 2.13 给出了具有各种不同快速性的过渡过程实例。一般引入上升时间这个物理量来综合衡量系统的快速性。

3. 系统对谐波作用的响应(频域指标)

线性自动控制系统的许多动力学特性中，过渡过程的品质可以借助频率特性阐明，特别是它的稳定裕度概念，给出了系统容忍增益变化和相位变化的定量尺度。下面分别讨论稳定裕度和描述系统动态品质的闭环系统的频率特性。

1) 稳定裕度

闭环自动控制系统的稳定性，可以根据这个系统在开环状态下的频率特性来判断。为了在设计自动控制系统时保证其具有良好的稳定性，也就是保证过渡过程可靠的稳定性和良好的阻尼性能，广泛运用了幅值稳定裕度和相位稳定裕度的概念。

如果开环系统的传递系数发生了不可预见的改变，如由于产生误差或者飞行速度和高度的改变，部件参数偏离计算值，具有幅值稳定裕度的系统仍能保证其稳定性。

实际上，系统在设计时存在不能预见的延迟和未考虑的延迟(未建模动态)，具有相位稳定裕度的系统也能确保其稳定性。

当设计自动控制系统时，选择的相位稳定裕度不应小于30°，在可能的情况下不小于45°；建议选取的幅值稳定裕度不小于 6dB。

2) 闭环系统的频率特性

由自动控制原理知，闭环系统的频率特性可反映系统的动态品质。系统的截止频率决定其快速性，频率响应谐振峰值决定其阻尼。使系统具有足够的稳定裕度可以保证较小的谐振峰值。例如，当稳定裕度为 $10\sim15\mathrm{dB}$ 和 $45°\sim50°$ 时，对应的谐振峰值 M_p 在 $1.25\sim1.5$ 的范围内。

在工程设计中，因为系统的频率响应能够全面地衡量系统的动态品质和对干扰、参数摄动和高频模态的适应能力，所以控制系统的频率响应设计法得到了广泛的应用。

3) 制导信号频谱

一般来说，在制导控制系统中的控制信号是时间的随机函数，这是因为目标的运动具有随机性质。除此以外，在导弹的飞行瞬间，目标坐标也是随机的。然而在研究控制系统时，通常把制导信号视为时间的非随机函数，这种函数对应于飞行运动的典型情况或者从控制精度和极限过载的角度看是最恶劣的情况。

任何非随机控制信号可以表示为各种谐波分量的和。满足一定限制的非周期函数 $x(t)$ 可以表示为傅里叶积分的形式：

$$x(t) = \frac{1}{2\pi}\int_{-\infty}^{\infty}\mathrm{e}^{\mathrm{j}\omega t}\mathrm{d}\omega\int_{-\infty}^{\infty}x(\tau)\mathrm{e}^{-\mathrm{j}\omega\tau}\mathrm{d}\tau \tag{2.1}$$

$F(\omega)$ 是函数 $x(t)$ 的傅里叶变换，如式(2.2)所示：

$$F(\omega) = \int_{-\infty}^{\infty}x(\tau)\mathrm{e}^{-\mathrm{j}\omega\tau}\mathrm{d}\tau \tag{2.2}$$

通常认为当 $t<0$ 和 $t>T$ 时，函数 $x(t)$ 等于零，这是因为导弹的飞行时间是有限的，那么，

$$F(\omega) = \int_{0}^{T}x(\tau)\mathrm{e}^{-\mathrm{j}\omega\tau}\mathrm{d}\tau \tag{2.3}$$

$F(\omega)$ 的积分是函数 $x(t)$ 的综合频谱。与周期函数离散谱不同，这里的频率 ω 从 $0\sim\infty$ 连续变化。因此频谱的界限是假定的，为了达到实际目的，一般取 $A(\omega) = (0.05\sim0.10)A(0)$。

很显然，制导信号频谱的频率范围取决于信号变化的速度。假如制导信号是缓慢变化的时间函数，那么其频谱处于较低的频段上；反之，其频谱包括更宽的频段。

进入稳定控制系统的制导信号一般来自制导系统的过载指令，过载指令与导弹弹道切向角速度成正比。下面以弹道切向角速度的频谱作为例子。驾束制导时，若导弹和目标的速度皆为常数，目标作直线飞行，且制导站也是固定的，用三点法制导时弹道切向角速度如图 2.14 所示（$\theta = 45°$，$v_\mathrm{D}/v_\mathrm{M} = 1.5$，$t_n$ 为飞行时间），相应的频谱如图 2.15 所示。

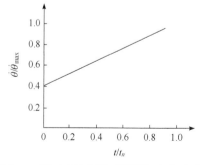

图 2.14　用三点法制导时弹道切向角速度

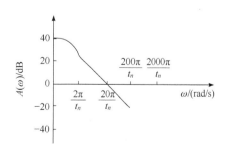

图 2.15　用三点法制导时弹道切向角速度频谱

4. 制导信号经过稳定控制系统的过程

制导信号要作用于弹体实现相应方向的机动，必须经过稳定控制系统的变换、放大，最终将制导信号发送给作动装置实现操纵面的偏转。假如制导信号只是作用于稳定控制系统，那么从精度的观点来看，输入的制导信号不发生畸变的系统就是最佳的系统。这种理想系统的传递函数只是一个比例系数，然而在工程中不可能实现这样的系统。所有实际系统都是压抑高频振荡下的低通滤波器，而任意形式的制导信号通过实际系统后总要发生某种畸变。

制导信号的频谱通常位于从零开始的有限频段中。为了使实际制导信号通过稳定控制系统后不发生畸变，应使它的频谱位于系统频带以内。

图 2.16 给出了两个控制系统近似的频率特性，第一个系统具有大的谐振峰值 M_p 和低的截止频率 ω_c；第二个系统具有小的谐振峰值 M_p 和较高的截止频率 ω_c。从图 2.16 可以看出，在制导信号给定的频谱 $S_m(\omega)$ 下，在第一个系统中，输出信号明显地偏离了制导信号；在第二个系统中，输出信号基本没有偏离制导信号。因此，为保证系统复现制导信号的精度，系统必须在限定的振荡条件下具有足够的快速性(足够的带宽)。

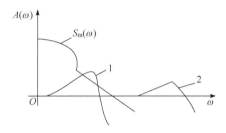

图 2.16　制导信号通过稳定控制系统近似的频率特性

对于一般的稳定控制系统来说，通常要求幅值畸变不超过 10%。系统选择的通频带宽应比制导信号带宽高 4～8 倍。

2.7　导弹制导控制系统面临的理论问题

众所周知，导弹是一个具有非线性、时变、耦合和不确定特性的被控对象，主要表现在以下几个方面：

(1) 导弹的动力学模型是一个非线性的微分方程组，纵向运动和侧向运动之间存在较强的耦合，特别是在大攻角机动时，控制系统的通道之间存在复杂的相互作用；

(2) 导弹的动力学特性与导弹飞行时快速变化的飞行速度、高度、质量和转动惯量之间的密切联系；

(3) 导弹空间运动、导弹与空间介质的相互作用和结构弹性引起的操纵机构偏转与导弹运动参数之间的复杂联系；

(4) 控制装置元件具有非线性特性，如舵机的偏转角度、偏转速度、响应时间受到舵机的结构和物理参数的限制；

(5) 在传感器的输出中混有噪声,特别是在大过载情况下,传感器的噪声可能被放大;

(6) 大量的各种类型的干扰作用;

(7) 各种各样的发射和飞行条件,如飞行高度、导弹和目标在发射瞬间相对运动的参数、目标以后运动的参数。

在选择制导控制系统的设计方法时,应充分考虑这些特点。从本质上来讲,导弹的制导问题可以看成是对空中飞行的导弹质心进行位置控制的问题,导弹的控制问题可以看成是对空中飞行的导弹姿态、法向过载等动力学变量的稳定和控制问题。

本 章 要 点

1. 导弹的定义及导弹制导控制的目的。
2. 作用在导弹上的力与力矩。
3. 法向控制力大小及方向的建立方法。
4. 导弹的气动外形与操纵特点。
5. 导弹制导系统分类。
6. 导弹控制系统分类。
7. 导弹对制导控制系统的要求。
8. 制导控制系统的品质标准。

习 题

1. 简述导弹的定义。
2. 导弹制导控制的目的是什么?
3. 作用在导弹上的力和力矩有哪些?
4. 法向控制力的建立方法有哪几种? 如何控制法向控制力的作用方向?
5. 导弹的气动布局有哪几种? 它们的操纵特点是什么?
6. 反馈在制导控制系统中有哪些作用?
7. 导弹制导控制系统的功用是什么?
8. 简述导弹制导控制系统的组成原理。
9. 导弹制导系统分为哪几类? 各自的特点是什么?
10. 导弹控制系统分为哪几类? 各自的特点是什么?
11. 简述导弹制导控制系统的设计特点。
12. 简述导弹制导控制系统的设计方法和设计过程。
13. 导弹制导控制系统的品质标准有哪些?

第 3 章

目标特性与环境

3.1 目 标 特 性

导弹攻击的目标可分为三类，即空中目标、地面目标和海上目标。

空中目标包括飞机和导弹两大类。其中，飞机主要包括战略轰炸机、歼击机、侦察机、电子战飞机和预警机等；导弹主要包括战术地地导弹、空地导弹、反舰导弹和巡航导弹等。

地面目标可分为固定目标和运动目标两类。固定目标主要为交通枢纽、重要桥梁、指挥通信中心、军事装备仓库、发电设备等；运动目标主要为各种坦克和装甲车等。

海上目标主要是各类型的舰船。

3.1.1 空中目标特性

导弹攻击的主要空中目标是飞机和导弹，这里主要介绍飞机的主要特性。

对导弹作战性能有重大影响的是飞机的飞行速度特性、高度特性和机动特性，其飞行速度随不同的飞行高度而变化，机动能力与马赫数有关，这几方面的关系可以用飞行包线表示。飞行包线由最小飞行速度线、升限线和动压限制线组成。

飞机的最大飞行速度受发动机的推力限制。飞机的最小飞行速度和升限由飞机的升力必须等于重力、推力必须等于阻力的基本关系所决定。飞机的动压大小由飞机的飞行速度和高度所决定，受飞机结构强度所限制。低空大气密度大，阻力大，在飞机推力不变的情况下，最小飞行速度就小。最小飞行速度随飞行高度增加而增加，因为只有这样才能维持升力等于重力。升限随飞行速度的增加而逐渐增加，达到最大飞行速度后，由于阻力的增加，升限逐渐降低。

一般来说，战略轰炸机的最大飞行马赫数为 0.75～2.0，升限为 13～18km，最大可用过载为 $1.4g$～$4g$。歼击轰炸机的最大飞行马赫数为 0.95～2.5，升限为 12.5～20km，最大可用过载为 $5g$～$9g$。战略侦察机通常在歼击机飞行范围之外的空域活动，飞机升限可达到 24～25km，最大飞行马赫数可达 3.2，而低空侦察机则为了低空或超低空突防，利用地形跟踪技术，可在 100m 或更低的高度飞行。

3.1.2　地面目标特性

1. 地面运动目标特性

导弹攻击的地面运动目标包括坦克和装甲车等，现简要介绍坦克的特性。

坦克按其质量和尺寸可以分为轻型、中型和重型，轻型坦克质量为 20～30t，长度为 4～5m；中型坦克质量为 30～50t，长度为 5～7m；重型坦克质量超过 50t，长度超过 7m。

坦克的运动特性：一般在公路运动速度为 50～100km/h，越野速度达 40～80km/h，目前坦克的加速度性能较好，在 6～14s 就能将速度从 0 加速到 32km/h，具有制动和转向机动性能。

2. 地面固定目标特性

地面固定目标包括机场、导弹阵地、大中型桥梁和经济与工业基地等，下面分别就机场、导弹阵地和大中型桥梁等主要目标进行简要介绍。

1) 机场

机场通常包括跑道、停机坪、机库、弹药库、指挥所和营房等一系列设施，但并不是所有的这些目标都能被攻击。例如，弹药库在地下，指挥系统有两套(地上地下各一套)，因此即使破坏了地面指挥塔，也不能使机场的通信、指挥、控制系统完全失灵。在现有的条件下，攻击机场跑道是最经济、最合理的，而且也是可行的。机场跑道的几何特征主要是长、宽、厚和材料等，根据跑道的不同，承载能力分成不同的等级，国外飞机跑道承载能力如表 3.1 所列。

表 3.1　国外飞机跑道承载能力

跑道等级	负荷类型	长/m	宽/m	厚/mm
一级	重型轰炸机	2500～5000	60～100	>600
二级	中型轰炸机	2500	45～60	400
	歼击轰炸机	2000	45	280～300
三级	歼击机	1800～2000	40	180～220
四级	教练机	<1800	30	150～180

2) 导弹阵地

作为具有战略威慑作用的弹道导弹，为提高其射前生存能力，往往采用地下发射井来发射导弹，因此地下发射井也是未来战争所要攻击的一个重要目标。导弹地下发射井为垂直竖立在地面以下的钢筋混凝土圆筒体，井口有近百吨的钢筋混凝土井盖，内径为 4～5m，深为 20 多米。目前，国外的导弹地下发射井大都采用加固技术，如美国"民兵"导弹发射井的井壁就用 1.5% 的钢筋加固，防护能力大大增强，可达 140kg/cm²，俄罗斯的第四代洲际导弹 SS-17、SS-18、SS-19 的地下发射井的井壁用同心钢圈式钢筋混凝土加固，防护能力可达 282kg/cm²。

3) 大中型桥梁

破坏大中型桥梁是切断敌人运输的有效方法，一座大桥被破坏后，临时性维修需十几天甚至几十天，永久性维修的时间更长，这将对作战产生重大影响。铁路桥梁一般分为桥台、桥墩、桥跨等几部分，前两项由钢筋混凝土组成，桥跨由钢铁组成。桥梁的强度不决定于桥长，而是与跨度有关，跨度越大，桥架就越高，梁杆也越粗，强度也就越大。通常，铁路桥梁的抗压强度为 1.6kg/cm²。

3.1.3 海上目标特性

水面舰船种类很多，小的如各种快艇，中等的如驱逐舰、巡洋舰，大的如航空母舰，其尺寸差别很大。快艇一般有几十米长，几米宽；中型舰船有一百多米长，十几米宽，一二十米高；大型舰船长几百米，宽几十米，高几十米，几何尺寸很大，差别也很大。它们的运动特性常与其几何尺寸成反比，这主要受推进系统的影响。大中型水面舰船的速度为 30～80km/h，快艇的速度为 60～120km/h，气垫船速度可超过 150km/h。

3.2 目标的典型运动形式

1. 匀加速直线运动模型

平面内匀加速直线运动模型描述目标运动方程如下：

$$\begin{cases} x(t) = x_0 + \int v_x(t)\mathrm{d}t \\ y(t) = y_0 + \int v_y(t)\mathrm{d}t \\ z(t) = z_0 + \int v_z(t)\mathrm{d}t \end{cases} \tag{3.1}$$

$$\begin{cases} v_x(t) = v_{x_0} + a_x t \\ v_y(t) = v_{y_0} + a_y t \\ v_z(t) = v_{z_0} + a_z t \end{cases} \tag{3.2}$$

式中，$x(t)$、$y(t)$、$z(t)$ 为目标位置的三坐标分量；$v_x(t)$、$v_y(t)$、$v_z(t)$ 为目标速度的三坐标分量；a_x、a_y、a_z 为目标加速度的三坐标分量，为常数；v_{x_0}、v_{y_0}、v_{z_0} 为目标初始速度的三坐标分量；x_0、y_0、z_0 为目标初始位置的三坐标分量。

2. 匀速转弯运动模型

平面内匀速转弯运动模型描述目标运动方程如下：

$$\begin{cases} x = x_0 \cos[\omega(t - t_0)] - y_0 \sin[\omega(t - t_0)] \\ y = x_0 \sin[\omega(t - t_0)] + y_0 \cos[\omega(t - t_0)] \\ z = z_0 \end{cases} \tag{3.3}$$

式中，ω 为目标的转弯角速率；t_0 为运动初始时刻；x_0、y_0、z_0 为目标初始位置的三坐标分量。

3. 一般目标运动学模型

一般目标运动学模型描述目标运动方程如下：

$$\begin{cases} \dot{x}_M = v_M \cos\theta_M \cos\psi_{vM} \\ \dot{y}_M = v_M \sin\theta_M \\ \dot{z}_M = -v_M \cos\theta_M \sin\psi_{vM} \\ x_M(0) = x_{M_0} \\ y_M(0) = y_{M_0} \\ z_M(0) = z_{M_0} \\ v_M = v_M(t) \\ \theta_M = \theta_M(t) \\ \psi_{vM} = \psi_{vM}(t) \end{cases} \tag{3.4}$$

式中，$\dot{x}_M$、$\dot{y}_M$、$\dot{z}_M$ 为目标速度的三坐标分量；x_{M_0}、y_{M_0}、z_{M_0} 为目标初始位置的三坐标分量；$v_M(t)$ 为目标速度函数；$\theta_M(t)$ 为目标弹道倾角函数；$\psi_{vM}(t)$ 为目标弹道偏角函数。

3.3 目标的红外辐射特性和雷达散射特性

温度高于绝对零度的物体，都会辐射包括红外线在内的电磁波。物体的红外辐射能量与物体的温度有关，温度越高，辐射的红外线能量越强，而且波长也有变化。

目标的雷达散射特性主要由其雷达截面积(radar cross section, RCS)表征，目标几何尺寸不同，结构差异会造成其雷达的散射特性也有很大区别。

3.3.1 目标的红外辐射特性

物理实验证明，任何物体只要温度高于绝对零度(−273℃)，都能辐射红外线，故红外辐射属于热辐射。当物体温度较低时，主要辐射人眼看不见的红外线；当物体温度较高时，除仍有红外辐射外，出现了可见光能量辐射。红外辐射实质上也是一种电磁波辐射。

在航空技术中，运用最广泛的是波长为 0.76~6μm 的红外辐射，即在近红外波段和中红外波段。

1. 飞机的红外辐射特性

飞机的自身红外辐射源种类较多，引起红外辐射的因素也多，但对于喷气式飞机的红外辐射研究必须考虑的四种辐射源为发动机燃烧室的空腔金属体辐射，飞机尾喷管排出的热燃气流辐射，飞机机体或壳体表面的辐射，飞机蒙皮表面对包括太阳光、大气和地球反射的太阳辐射能。喷气发动机燃烧室相当于一个被燃气加热的圆柱形腔体，属于空腔辐射。图3.1为喷气式飞机和太阳的辐射波谱。

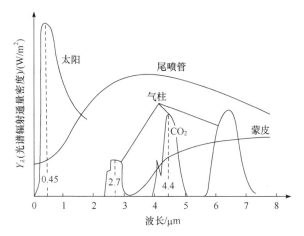

图3.1　喷气式飞机和太阳的辐射波谱

2. 坦克的红外辐射特性

由于坦克目标贴着地面运动，在起伏地形上，很难在地面使用雷达进行探测和跟踪，因此比较多的是利用红外和可见光进行探测和制导。由于坦克有很多热源，主要是发动机的排气管，长时间运动，部件也可能由于摩擦产生较高的温度，排气管的温度可达450～600℃，而且其减震器、主动轮、诱导轮和轴承等运动部件，在长时间运动时温度也可以达到150～250℃。这样一些热源是很容易被红外探测器探测出来的。

3. 水面舰船的红外辐射特性

水面舰船的红外辐射特性取决于动力装置的类型、结构布局、水面舰船的性能和气象条件。水面舰船的主烟囱温度可达 400℃，辐射波长为3～5μm；一般船体温度为 20～60℃，辐射波长为8～12μm。这两个波段正好是红外辐射传输的大气窗口，可为红外制导反舰导弹攻击船只提供很好的条件。

3.3.2　目标的雷达散射特性

1. 雷达散射截面的定义

雷达散射截面的定义是对平面电磁波入射而言的。它与目标本身的特性，目标方向随发射机、接收机的位置变化和入射的雷达频率有关，而与距离无关，是在给定的方向上定量地观测入射电磁波被目标散射或反射的情况。

2. 舰船的雷达散射截面积的经验计算公式

水面舰船因其几何尺寸大，船体结构造成许多角反射体，且具有良好的电性能，因此，舰船的雷达散射截面积都比较大。舰船的雷达散射截面积的经验计算公式如下：

$$\sigma = 52 f^{\frac{1}{2}} D^{\frac{3}{2}} \tag{3.5}$$

式中，σ 为雷达散射截面积(m^2)；f 为雷达频率(MHz)；D 为舰船的排水量(kt)。

由于舰船的雷达散射截面积很大，探测雷达或寻的雷达比较容易从海面杂波中分辨出来。未来的水面舰船将采用隐形技术，因而其 RCS 将显著减小。

3.4　空气动力环境

作用在导弹上的空气动力和发动机推力特性，在其他条件相同的情况下，取决于介质(大气)的压强、温度及其他物理属性。大气状况，如压强、密度、温度等参数在地球表面不同的几何高度上、不同的纬度上、不同的季节、一天内的不同时间上是不相同的。

1. 标准大气

标准大气表中规定的大气参数不随地理纬度和时间而变化，它只是几何高度的函数。标准大气表中规定以海平面作为几何高度计算的起点，按高度不同可以把大气分成若干层：11km 以下的为对流层，对流层内的气温随高度升高而降低，高度每升高 1km，温度下降 6.5℃；11～32km 为同温层或平流层，一般飞机和有翼导弹就是在对流层和同温层内飞行，同温层内的大气温度在 11～20km 这一范围内，保持为 216.7K 不变，再往高会略有升高。声速变化曲线的规律和温度曲线的规律是相同的。

2. 风干扰特性

导弹飞行过程中所处风场的特性对导弹的飞行也会产生较大影响。不同的发射条件下，对应的风场特性也是不同的。风的影响按照来流方向分为顺风、逆风和侧风三种，风的特性可以用定常风和阵风来刻画。

阵风的特点是风速和风向均会发生剧烈的变化。阵风的量级和方向是完全不同的，它们是时间和空间的随机函数，只能根据实测，由统计数据确定。在工程设计中，只能根据局部的实测数据，对阵风进行估值。经估值分析，阵风可以分为垂直阵风和水平阵风，并以 u 代表垂直阵风速度，w 代表水平阵风速度。一般情况下，$w = 2u$。实测研究还证明，在对流层和平流层的下层，阵风速度随着高度增加而增大，计算阵风速度可以采用以下经验公式：

$$u = u_0 \sqrt{\frac{\rho_0}{\rho}}\;;\quad w = w_0 \sqrt{\frac{\rho_0}{\rho}} \tag{3.6}$$

式中，u_0 和 w_0 分别为与地面垂直和水平的风速；ρ_0 为地面空气密度；ρ 为某一高度上的空气密度。因此，若已知地面风速的大致数据，按式(3.6)可以估计某一高度上阵风的速度。

导弹受阵风作用的结果是将出现附加迎角和侧滑角。

3.5 干 扰 特 性

1. 背景干扰

导弹在空中的背景主要是蓝天、云层、太阳和地物等。蓝天本身的红外辐射很弱，其干扰在高空一般可以忽略不计。云层的干扰主要来自对太阳光的散射，有些亮云散射非常强烈。散射的波段主要是短波，特别是2μm以下的短波，对于中波探测，波长为3μm左右的干扰也是不容忽视的，而4μm以上，云层自身的温度辐射又开始显现。

地物背景在白天的红外辐射类似于云层，由于它的吸收系数较大，受太阳照射升温较多，因此其自身的热辐射较强，而对太阳光的散射较弱。地物中的白雪对太阳的散射很强，因而短波干扰较大，但自身的温度辐射较弱。

2. 红外干扰

红外干扰技术是伴随着红外制导技术的发展而发展起来的。红外制导导弹对于载机威胁的日趋严重，迫使人们不断开发出先进的机载红外对抗手段，包括有源干扰和无源干扰。其中红外有源干扰技术包括红外诱饵弹、红外干扰机、定向红外对抗等。采用这些手段可以有效地对抗红外导弹，以确保载机自身的安全。其中，红外诱饵弹的干扰效果与投放的时间间隔、投放的时机和一次投放的数量有关；红外干扰机和定向红外对抗的干扰效果与开机时机有关。

3. 电磁干扰

采用雷达导引头的导弹在完成任务的过程中遇到的电磁环境是复杂的，不仅有人为干扰(包括功率型干扰和欺骗型干扰)，还有自然干扰(如地杂波干扰、海杂波干扰等)。复杂的电磁干扰环境对导引头的工作造成很大的威胁，干扰机的干扰形式、调制形式、调制参数和战术应用都是针对干扰导引头的体制、信号处理方法实现的。

本 章 要 点

1. 目标特性。
2. 典型运动形式的目标运动方程。
3. 目标的红外辐射特性和雷达散射特性。
4. 风干扰特性。
5. 典型的红外干扰和电磁干扰。

习 题

1. 叙述地面固定目标、运动目标的特性。

2. 简述目标的分类以及典型的几种目标。

3. 写出一般目标运动方程和匀速转弯运动方程。

4. 叙述目标的红外辐射特性和雷达散射特性。

5. 叙述几种典型的背景干扰及其特性。

6. 叙述几种典型的红外干扰。

7. 叙述几种典型的电磁干扰。

第 4 章

导弹弹体动力学

本章根据自动控制理论的基本原理以及国内外已公布的资料，从控制的角度提出了对导弹设计的基本要求。同时，考虑导弹制导控制系统分析与设计的需要，给出了弹体动力学传递函数简化模型和弹体的动态特性分析。最后从控制角度出发，给出对导弹弹体动力学特性的基本要求。

4.1 导弹弹体动力学传递函数

4.1.1 轴对称导弹小扰动线性化模型

若导弹采用轴对称布局，则它的俯仰和偏航运动由两个完全相同的方程描述。
俯仰运动小扰动线性化模型：

$$\begin{cases} \ddot{\vartheta} + a_{22}\dot{\vartheta} + a_{24}\alpha + a'_{24}\dot{\alpha} + a_{25}\delta_z = 0 \\ \dot{\theta} - a_{34}\alpha - a_{35}\delta_z = 0 \\ \vartheta = \theta + \alpha \end{cases} \tag{4.1}$$

偏航运动小扰动线性化模型：

$$\begin{cases} \ddot{\psi} + b_{22}\dot{\psi} + b_{24}\beta + b'_{24}\dot{\beta} + b_{27}\delta_y = 0 \\ \dot{\psi}_v - b_{34}\beta = b_{37}\delta_y \\ \psi = \psi_v + \beta \end{cases} \tag{4.2}$$

滚转运动小扰动线性化模型：

$$\ddot{\gamma} + b_{11}\dot{\gamma} + b_{18}\delta_x = 0 \tag{4.3}$$

式(4.1)~式(4.3)中的系数通常称为动力学系数，下面分别介绍其物理意义。

(1) $a_{22} = -\dfrac{M_z^{\omega_z}}{J_z} = -\dfrac{m_z^{\omega_z}qSL}{J_z}\dfrac{L}{v}$，为导弹的空气动力阻尼系数，它是角速度增量为单位增量时所引起的导弹转动角加速度增量。因为 $M_z^{\omega_z} < 0$，所以角加速度的方向永远与角速度增量 $\Delta\omega_z$ 的方向相反。因为角加速度 $a_{22}\dot{\vartheta}$ 的作用是阻碍导弹绕 Oz_1 轴转动，所以它的作用称为阻尼作用，a_{22} 就称为阻尼系数。

(2) $a_{24} = -\dfrac{M_z^a}{J_z} = -\dfrac{57.3 m_z^\alpha qSL}{J_z}$，为导弹的静稳定性系数。

(3) $a_{25} = -\dfrac{M_z^\delta}{J_z} = -\dfrac{57.3 m_z^\delta qSL}{J_z}$，为导弹的舵效率系数，它是操纵面偏转一单位增量时所引起的导弹角加速度增量。

(4) $a_{34} = \dfrac{Y^\alpha + P}{mv} = \dfrac{57.3 C_y^\alpha qS + P}{mv}$，为弹道切线转动所引起的角速度增量。

(5) $a_{35} = \dfrac{Y^{\delta_z}}{mv} = \dfrac{57.3 C_Y^{\delta_z} qS}{mv}$，为当攻角不变时，操纵面作单位偏转所引起的弹道切线转动的角速度增量。

(6) $a_{24}' = -\dfrac{M_z^{\dot\alpha}}{J_z} = -\dfrac{m_z^{\dot\alpha} qSL}{J_z}\dfrac{L}{v}$，为洗流延迟对俯仰力矩的影响。

(7) $b_{11} = -\dfrac{M_x^{\omega_x}}{J_x} = -\dfrac{m_x^{\omega_x} qSL}{J_x}\dfrac{L}{2v}$，为导弹滚转方向的空气动力阻尼系数。

(8) $b_{18} = -\dfrac{M_x^{\delta_x}}{J_x} = -\dfrac{57.3 m_x^{\delta_x} qSL}{J_x}$，为导弹的副翼效率。

(9) $b_{22} = -\dfrac{M_y^{\omega_y}}{J_y}$，为阻尼动力系数。

(10) $b_{24} = -\dfrac{M_y^\beta}{J_y}$，为恢复动力系数。

(11) $b_{24}' = -\dfrac{M_y^{\dot\beta}}{J_y}$，为下洗动力系数。

(12) $b_{27} = -\dfrac{M_y^{\delta_y}}{J_y}$，为操纵动力系数。

(13) $b_{34} = \dfrac{P - Z^\beta}{J_y}$，为侧向力动力系数。

(14) $b_{37} = -\dfrac{Z^{\delta_y}}{J_y}$，为舵面动力系数。

a_{24} 系数的表达式可以写成 $a_{24} = -\dfrac{57.3 C_N^\alpha qSL}{J_x}\dfrac{x_T - x_d}{L}$。

众所周知，压心位置 x_d 是攻角的函数，因此 a_{24} 也是攻角 α 的函数。因为 $\Delta x = (x_T - x_d)/L$，若 C_N^α 不变，则

(1) 当 $\Delta x > 0$ 时，$a_{24} < 0$，即导弹处于不稳定状态；

(2) 当 $\Delta x = 0$ 时，$a_{24} = 0$，即导弹处于中立不稳定状态；

(3) 当 $\Delta x < 0$ 时，$a_{24} > 0$，即导弹处于静稳定状态。

因此，系数 a_{24} 的正或负和数值大小反映了导弹静稳定度的情况，同时，随着攻角的变化，导弹的静稳定度也发生变化，这是很重要的概念。

4.1.2 导弹刚体运动传递函数

1. 导弹纵/侧向刚体运动传递函数

导弹纵向刚体运动传递函数为

$$\frac{\dot{\vartheta}(s)}{\delta(s)} = \frac{-(a_{25} - a'_{24}a_{35})s + (a_{24}a_{35} - a_{25}a_{34})}{s^2 + (a_{22} + a'_{24} + a_{34})s + (a_{24} + a_{22}a_{34})} \tag{4.4}$$

$$\frac{\dot{\theta}(s)}{\delta(s)} = \frac{a_{35}s^2 + (a_{22} + a'_{24})a_{35}s + (a_{24}a_{35} - a_{25}a_{34})}{s^2 + (a_{22} + a'_{24} + a_{34})s + (a_{24} + a_{22}a_{34})} \tag{4.5}$$

忽略 a'_{24} 和 a_{35} 的影响(对于旋转弹翼式飞行器和快速响应飞行器，a_{35} 不能忽略)，有如下情况。

(1) 当 $a_{24} + a_{22}a_{34} > 0$ 时，导弹纵向刚体运动传递函数为

$$W^{\dot{\vartheta}}_{\delta_z}(s) = \frac{K_d(T_{1d}s + 1)}{T_d^2 s^2 + 2\xi_d T_d s + 1} \tag{4.6}$$

$$W^{\alpha}_{\delta_z}(s) = \frac{K_d T_{1d}}{T_d^2 s^2 + 2\xi_d T_d s + 1} \tag{4.7}$$

传递函数系数计算公式为

$$\begin{cases} T_d = \dfrac{1}{\sqrt{a_{24} + a_{22}a_{34}}} \\[2mm] K_d = -\dfrac{a_{25}a_{34}}{a_{24} + a_{22}a_{34}} \\[2mm] T_{1d} = \dfrac{1}{a_{34}} \\[2mm] \xi_d = \dfrac{a_{22} + a_{34}}{2\sqrt{a_{24} + a_{22}a_{34}}} \end{cases}$$

(2) 当 $a_{24} + a_{22}a_{34} < 0$ 时，导弹纵向刚体运动传递函数为

$$W^{\dot{\vartheta}}_{\delta_z}(s) = \frac{K_d(T_{1d}s + 1)}{T_d^2 s^2 + 2\xi_d T_d s - 1} \tag{4.8}$$

$$W^{\alpha}_{\delta_z}(s) = \frac{K_d T_{1d}}{T_d^2 s^2 + 2\xi_d T_d s - 1} \tag{4.9}$$

传递函数系数计算公式为

$$\begin{cases} T_{\mathrm{d}} = \dfrac{1}{\sqrt{|a_{24} + a_{22}a_{34}|}} \\[3mm] K_{\mathrm{d}} = -\dfrac{a_{25}a_{34}}{|a_{24} + a_{22}a_{34}|} \\[3mm] T_{\mathrm{1d}} = \dfrac{1}{a_{34}} \\[3mm] \xi_{\mathrm{d}} = \dfrac{a_{22} + a_{34}}{2\sqrt{|a_{24} + a_{22}a_{34}|}} \end{cases}$$

(3) 当 $a_{24} + a_{22}a_{34} = 0$ 时，导弹纵向刚体运动传递函数为

$$W^{\dot{\vartheta}}_{\delta_z}(s) = \frac{K'_{\mathrm{d}}(T_{\mathrm{1d}}s + 1)}{s(T'_{\mathrm{d}}s + 1)} \tag{4.10}$$

$$W^{\alpha}_{\delta_z}(s) = \frac{K'_{\mathrm{d}}T_{\mathrm{1d}}}{s(T'_{\mathrm{d}}s + 1)} \tag{4.11}$$

传递函数系数计算公式为

$$\begin{cases} T'_{\mathrm{d}} = \dfrac{1}{a_{22} + a_{34}} \\[3mm] K'_{\mathrm{d}} = \dfrac{a_{25}a_{34}}{a_{22} + a_{34}} \\[3mm] T_{\mathrm{1d}} = \dfrac{1}{a_{34}} \end{cases}$$

轴对称导弹侧向刚体运动传递函数与纵向刚体运动传递函数完全相同。

2. 导弹倾斜刚体运动传递函数

导弹倾斜刚体运动传递函数为

$$W^{\omega_x}_{\delta_x}(s) = \frac{K_{\mathrm{dx}}}{T_{\mathrm{dx}}s + 1} \tag{4.12}$$

传递函数系数计算公式为

$$\begin{cases} K_{\mathrm{dx}} = -b_{18}/b_{11} \\[2mm] T_{\mathrm{dx}} = 1/b_{11} \end{cases}$$

4.2 导弹弹体动力学特性的基本要求

1. 导弹的速度特性

速度特性是导弹飞行速度随时间变化的规律 $v_{\mathrm{D}}(t)$。导弹沿着不同的弹道飞行时，其 $v_{\mathrm{D}}(t)$ 是不同的，但应满足下述共同要求。

1) 导弹平均飞行速度

由于导弹沿确定的弹道飞行时，其可用过载取决于导弹速度和大气密度，导弹可用过载随速度的增加而增大，因此，为保证导弹可用过载水平，要求有较高的导弹平均飞行速度。

2) 导弹加速性

制导控制系统希望有足够长的制导控制时间，但是却受最小杀伤距离的限制，一个显而易见的解决办法是提早对导弹进行制导控制。影响导弹起控时间的因素之一就是导弹的飞行速度。若导弹发射后很快加速到一定速度，使导弹舵面的操纵效率尽快满足控制要求，就可达到提早对导弹进行制导控制的目的。引入推力矢量控制后，导弹在低速段也具有很好的操纵性，对导弹加速性的要求就可以适当放宽。

3) 导弹遭遇点速度(导弹末速)

导弹在被动段飞行时，在迎面阻力和重力的作用下，导弹速度下降，可用过载也下降，而在射击目标时，导弹需用过载还与导弹和目标的速度比 v_D/v_M 有关。v_D/v_M 越小，要求导弹付出的需用过载越大，在对机动目标射击时这种影响更为严重，一般要求遭遇点的 v_D/v_M 大于 1.3。

2. 导弹法向过载限制和最大可用过载

由过载定义可知，过载是矢量，它的方向与控制力 N 的方向一致，其模值表示控制力大小为质量的多少倍。这就是说，过载矢量表征了控制力 N 的大小和方向。

导弹可用过载是根据射击目标时，导弹实际上所要付出的过载(需用过载)来确定，最大可用过载就是导弹在最大舵偏角下产生的过载。

1) 导弹法向过载限制

过载矢量在垂直于速度方向上的投影称为法向过载。法向过载越大，导弹产生的法向加速度就越大，在同一速度下，导弹改变飞行方向的能力就越强，即导弹越能沿较弯曲的弹道飞行。

导弹所经受的最大法向过载不应超过某些由导弹强度条件所确定的极限允许值。如果导弹在很宽的速度和高度范围内飞行，设计导弹控制系统时就应当解决最大法向过载和攻角与侧滑角的限制问题。

2) 导弹最大可用过载

最大可用过载是导弹在最大舵偏角下产生的过载。导弹在整个杀伤空域内的可用过载应满足射击目标所要求的需用过载之和。决定导弹需用过载的因素如下。

(1) 目标的运动特性：在目标高速大机动的情况下，为使导弹准确飞向目标，就应果断地改变导弹的方向，付出相应的过载。这是导弹需用过载的主要成分，它主要取决于目标最大机动过载，也与制导方法有关。

(2) 目标信号起伏的影响：制导控制系统的雷达导引头或制导雷达对目标进行探测时，目标雷达反射截面或反射中心的起伏变化，导致导引头测得目标反射信号具有大的起伏变化。这就是目标信号起伏，它总是伴随着目标真实的运动而发生，从而提高了对导弹需用过载的要求。

(3) 气动力干扰：气动力干扰可以由大气紊流、阵风等引起。导弹的制造误差、导弹飞行姿态的不对称变化也是产生气动力干扰的原因。气动力干扰造成导弹对目标的偏离运动，要克服干扰引起的偏差，导弹就要付出过载。

(4) 系统零位的影响：制导控制系统中各个组成设备均会产生零位误差，由这些零位误差构成系统的零位误差，使导弹产生偏离运动。要克服由系统零位引起的误差，导弹也要付出过载。

(5) 热噪声的影响：制导控制系统中使用了大量的电子设备，它们会产生热噪声。热噪声引起的信号起伏会造成测量偏差，它与目标信号起伏的影响是相同的，只是两者的频谱不同。

(6) 初始散布的影响：导弹发射后，经过一段预定的时间，如抛掉助推器或导引头截获目标后，才进入制导控制飞行。在进入制导控制飞行的瞬间，导弹的速度矢量方向与要求的速度矢量方向存在偏差，通常将速度矢量的偏差角度称为初始散布(角)。初始散布的大小与发射误差和导弹在制导控制飞行开始前的飞行状态有关，要克服初始散布的影响，导弹就要付出过载。

综上所述，除目标运动特性外，其他各项均可认为是随机量，在初步设计时，导弹最大可用过载由式(4.13)确定：

$$n_{D_{max}} = n_M + \sqrt{n_\omega^2 + n_g^2 + n_0^2 + n_s^2 + n_{\Delta\theta}^2} \tag{4.13}$$

式中，$n_{D_{max}}$ 为导弹最大可用过载；n_M 为目标最大机动引起的导弹需用过载；n_ω 为目标信号起伏引起的导弹需用过载；n_g 为气动力干扰引起的导弹需用过载；n_0 为系统零位引起的导弹需用过载；n_s 为热噪声引起的导弹需用过载；$n_{\Delta\theta}$ 为初始散布引起的导弹需用过载。

3. 导弹的阻尼

在一般情况下，战术导弹的过载和攻角的超调量不应超过某些允许值，这些允许值取决于导弹的强度、空气动力特性的线性化和控制装置的工作能力。允许的超调量通常不超过 30%，这与导弹的相对阻尼系数 $\xi = 0.35$ 相对应。对于现代导弹可能弹道的所有工作点来说，通常不可能保证相对阻尼系数具有这样高的数值。例如，在防空导弹 SA-2 的一个弹道上，阻尼系数为从飞行开始的 0.35 变到飞行结束的 0.08。弹道导弹 V-2 在弹道主动段的大部分阻尼系数 $\xi < 0.10$。很多导弹的低阻尼特性是由于导弹通常具有小尾翼，有时其翼展也小，而且常常是由在非常高的高度上飞行所决定的。

当高空飞行时，导弹通过增大翼面和翼展，从而显著增加空气动力阻尼是不可能的，在这种情况下，通过改变导弹的空气动力布局来简化制导控制系统常常是无效的。同时，所需阻尼系数 ξ 的值可以十分简单地利用导弹包含的角速度反馈或者角速度反馈和角加速度反馈的方法来保证。这种方法与上述空气动力方法相比较具有下述优越性：由于尾翼减小、导弹质量减轻、正面阻力减小、导弹结构上载荷减少。

因此，通常不对表征导弹阻尼特性的动力学系数 a_{22}、a_{24}'、a_{24}、a_{34} 提出特殊要求。

4. 导弹的静稳定度

为简化导弹控制系统的设计，通常要求在攻角的飞行范围内，关系曲线 $m_z(\alpha)$ 是线性的。这要由导弹合理的气动布局来达到，尤其应由足够的静稳定度来达到。随着静稳定度的增加，空气动力特性线性变化范围增大。

由于导弹的质心随着推进剂的消耗而向前移动，因此飞行过程中导弹会变得更加稳定。导弹静稳定度的增加使对导弹的控制变得迟钝。为更有效地控制导弹，提高导弹的性能，可将导弹的设计由静稳定状态扩展到静不稳定状态，即在飞行期间，允许导弹的静稳定度大于零。为保证静不稳定导弹能够正常工作，可以采用包含俯仰角(或偏航角)或法向过载反馈的方法来实现导弹的稳定。对导弹控制系统稳定性的分析表明，导弹的自动驾驶仪结构和舵机系统的特性在一定程度上限制了允许的最大静不稳定度。

在弹道导弹的姿态稳定系统设计中，这种导弹由于没有尾翼或者尾翼面积很小，经常是静不稳定的。高性能的空空导弹和地空导弹为了保证其末端机动性，也采取了放宽静稳定度的策略。

必须指出，除非万不得已，有翼导弹设计仍应考虑消除静不稳定度，因为它会使控制系统设计及其实现复杂化并降低其可靠性。

5. 导弹的固有频率

式(4.14)可以以相当高的精度计算出固有频率：

$$\omega_n \approx \sqrt{a_{24}} = \sqrt{\frac{-57.3 m_z^{C_y} C_y^\alpha qSL}{J_z}} \tag{4.14}$$

固有频率是导弹重要的动力学特性。显然，这个频率取决于导弹的尺寸(其惯性力矩)、动压和静稳定度。当在相当稠密的大气层中飞行时，大型运输机的固有频率为 $1\sim2\text{rad/s}$，小型飞机的固有频率为 $3\sim4\text{rad/s}$，超声速导弹的固有频率为 $6\sim18\text{rad/s}$。当高空飞行时，飞行器的固有频率会大大降低，一般为 $0\sim1.5\text{rad/s}$。

为了对导弹固有频率的数值提出要求，下面简单地研究导弹、控制系统和制导系统之间的相互影响。

制导系统的通频带，即谐振频率或截止频率 ω_H，应当为能保证脱靶量的数学期望 m_b 和均方差 σ_h 之间的最佳关系。为此，制导系统应当对制导信号(目标运动)有足够精确的反应，并且能抑制随机干扰。截止频率 ω_H 的数量级可以根据制导信号幅值频谱的宽度评价，而制导信号根据制导运动学弹道的计算结果是已知的。

在滤波特性非常好的情况下，控制系统本身会相当精确地复现制导信号。在控制系统具有小的截止频率 ω_{CT} 的情况下，控制系统将大的幅相畸变带入制导过程，这给制导系统的设计增加了困难。为了给制导系统工作建立满意的条件，正如根据自动控制理论得出的结论，必须将截止频率 ω_H 和 ω_{CT} 分离开。这就是说(如果将控制系统看作振荡环节)，当 $\omega_{CT} \geqslant 4\omega_H$ 且 $\xi_{CT} > 0$ 时，振幅畸变不超过 10%。在控制系统具有很好的阻尼特性的情况下，$\xi_{CT} \geqslant 0.3$，振幅畸变在 $\omega_{CT} \geqslant 3\omega_H$ 的同一范围内。因此，可以大体上认为，控

制系统的截止频率能够满足相当精确地复现制导信号的条件为

$$\omega_{CT} \geqslant 3\omega_H \tag{4.15}$$

确保控制系统截止频率处于最佳值的任务，在一定的条件下可以仅用空气动力学方法实现。在这种情况下，对导弹的固有频率必须提出要求：

$$\omega_n \geqslant 3\omega_H \tag{4.16}$$

当在稀薄大气层中或在其范围以外飞行时，导弹的固有频率等于零。保证控制系统截止频率要求值的任务只能由导弹含有攻角和过载反馈的控制系统来完成。

为了简化控制系统，当条件可能时，同时采用空气动力学和自动控制的方法完成所讨论的任务才是合理的。通常，导弹设计师能够在一定限度内改变静稳定度来控制固有频率，这种静稳定度取决于导弹的结构配置和空气动力的配置。控制系统设计师可以参照导弹的固有频率来提高系统的截止频率，即

$$\omega_{CT} \geqslant k\omega_n \tag{4.17}$$

系数 k 对于中等快速性的稳定系统为 1.1～1.4，而在高快速性的情况下为 1.5～1.8。考虑式(4.17)，可以将条件式(4.15)改写为下列形式：

$$k\omega_n \geqslant 3\omega_H \tag{4.18}$$

系数值要求越高，控制系统越复杂，更大的困难就落在控制系统设计师身上，所以在相当低的高度飞行时，导弹的固有频率不小于某个允许值 ω_n 才是合理的。例如，当 $\omega_H = 1\text{rad/s}$ 时，取 $k=1$，则 $\omega_{n\min} = 3\text{rad/s}$。然而，当高空飞行时，由于导弹的其他特性明显变差，保持固有频率的值不小于 ω_n 的想法是不恰当的。

问题在于导弹在极限高度飞行时，确定可用法向过载的设计情况。由于静稳定度提高，固有频率 $\omega_n \approx \sqrt{a_{24}}$ 增大时，可用过载减小，并且为了保持其所需的过载值，必须提高操纵机构的效率。这就使得舵面积过分增大，引起正面阻力和铰链力矩的增大，最终提高导弹的质量却使舵传动机构复杂化。

低空飞行时，上述分析不起作用，但是为了简化稳定系统，可合理地提高导弹的固有频率，不过固有频率只能提高到一定限度。在导弹具有很大固有频率的情况下，控制系统的形成出现困难，在这种情况下控制系统具有高快速性，而且其元件不应将明显的振幅畸变和相位畸变带入控制过程。此时，舵传动机构仅占狭窄的位置，它的快速性总是受执行传动机构功率和铰链力矩的限制，因此，导弹在最小飞行高度的固有频率最大值取决于传动机构的类型(液压、气动等)。

6. 导弹的副翼效率

保证倾斜操纵机构必要效率的任务是由导弹设计师完成的，然而对这些机构效率的要求是根据对制导和控制过程的分析，并考虑操纵机构的偏转或控制力矩受限而最后完成的。

操纵机构效率和最大偏角应当使由操纵机构产生的最大力矩等于或超过倾斜干扰力矩，且由阶跃力矩干扰所引起的在过渡过程中的倾斜角(或倾斜角速度)不应超过允许值。

倾斜操纵机构最大偏角的大小通常由结构和气动设想来确定。如果控制倾斜运动借

助于气动力实现，显然，确定倾斜机构效率要求的设计点是最大飞行高度。

7. 导弹的俯仰/偏航效率

俯仰和偏航操纵机构的效率由动力学系数 a_{25}、b_{27} 的大小和操纵机构的最大力矩来表征。对俯仰和偏航操纵机构效率的要求取决于：

(1) 在什么样的高度上飞行，是在气动力起作用的稠密大气层内飞行，还是在气动力相当小的稀薄大气层内飞行；

(2) 飞行器是静稳定的、临界稳定的还是不稳定的；

(3) 控制系统的类型(静差系统还是非静差系统)。

在各种飞行弹道的所有点上，操纵机构最大偏角应大于理论弹道所需的操纵机构的偏角，且具有一定的储备偏角。此外，操纵机构最大偏角不能任意选择，它受结构和气动的限制。

对俯仰和偏航操纵机构的最大偏转角和效率的要求(导弹设计师应当满足这种要求)在制导控制系统形成时就制定出来，这些要求取决于这些系统所担负的任务，也取决于其工作条件。

8. 导弹弹体动力学特性的稳定

导弹弹体动力学特性和飞行速度与高度的紧密关系是导弹作为被控对象的特点。现代导弹的飞行速度和高度范围更大，以致表征导弹特性的参数可变化 100 多倍。导弹飞行速度和高度的紧密关系大大增加了制导控制系统设计的难度，这种系统应当满足对导弹在任何飞行条件下所提出的高要求。制导控制系统应确保作为被控对象的导弹具有尽可能大的稳定特性。

保证制导控制系统动力学特性稳定的部分任务由导弹设计师完成，但基本上由制导控制系统设计师完成，他们之间的分工往往根据具体情况而定。

由自动控制原理可知，闭环系统最重要的特性(稳定性、精度、谐振频率、振荡性等)，在很大程度上取决于开环系统的传递系数，所以保证传递系数基本不变是导弹弹体动力学特性稳定的首要任务。

9. 导弹结构刚度

目前，在有效载荷质量和飞行距离给定的情况下，借助减小结构质量和燃料质量比来提高导弹飞行性能会使弹体结构刚度减小。为此，当设计导弹制导控制系统时，必须考虑结构弹性对稳定过程的影响。

结构弹性振动的频率与导弹的结构刚度有关，即结构刚度越大，其结构弹性振动的频率越高。制导控制系统在一定的频带范围内工作，结构弹性振动的阻尼系数很小，它会造成系统稳定性下降或不稳定。

导弹结构的刚度是以振型的频率和振幅来度量的。对振型频率的要求是导弹的一阶振型频率要大于舵操纵系统的工作频带的 1.5 倍；至于振幅要求，主要应由它对导弹气动力的影响确定。

操纵机构是指舵机输出轴到推动舵面偏转的机构，它是舵伺服系统的组成部分，由于它是一个受力部件，它的弹性变形对舵伺服系统的特性有较大的影响，从而影响制导控制系统的性能。当舵面偏转时，受到空气动力载荷的作用，舵面会发生弯曲和挠曲弹性变形，这会引起导弹的纵向和横向产生交叉耦合作用，进而影响制导控制系统的性能。因此，设计时对操纵机构和舵面的刚度均有一定的要求。

10. 动力系统的要求

对动力系统的要求集中体现在对发动机推力特性的要求。

推力的大小直接决定了导弹加速度的大小。如果发动机的推力一定，发动机的工作时间决定导弹在发动机结束工作后达到的速度。多脉冲发动机可以控制发动机工作时间，如可以推迟导弹达到最大速度的时间，通过让导弹到阻力比较小的高空达到最大速度，来获得更远的飞行距离。导弹的飞行状态也对动力系统提出一定的要求。此外，发动机推进剂燃烧造成的导弹质心变化也应满足制导控制系统对静稳定度等的要求。

本 章 要 点

1. 导弹纵向刚体运动和滚转刚体运动的传递函数。
2. 对导弹弹体动力学特性的基本要求。
3. 决定导弹需用过载的因素。
4. 对动力系统的基本要求。

习 题

1. 写出轴对称导弹俯仰、偏航和滚转三通道的传递函数以及传递函数中所包含的动力学系数表达式和量纲。
2. 导弹制导控制系统对导弹设计有哪些基本要求？
3. 导弹速度对导弹制导控制系统设计有哪些影响？
4. 决定导弹需用过载的因素有哪些？
5. 导弹的阻尼对导弹制导控制系统设计有哪些影响？
6. 导弹制导控制系统设计对导弹的静稳定度有哪些要求？
7. 导弹制导控制系统设计对导弹的固有频率有哪些要求？
8. 导弹制导控制系统设计中，对俯仰和偏航舵效的要求取决于哪些因素？
9. 导弹弹体动力学特性对导弹制导控制系统设计的稳定有什么影响？
10. 导弹操纵机构和舵面刚度对导弹制导控制系统的性能有什么影响？
11. 导弹制导控制系统对动力系统的基本要求是什么？

第 5 章

导弹制导控制系统元部件

5.1 传 感 系 统

导弹传感系统用来感受导弹飞行过程中弹体姿态和重心横向加速度的瞬时变化，反映这些参数的变化量或变化趋势，产生相应的电信号供给控制系统，有时还感受操纵面的位置。自主制导的导弹中，还要敏感直线运动的偏差。感受导弹转动状态的元件有陀螺仪，感受导弹横向或直线运动的元件有加速度计和高度表。

1. 对传感系统的基本要求

稳定控制系统所采用的传感系统通常有速率陀螺仪、线加速度计、高度表等。根据稳定控制系统技术指标和要求合理地选择传感系统，选择时必须考虑它们的技术性能(包括陀螺仪启动时间、漂移、测量范围、灵敏度、线性度、工作环境等)、体积、质量和安装要求等。应该特别注意这些传感器的安装位置，如线加速度计不应安装在导弹主弯曲振型的波腹上，角速率陀螺仪不应安装在角速度波节上。

2. 二自由度陀螺仪

利用陀螺仪的进动性，二自由度陀螺仪可做成速率陀螺仪和积分陀螺仪。速率陀螺仪能测量出弹体转动的角速度，所以又称为角速率陀螺仪。

角速率陀螺仪的传递函数为

$$\frac{\beta(s)}{\omega_y(s)} = \frac{H/k}{T^2 s^2 + 2\xi T s + 1}$$

$$T^2 = J_x/k$$

$$2\xi T = k_f/k$$

式中，H 为陀螺仪动量矩；J_x 为绕 Ox_1 轴转动惯量；k 为弹簧的刚度；k_f 为阻尼器的阻尼系数。

3. 加速度计

加速度计是导弹控制系统中一个重要的惯性敏感元件，用来测量导弹的横向加速度。在惯性制导系统中，加速度计还用来测量导弹切向加速度，经两次积分，便可确定导弹相对起飞点的飞行路程。常用的加速度计有重锤式加速度计和摆式加速度计两种类型。

重锤式加速度计的传递函数为

$$\frac{a_m(s)}{a(s)} = \frac{1}{T^2 s^2 + 2\xi T s + 1}$$

式中，T 为加速度计的时间常数；ξ 为加速度计的阻尼系数。

4. 高度表

气压高度表用以指示导弹相对于海平面或另外某个被选定高度以上的高度。如果导弹需要在地面以上给定高度飞行 20km 或 30km 的距离，并且其高度不低于 100m，那么用简单的气压式真空膜盒或者压电式压力传感器指示其高度就足够准确了。

雷达高度表用以指示导弹相对于地面或海平面的高度，包括 FM/CW(调频/连续波)高度表和脉冲式高度表，目前都能在低至 1m 左右的高度上工作,而 FM/CW 高度表在 0～10m 工作似乎更准确。

激光高度表是另一种类型的装置。这种装置用一束由激光源发出的持续时间很短的辐射能照射目标，从目标反射或散射回来的辐射能被紧靠激光源的接收机检测，再采用普通雷达的定时技术给出高度信息。

无论哪种类型的高度表，其输出形式均有数字式和模拟电压式两种。这里以输出模拟电压为例，忽略其时间常数，高度表的传递函数为

$$\frac{u_H(s)}{H(s)} = K_H$$

5.2 导 引 头

5.2.1 导引头的功用及组成原理

导引头是寻的制导控制回路的测量敏感部件，尽管在不同的寻的制导体制中，它可以完成不同的功能，但其基本的、主要的功用都是一样的，大致有以下三个方面：

(1) 截获并跟踪目标。

(2) 输出实现导引规律所需要的信息。例如，对寻的制导控制回路普遍采用的比例导引规律或修正比例导引规律，要求导引头输出视线角速度、导弹–目标接近速度、导引头天线相对于弹体的转角等信息。

(3) 消除弹体扰动对天线在空间指向稳定的影响。

导引头的组成与采用的工作体制和天线稳定的方式有关。以连续波半主动导引头为例，其组成包括回波天线、直波天线、回波接收机、直波接收机、速度跟踪电路和天线

伺服系统等。

通常把回波天线、直波天线、回波接收机、直波接收机、速度跟踪电路等统称为接收机，其作用之一是敏感目标视线方向与导引头天线指向的角误差，输出与该角误差成正比的信号。由于导引头是一个角速度跟踪系统，因此接收机输出的信号实际上与视线角速度成正比。其作用之二是把直波信号的多普勒频率与回波信号的多普勒频率进行综合，输出与导弹–目标接近速度成比例的信息，由此得到形成导引规律所需要的信号。

天线伺服系统的作用是根据接收机发送的角误差信号，控制天线转动，使其跟踪目标，消除角误差。由于导引头是在运动的导弹上工作，因此导引头必须具有消除弹体耦合的能力。消除弹体耦合可以采用多种方案，如果用角速率陀螺仪反馈来稳定导引头天线，那么角速率陀螺仪反馈通道和天线伺服系统就组成导引头角稳定回路，其作用是消除弹体运动对导引头天线空间稳定的影响。这时导引头角跟踪回路原理方框图如图 5.1 所示。

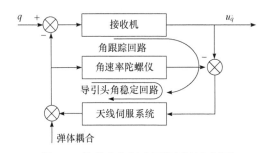

图 5.1　导引头角跟踪回路原理方框图

5.2.2　导引头的分类

导引头接收目标辐射或反射的能量，确定导弹与目标的相对位置和运动特性，形成制导指令。按导引头所接收能量的能源位置不同，导引头分类如下：

(1) 主动式导引头，接收目标反射的能量，照射能源在导引头内；

(2) 半主动式导引头，接收目标反射的能量，照射能源不在导引头内；

(3) 被动式导引头，接收目标辐射的能量。

按导引头接收能量的物理性质不同，可分为雷达导引头(包括微波和毫米波两类)和光电导引头。光电导引头又分为电视导引头、红外导引头(包括点源、多元和成像等类型)和激光导引头。

按导引头测量坐标系相对弹体坐标系是静止还是运动的关系，可分为固定式导引头和活动式导引头。活动式导引头又分为活动非跟踪式导引头和活动跟踪式导引头。

5.2.3　导引头稳定位标器方案

稳定位标器是导引头系统的核心构架，它具有两个重要作用：稳定测量坐标系(光轴)；接收控制信号，驱动光轴跟踪目标视线轴，并经由控制电路输出俯仰、偏航两路视线角速度信号至自动驾驶仪，使导弹飞行控制系统按规定导引规律控制导弹飞向目标，实现对导弹的制导。

稳定位标器方案有多种并各有特点，并且其稳定精度和控制方式也各不相同。目前常用的导引头稳定位标器方案主要有以下几种：动力陀螺型稳定方案、速率陀螺型稳定方案和视线陀螺型稳定方案。下面介绍采用速率陀螺型稳定方案的速率陀螺稳定平台型导引头。

速率陀螺稳定平台型导引头的特点是测量元件和两个速率陀螺仪组成整体(台体)安装在两框架式的常平架上，在常平架系统中有相应的伺服机构。台体上的速率陀螺仪测量台体相对惯性空间的角速度而使导弹视线相对空间稳定，在目标视线跟踪中起校正作用。速率陀螺稳定平台型导引头结构原理图如图 5.2 所示。

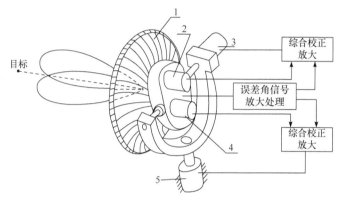

图 5.2　速率陀螺稳定平台型导引头结构原理图
1 为天线；2、4 为速率陀螺仪；3、5 为伺服机构

1. 天线稳定回路原理

天线稳定回路是利用导引头天线背上安装的速率陀螺仪获得导弹姿态运动的角速度信息实现负反馈，使天线与弹体扰动隔离开，从而在弹体扰动时，使天线指向在空间保持不变，避免由于弹体扰动而丢失目标；在正常跟踪时，隔离了弹体扰动对角跟踪和指令输出的影响。导弹由于控制和各种干扰均会产生运动，因此导弹的姿态角总是变化的，这对于导引头天线就是扰动。导引头角跟踪空间几何关系如图 5.3 所示。

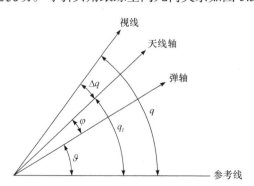

图 5.3　导引头角跟踪空间几何关系示意图
ϑ 为弹体姿态角；　φ 为天线轴相对弹轴的转角(天线伺服系统控制的就是这个转角)；q_t 为天线轴相对参考线的转角；
q 为目标视线角，　$q = q_t + \Delta q$；　Δq 为误差角(也称瞄视误差角或失调角)，天线轴和视线的夹角

天线稳定回路是依靠在天线背上安装的两个速率陀螺仪，测出天线的俯仰和方位两

个角速度，将其放大，然后加到各自的伺服系统中，控制天线转动，力图消除天线的角速度。在无跟踪信号时，保持天线定向。天线稳定回路分为各自独立的俯仰通道和方位通道，两回路基本相同，其组成如图 5.4 所示。在无跟踪信号时，安装在天线背上的速率陀螺仪敏感出天线相对惯性基准的角速度 $\dot{q}_t$(此种情况下有弹体运动产生)，输出正比于角速度 $\dot{q}_t$ 的信号电压经放大后，送入伺服系统推动天线相对弹轴有 $\dot{\varphi}$ 的运动。其运动方向是减小原敏感出的天线角速度 $\dot{q}_t$，消除由弹体扰动引起的 $\dot{q}_t$，使天线在空间保持不变，即 $\dot{q}_t = 0$，也就是说使 $\dot{\varphi} = -\dot{\vartheta}$。下面简要地分析天线稳定回路对弹体扰动角速度 $\dot{\vartheta}$ 和对跟踪信号的响应特性。

图 5.5 给出了天线稳定回路的简化方块图。

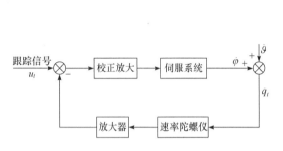

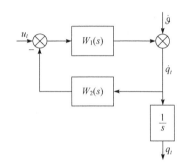

图 5.4　天线稳定回路方块图　　　　图 5.5　天线稳定回路的简化方块图

$W_1(s)$ 为校正放大和伺服系统的传递函数；$W_2(s)$ 为速率陀螺仪和放大器的传递函数

从简化方块图可得对弹体扰动角速度 $\dot{\vartheta}$ 的响应为

$$\dot{q}_t(s) = \frac{1}{1 + W_1(s)W_2(s)} \dot{\vartheta}(s) \tag{5.1}$$

若 $|W_1(s)W_2(s)| \gg 1$，则式(5.1)简化为

$$\dot{q}_t(s) = \frac{1}{W_1(s)W_2(s)} \dot{\vartheta}(s) \tag{5.2}$$

由式(5.2)可见，天线稳定回路使弹体扰动对天线的影响为缩小了稳定回路开环放大系数很多倍。把天线稳定回路对弹体扰动的缩小程度用天线稳定回路的去耦系数 r_s 表示

$$r_s = \frac{\dot{q}_t}{\dot{\vartheta}} \times 100\% \tag{5.3}$$

式中，$\dot{q}_t$ 为天线角速度；$\dot{\vartheta}$ 为弹体扰动角速度。

由上面定义可看出，在设计天线稳定回路时，应尽量选择大的开环放大系数，满足去耦系数的设计要求。

天线稳定回路对跟踪信号(u_t)的响应为

$$\dot{q}_t(s) = \frac{W_1(s)}{1 + W_1(s)W_2(s)} u_t(s) \tag{5.4}$$

当 $|W_1(s)W_2(s)| \gg 1$ 时，式(5.4)可简化为

$$\dot{q}_t(s) = \frac{1}{W_2(s)} u_t(s)$$

设 $W_2(s)$ 的静态传递系数为 K_g ，则稳态下有

$$\dot{q}_t = \frac{1}{K_g} u_t \tag{5.5}$$

式(5.5)表明天线稳定回路使天线角速度 $\dot{q}_t$ 随跟踪信号电压的变化而线性变化。

2. 角跟踪回路原理

导引头应在角度上自动跟踪目标，并发送出正比于视线角速度的误差电压 $u_{\dot{q}}$ ，这一功能由角跟踪回路实现。为实现这一功能，角跟踪回路由检测目标误差角的天线接收机、坐标变换、俯仰和方位稳定回路组成。角跟踪回路也由各自独立的俯仰和方位两个通道组成。由于两个通道组成基本相同，因此仅分析一个通道的工作原理。单通道简化角跟踪回路方块图如图 5.6 所示。

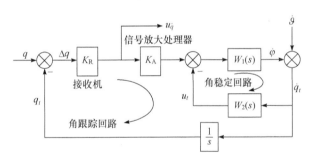

图 5.6　单通道简化角跟踪回路方块图

K_R 为接收机传递系数； K_A 为信号放大处理器传递系数

由图 5.6 可见，当导引头天线轴与目标视线不重合时，接收机检测出误差角 Δq ，经信号处理放大后，形成跟踪信号 u_t ，经稳定回路控制使天线旋转减小误差角 Δq ，从而实现对目标的跟踪功能。此时速率陀螺仪反馈支路仅是角跟踪回路的内回路，起到改善角跟踪回路特性的校正作用。同样，对稳定回路来说，由于角跟踪回路的闭合，使稳定回路的去耦系数相应降低。当稳定回路开环放大系数很大时，稳定回路闭环传递函数可近似处理为 $1/K_g$ 。这样角跟踪回路的开环放大倍数为 $K_0 = K_R K_A / K_g$ 。角跟踪回路是一阶无静差(静态误差)系统。此时角跟踪回路简化传递函数为

$$\frac{u_{\dot{q}}(s)}{\dot{q}(s)} = \frac{K}{Ts+1} \tag{5.6}$$

式中， $K = K_R / K_0$ ，为导引头传递系数； $T = 1/K_0$ ，为导引头时间常数。

速率陀螺稳定平台型导引头的角稳定回路和角跟踪回路中的关键元件是速率陀螺仪，它是影响测量精度的关键部件，因此对速率陀螺稳定平台型导引头的速率陀螺仪要

求较高。在制导控制系统一体化设计中，可以考虑把捷联惯性导航系统中的捷联速率陀螺仪作为导航系统中的元件，也可作为导引头的速率陀螺仪和稳定控制系统阻尼回路中的速率陀螺仪。

目前应用最为广泛的是速率陀螺稳定平台型位标器方案。例如，美国的"麻雀"系列导弹和"霍克"导弹、苏联的"萨姆-6"导弹的导引头均采用这种稳定位标器方案。

5.3 导 航 系 统

5.3.1 惯性导航系统

惯性导航(惯导)系统为导弹提供角速度、姿态角、加速度、速度、位置等运动信息，可用于导弹制导与控制。按工作原理惯性导航系统可分为平台式惯性导航系统与捷联式惯性导航系统。

1. 平台式惯性导航系统

在平台式惯导系统中，导航平台的主要功用是模拟导航坐标系，把导航加速度计的测量轴稳定在导航坐标系轴向，使其能直接测量飞行器在导航坐标系轴向的加速度，并且可以用几何方法从平台的框架轴上直接获取飞行器姿态和航向信息。图5.7为平台式惯导系统的原理框图。

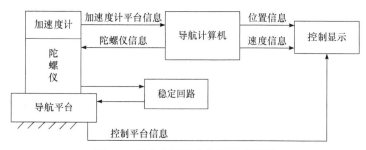

图 5.7 平台式惯导系统的原理框图

2. 捷联式惯性导航系统

捷联式惯导系统不用实体导航平台，而是把加速度计和陀螺仪直接与飞行器的壳体固联。在导航计算机中实时解算姿态矩阵，通过姿态矩阵把导航加速度计测量的弹体坐标系轴向加速度信息变换到导航坐标系，然后进行导航计算。同时，从姿态矩阵的元素中提取姿态和航向信息。由此可见，在捷联惯导中，是用导航计算机来完成导航平台的功用。图5.8为捷联式惯导系统的原理框图。

捷联式惯导系统由于省掉了机电式的导航平台，所以体积、质量和成本都大大降低。另外，因为捷联式惯导系统提供的信息全部是数字信息，所以特别适用于采用数字式飞行控制系统的导弹，因而在新一代导弹上得到了极其广泛的应用。

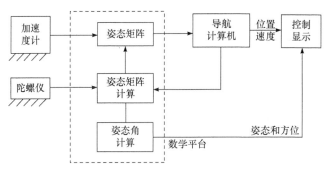

图 5.8　捷联式惯导系统的原理框图

5.3.2　卫星导航系统

世界上典型的卫星导航系统有美国的 GPS、俄罗斯的 GLONASS、欧洲的伽利略系统和中国的北斗卫星导航系统，其组成与工作原理大同小异。下面以美国的 GPS 为例介绍卫星导航系统的组成原理。

GPS 的含义是利用导航卫星进行测时和测距，以构成全球定位系统。

GPS 是美国国防部(Department of Defense，DOD)为军事目的建立的，旨在彻底解决海上、空中和陆地运载工具的导航和定位问题。目前 24 颗卫星全部发射完毕，整个系统已经建成，在地球上任何地方和任何时刻均可同时观测到 4 颗以上的卫星，已形成全球、全天候、连续三维定位和导航的能力。

根据 GPS 的设计要求，它能提供两种业务：一种为精密定位业务(PPS)，使用 P 码，定位精度约为10m，只供美国及盟国的军事部门和特许的民用部门使用。另一种为标准定位业务(SPS)，使用 C/A 码，定位精度约为100m，向全世界开放。

GPS 由空间部分(导航卫星)、地面控制部分、用户设备部分三部分组成。

空间部分有 21 颗工作卫星和 3 颗备用卫星，分布在六个轨道面上，轨道倾角为55°，两个轨道面之间在经度上相隔60°，每个轨道面上布放 4 颗卫星。在地球的任意地方，至少同时可以见到 4 颗以上卫星。GPS 卫星星座分布见图 5.9。

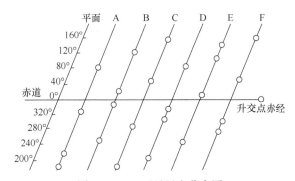

图 5.9　GPS 卫星星座分布图

地面控制部分包括监测站、主控站和注入站。监测站在卫星过顶时收集卫星播发的导航信息，对卫星进行连续监控，收集当地的气象数据等；主控站的主要职能是根据各监测站送来的信息计算各卫星的星历和卫星钟修正量，以规定的格式编制成导航电文，以便通过注入站注入卫星；注入站的任务是在卫星通过其上空时，把上述导航信息注入给卫星，并负责监测注入的导航信息是否正确。

用户设备部分包括天线、接收机、微处理器、控制显示设备等，有时也统称为 GPS 接收机。用于导航的接收机也称为 GPS 卫星导航仪。民用 GPS 卫星导航仪仅用 L1 频率的 C/A 码信号工作。GPS 接收机中微处理器的功能包括：控制接收机，选择卫星，校正大气层传播误差，估计多普勒频率，接收测量值，定时收集卫星数据，计算位置、速度以及控制与其他设备的联系等。

5.3.3 天文导航系统

1. 天文导航系统基本组成

天文导航系统一般由定时器、六分仪、高度表三部分组成，其中定时器用来提供高精度的时间基准，六分仪用来完成对星体的跟踪观测，高度表提供导弹的高度信息。作为观测装置的六分仪，根据其工作时所依据的物理效应不同可分为两种：一种为光电六分仪，另一种为无线电六分仪，它们都借助于观测天空中的星体来确定导弹的物理位置。

光电六分仪一般由天文望远镜、稳定平台、传感器、放大器、方位电动机和俯仰电动机等部分组成，如图 5.10 所示。

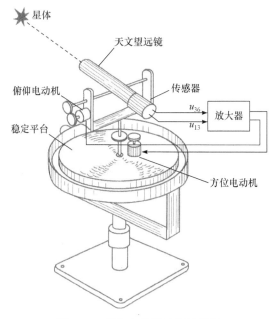

图 5.10　光电六分仪结构示意图

2. 天文导航系统工作原理

天文导航系统有两种：一种由一套天文导航观测装置跟踪一个星体，引导导弹飞向目标；另一种由两套天文导航观测装置分别跟踪两个星体，确定导弹的位置。

天文导航系统是以太阳、月球及其他行星和恒星等自然天体作为导航信标，结合高度信息来确定导弹位置信息的。六分仪自动对准天体方向，可以测出导弹前进方向与天体方向(望远镜轴线方向)之间的夹角，即航向角，再通过测量天体相对于飞行器参考面的高度就可以判定飞行器的位置。

天文导航系统完全自动化，精确度较高，而且导航误差不随导弹射程的增大而增大。但天文导航系统的工作受气象条件的影响较大，当有云、雾时，观测不到选定的星体，从而不能实现导航。另外由于导弹的发射时间不同，星体与地球间的关系也不同，因此天文导航系统对导弹的发射时间要求比较严格。

5.3.4　地图匹配系统

地图匹配系统是利用地图信息获取导弹位置信息的系统。目前使用的地图匹配系统有两种：一种是地形匹配(terrain contour matching，TRCOM)系统，它是利用地形信息来获取导弹位置信息的一种系统；另一种是景象匹配区域相关(scene matching area correlation，SMAC)系统，它是利用景象信息来获取导弹位置信息的一种系统，简称为景象匹配系统。两种系统的基本原理相同，都是利用弹载计算机(相关处理机)预存的地形图或景象图(基准图)，对导弹飞行到预定位置时弹载传感器测出的地形图或景象图(实时图)进行相关处理，确定出导弹当前位置偏离预定位置的纵向偏差和横向偏差。地图匹配系统的原理框图见图 5.11。

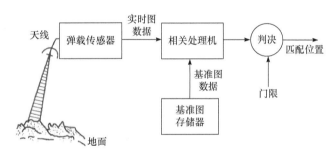

图 5.11　地图匹配系统的原理框图

1. 地形匹配系统

地球表面一般是起伏不平的，某个地方的地理位置可用周围地形等高线确定。地形等高线匹配，就是将测得的地形剖面与存储的地形剖面比较，用最佳匹配方法确定测得地形剖面的地理位置。利用地形等高线匹配来确定导弹的地理位置，并将导弹引向预定区域或目标的制导系统，称为地形匹配系统。

如果航迹下的地形比较平坦，地形高度全部或大部分相等，此时不能应用地形匹配系统，可采用景象匹配系统。

2. 景象匹配系统

景象匹配系统是利用弹载传感器获得的目标周围景物图像或导弹飞向目标沿途景物图像(实时图)，与预存的基准数据阵列(基准图)在计算机中进行配准比较，得到导弹相对目标或预定弹道的纵向偏差和横向偏差的系统。目前使用的景象匹配系统有模拟式和数字式两种。

5.3.5 组合导航系统

将几种不同的单一导航系统组合在一起构成的系统称为组合导航系统，组合的目的是利用多种信息源，互相补充，构成一种有多余度且导航准确度更高的多功能系统。中远程导弹为了解决惯性导航系统误差随时间增长而累积，初始校准启动时间较长，影响快速反应的问题，并实现可靠导航和提高精度，组合导航系统通常以惯性导航系统为主，再由天文导航、卫星导航、地图匹配导航等多种导航方式作为校准手段。

5.4 一体化制导组件

5.4.1 一体化制导组件的基本概念

随着武器内埋、平台隐身、无人平台挂弹等多方面作战需求的迫切发展和微加工技术的发展，轻小型化和低成本化成为精确制导武器的重要发展趋势，而采用一体化设计思路实现导弹传感系统与信息处理系统的一体化集成是这一发展趋势的重要组成部分。一体化制导组件是这一发展趋势在现阶段制导控制一体化集成方面的最新体现，目前的一体化制导组件方案大多数是将导航系统与弹载计算机高度集成，随着技术发展，以后会有更多的弹上系统集成到一体化制导组件中。

5.4.2 一体化制导组件的关键技术

一体化制导组件是将原先较为分散的弹载子系统进行空间集成和功能集成，这需要许多关键技术的支撑，如散热技术、电磁兼容技术、分区操作系统技术等。

1) 散热技术

采用一体化设计的制导控制系统由于其器件在空间高度集成，散热问题成了其需要解决的关键问题之一。

2) 电磁兼容技术

同样由于器件高密度的空间集成，一体化制导组件的电磁兼容问题比传统的制导控制系统更严重。

3) 分区操作系统技术

制导控制系统任务的复杂性使得软件的复杂度将大大增加。为了将控制、导航、导引、高度表、伺服控制等各种不同类型、不同规模的软件集成到单一CPU的计算机中，而对软件的设计、调试和综合影响降到最低，最合理、最可行的方法是采用具有强实时特性的分区操作系统。强实时特性的分区操作系统支持以分区为基础的时空隔离，通过CPU提供的硬件机制实现应用与应用之间、应用与操作系统之间的完全隔离，时空隔离是分区操作系统最主要的特征。

5.5　舵　系　统

舵机是自动驾驶仪的执行元件，其作用是根据控制信号的要求，操纵舵面偏转以产生操纵导弹运动的控制力矩。

当舵面发生偏转时，流过舵面的气流将产生相应的空气动力，并对舵轴形成气动力矩，通常称为铰链力矩。铰链力矩是舵机的负载力矩，与舵偏角的大小、舵面的形状和飞行的状态有关。为了使舵面偏转到所需的位置，舵机产生的主动力矩必须克服作用在舵轴上的铰链力矩，以及舵面转动所引起的惯性力矩和阻尼力矩。

铰链力矩的极性与舵面气动力压力中心的位置有关。如果舵面的压力中心位于舵轴的前方，则铰链力矩的方向将与主动力矩的方向相同，从而引起反操纵现象。

5.5.1　舵系统分类

舵机从能源性质上分为电动舵机、液压舵机和气动舵机；从控制方式上分为继电控制舵机和线性控制舵机；从反馈方式上分为力矩反馈舵机和位置反馈舵机。

1. 电动舵机

直流电动舵机的原理如图 5.12 所示。

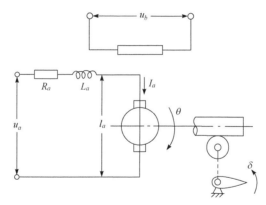

图 5.12　直流电动舵机的原理图

u_b 为激磁电压；u_a 为电机的控制电压；R_a、L_a 为电枢绕组的电阻、电感

电动舵机空载时的传递函数为

$$\frac{\delta(s)}{u_a(s)} = \frac{K_{\mathrm{M}}}{s(T_{\mathrm{M}}s+1)}$$

式中，K_{M} 和 T_{M} 分别为电动舵机空载时的传递系数和时间常数，是电动舵机的重要性能参数。

铰链力矩与动压成比例。在飞行过程中，随着导弹飞行状态的变化，铰链力矩将在比较大的范围内发生变化，因而影响伺服机构的动态性能。为了减少铰链力矩对舵机特性的影响，应合理地设计舵机的输出功率和控制力矩，在设计操纵机构和舵面的形状时，应使舵面的转轴位于舵面压力中心变化范围的中心附近，这是因为铰链力矩与舵面空气动力对转轴的力臂成正比。

若舵面转轴离舵面压力中心比较近，当压力中心发生变化时，舵机有可能静不稳定，以至出现反操纵现象。当导弹处于亚声速和超声速的不同状态飞行时，压力中心会发生明显的变化。因此在确定舵机的控制力矩时，必须留有足够的余量。

2. 液压舵机

液压舵机是由高压油源驱动舵面偏转，根据液压放大的类型，通常有滑阀式和喷嘴挡板式等形式。滑阀式液压舵机由滑阀和作动器两部分组成。液压舵机原理图如图 5.13 所示。

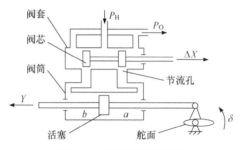

图 5.13   液压舵机原理图

当液压舵机空载时，舵面偏转的角速度与液体的秒流量成正比，且相应的传递函数为

$$\frac{\delta(s)}{X(s)} = \frac{\dot{\delta}_{\max}}{s}$$

式中，$X(s)$ 为阀芯相对位移，$X(s) \leqslant 1$；$\delta(s)$ 为舵偏角；$\dot{\delta}_{\max}$ 为阀芯最大相对位移对应的舵偏速率。

液压舵机的动态特性受负载的影响不大，因此可近似用空载状态的传递函数来描述。

3. 气动舵机

气动舵机原理图如图 5.14 所示。它由磁放大器、电磁控制器、喷嘴、接收器、作动器等组成。

气动舵机的传递函数为

$$\frac{\delta(s)}{u_c(s)} = \frac{K_\delta}{T_\delta s + 1}$$

式中，K_δ 和 T_δ 分别为气动舵机的传递系数和时间常数。

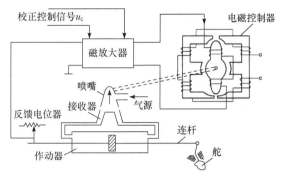

图 5.14　气动舵机原理图

5.5.2　舵系统对控制系统的影响

1. 带宽的影响

舵机是输出较大功率的部件，它的带宽远小于陀螺仪和加速度计的带宽，因此舵机是限制自动驾驶仪性能的主要因素。从频率特性的角度看，弹体和舵机是两个串联的环节，舵机的带宽越宽，开环传递函数的带宽就越宽，阻尼回路的带宽相应可以更宽。相反，如果舵机的带宽不宽，阻尼回路的带宽也不可能宽，就实现不了稳定回路对过载的快速响应。需要滚转稳定的导弹，对舵机的要求更高，因为滚转通道的带宽要求比俯仰通道和偏航通道的带宽更宽。在设计稳定回路时，忽略舵机、陀螺仪和加速度计的动态特性，可以得到设计参数的解析公式。舵机、陀螺仪和加速度计可以忽略的前提是它们的带宽远比弹体的频带宽，或者说弹体的极点是主极点，而舵机、陀螺仪和加速度计的极点是远离虚轴的辅极点，此时这种设计方法才可应用。另外，要实现对静不稳定弹体的控制，必须有快速响应的舵机，也就是宽频带舵机。

2. 舵机角速度的影响

舵机的角速度不高，同样影响控制系统的快速响应，因为如果舵偏角达不到平衡迎角要求的舵偏角，平衡迎角就不能实现。两个通道(如俯仰通道和滚转通道，偏航通道和滚转通道)共用一个舵机时，有一个通道(如滚转通道)的舵面角速度信号很高就会影响另一个通道(如俯仰通道)的信号正常驱动舵面运动。制导信号中的高频噪声同样可能使舵面角速度接近饱和而影响正常制导或控制信号的响应。

3. 舵机输出力矩的影响

舵机的输出力矩必须大于气动铰链力矩、摩擦力矩、惯性负载力矩之和，才能正常驱动舵面运动。在确定舵机最大输出力矩时，必须找到最大气动铰链力矩。在各种飞行条件(高度、速度)下，比较进入或退出最大过载或最大迎角对应的平衡状态的铰链力矩。

4. 舵机零位的影响

在稳定回路或阻尼回路工作的状态下，舵机零位影响不大。因为舵机零位造成弹体摆动，阻尼回路的负反馈会产生与舵机零位相反的舵偏角进行校正。但如果采用"归零"方式发射导弹，稳定回路和阻尼回路不工作，对舵机零位要求就要高一些，否则可能影响发射安全。

5. 舵机间隙的影响

必须严格控制舵机的间隙，间隙太大可能引起高频振荡，特别是对静不稳定弹体的控制。更有甚者，如果舵机的间隙和弹体的某个弹性振型相耦合，还会发生颤振。

本 章 要 点

1. 导引头稳定位标器方案。
2. 稳定控制系统对传感系统的基本要求。
3. 导航系统基本原理。
4. 一体化制导组件的基本概念。
5. 典型的舵机类型及其传递函数。

习　　题

1. 简述导引头的主要功用。
2. 简述导引头的组成原理。
3. 导引头主要分为哪几类？对导引头的基本要求有哪些？
4. 导引头稳定位标器的作用是什么？导引头稳定位标器方案主要有哪些？
5. 分别画出速率陀螺稳定平台型导引头的稳定回路和角跟踪回路简化方框图，并推导其传递函数。
6. 导弹稳定控制系统采用的传感系统主要有哪些？对这些传感系统的基本要求是什么？
7. 导航系统有哪几类？各自的工作原理是什么？
8. 舵机的主要类型有哪些？写出三类典型舵机的传递函数。
9. 简述舵系统对控制系统的影响。
10. 什么是一体化制导组件？

第 6 章

导弹姿态控制系统分析与设计

飞行中导弹绕质心运动通常用 3 个飞行姿态角(滚转、偏航和俯仰)及其变化率来描述。导弹姿态控制系统一般由 3 个基本通道组成,分别稳定和控制导弹的滚转姿态、偏航姿态和俯仰姿态。其中,滚转通道的姿态角控制系统即为倾斜运动稳定系统。

6.1 倾斜运动稳定与控制

6.1.1 倾斜运动稳定系统的基本任务

倾斜运动稳定系统的基本任务由产生气动力的方法、制导系统的形式和将制导信号变换为操纵机构偏转信号的方法来确定。

对于飞机型的飞航式导弹,其产生法向力的方向只有一个。为使导弹在任何一个方向上产生机动,必须借助改变攻角和倾斜角的办法,这时法向气动力的值由攻角确定,其方向由倾斜角确定。这是极坐标控制方法,倾斜回路是一个倾斜角控制系统。

对于轴对称导弹,借助体轴 Oz_1 和 Oy_1 转动的办法,即改变攻角和侧滑角的办法,来建立在数值和方向上所需要的法向力,这是直角坐标控制方法。尽管此时相对纵轴的转动不参与法向力的建立,但是为了实现制导,对倾斜运动的特性提出了一定的要求。以指令制导为例,制导信号在制导站的坐标系中形成,在这种情况下必须保证与导弹固联的坐标系(弹体执行坐标系)跟制导信号形成的坐标系相一致。如果不一致,可能导致俯仰信号和偏航信号的混乱。因此在遥控制导中(指令制导是其中一种),保持倾斜角不变和等于零是倾斜运动稳定系统的基本任务。倾斜回路是倾斜角稳定系统。

在导弹上形成制导信号的情况下,即在以导弹坐标系为基准的自动寻的制导和指令制导中,不需要倾斜角稳定。当导弹围绕纵轴转动时,坐标系扭转了,而在此坐标系中同样发生了目标坐标的改变并给出了制导信号。这时并不破坏制导和自动驾驶仪通道之间的正常协调,但是倾斜角速度经常导致俯仰通道、偏航通道和倾斜通道之间交叉耦合的出现,这种交叉耦合会显著影响自动寻的制导过程。控制设备的某些特点可能是这些耦合的原因之一。导弹执行机构的动态滞后是其中最重要的原因之一。另外,马格努斯力矩和惯性交叉耦合也是引起耦合的原因。为了尽可能地减弱交叉耦合对轴对称导弹自动寻的制导过程的影响,限制导弹倾斜角速度是倾斜运动稳定系统的任务。倾斜回路是倾斜角速度稳定系统。

6.1.2 倾斜运动动力学特性

1. 倾斜运动传递函数

倾斜运动传递函数为

$$\frac{\gamma(s)}{\delta_x(s)} = \frac{K_{\mathrm{dx}}}{s(T_{\mathrm{dx}}s + 1)} \tag{6.1}$$

式中，K_{dx} 为倾斜运动传递系数；T_{dx} 为倾斜运动时间常数。

$$K_{\mathrm{dx}} = -\frac{M_x^{\delta_x}}{M_x^{\omega_x}}$$

$$T_{\mathrm{dx}} = -\frac{J_x}{M_x^{\omega_x}}$$

2. 倾斜干扰力矩

轴对称导弹的倾斜力矩由如下基本分量组成：

$$M_x = M_{x0} + M_x^{\delta_x}\delta_x + M_x^{\omega_x}\omega_x + M_x(\alpha, \beta, \delta_z, \delta_y) + M_x(\omega_y, \omega_z) \tag{6.2}$$

式中，M_{x0} 为来源于导弹制造误差的不对称；$M_x^{\delta_x}\delta_x$ 为来源于倾斜操纵机构的偏转；$M_x^{\omega_x}\omega_x$ 为来源于弹翼和尾翼所产生的倾斜运动的阻尼；$M_x(\alpha, \beta, \delta_z, \delta_y)$ 为来源于不对称流动的"斜吹力矩"；$M_x(\omega_y, \omega_z)$ 为来源于 ω_y、ω_z 引起气流不对称滚转产生的力矩。

事实上，倾斜干扰力矩由如下几项组成：

$$M_{\mathrm{xd}} = M_{x0} + M_x(\alpha, \beta, \delta_z, \delta_y) + M_x(\omega_y, \omega_z)$$

由于导弹不对称，其中包括由导弹制造和装配所允许的误差引起的力矩，通常作用在一个方向，与其他干扰力矩分量相比，变化比较小，因此用倾斜运动稳定系统可毫无困难地克服它。

在设计控制系统时，最大的问题是斜吹力矩，特别是在鸭式或旋转弹翼导弹上，这个力矩可能非常大。在此情况下，导弹活动前翼使气流发生了偏转，这种不对称下洗气流流过配置在导弹后边的固定面时，产生了倾斜力矩。鉴于倾斜力矩特性十分复杂，不能做到足够精确的计算，理论估计或实验可确定其上界。实际上，在综合倾斜运动稳定系统时要求已知干扰力矩上界即可。

6.1.3 倾斜角速度稳定系统

1. 倾斜角速度反馈的作用

在自动寻的制导中一般要求稳定倾斜角速度。如果导弹不可操纵，作用在它上面的阶跃倾斜干扰力矩为

$$M_{xd} = M_x^{\delta_x} \delta_{xd}$$

使导弹绕纵轴转动，其倾斜角速度为

$$\dot{\gamma}(t) = K_{dx}\delta_{xd}\left(1 - e^{-\frac{t}{T_{dx}}}\right) = -\frac{M_{xd}}{M_x^{\omega_x}}\left(1 - e^{-\frac{t}{T_{dx}}}\right) \tag{6.3}$$

因而，在过渡过程消失后建立恒倾斜角速度：

$$\dot{\gamma}(\infty) = -\frac{M_{xd}}{M_x^{\omega_x}} \tag{6.4}$$

借助于增加在低高度飞行时的气动阻尼的办法来降低稳定的倾斜角速度是不可行的，因为这个要求大大增加了弹翼和尾翼的面积，这样做在高空飞行时是不可能的。因此，所指明的任务只能借助于包括倾斜角速度反馈在内的导弹自动控制系统来完成。

图 6.1 为倾斜角速度稳定系统结构图。在系统中引入了一个角速度硬反馈信号，开环系统传递函数为

$$G(s) = \frac{K_{dx}K_{\dot{\gamma}}}{T_{dx}s + 1} \tag{6.5}$$

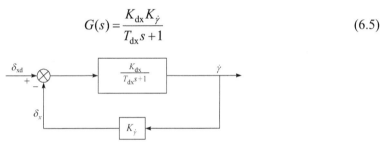

图 6.1　倾斜角速度稳定系统结构图

δ_{xd} 为等效干扰舵偏角

系统对干扰力矩的响应，由式(6.6)给出的闭环系统传递函数来描述：

$$\frac{\dot{\gamma}(s)}{\delta_{xd}(s)} = \frac{K_{dx}}{1 + K_{dx}K_{\dot{\gamma}}} \frac{1}{\dfrac{T_{dx}}{1 + K_{dx}K_{\dot{\gamma}}}s + 1} \tag{6.6}$$

将式(6.6)与式(6.7)给出的导弹传递函数进行比较：

$$\frac{\dot{\gamma}(s)}{\delta_{xd}(s)} = \frac{K_{dx}}{T_{dx}s + 1} \tag{6.7}$$

可以看出，由于倾斜角速度反馈稳定系统的传递系数是导弹传递系数的 $1/(1 + K_{dx}K_{\dot{\gamma}})$，倾斜角速度反馈的效用等效于导弹气动阻尼的增加或惯性的降低，另外，过渡过程也加快了。引入反馈后，在阶跃干扰的作用下，倾斜角速度的稳态值为

$$\dot{\gamma}(\infty) = \frac{1}{1 + K_{dx}K_{\dot{\gamma}}}\left(-\frac{M_{xd}}{M_x^{\omega_x}}\right) \tag{6.8}$$

可以看出，这种方法不能消除倾斜角速度，为了减小倾斜角速度，必须挑选尽可能大的开环系统传递系数 $K_0 = K_{dx}K_{\dot{\gamma}}$。下面讨论几种实现倾斜角速度反馈的方法，这些方

法已在几种典型的导弹中得到了应用。

2. 速率陀螺仪稳定系统

具有速率陀螺仪的倾斜角速度稳定系统由测量倾斜角速度的速率陀螺仪、倾斜操纵机构和弹体组成，如图 6.2 所示。

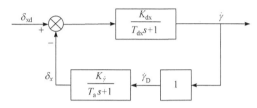

图 6.2　具有速率陀螺仪的倾斜角速度稳定系统方框图

在这里，传动机构以一阶惯性环节来近似，理想速率陀螺仪用增益为 1 的环节来近似，控制增益为 $K_{\dot{\gamma}}$。计算系统的闭环传递函数：

$$\frac{\dot{\gamma}(s)}{\delta_{xd}(s)} = \frac{K(T_a s + 1)}{T^2 s^2 + 2\xi T s + 1} \tag{6.9}$$

式中，$K = \dfrac{K_{dx}}{1 + K_{dx} K_{\dot{\gamma}}}$；$T = \sqrt{T_{dx} T_a / (1 + K_{dx} K_{\dot{\gamma}})}$；$\xi = \dfrac{T_a + T_{dx}}{2\sqrt{T_{dx} T_a (1 + K_{dx} K_{\dot{\gamma}})}}$。

由此可见，干扰抑制作用可以通过增大 $K_{\dot{\gamma}}$ 来实现。不过，当 $K_{\dot{\gamma}}$ 太大时，系统将变成一个振荡环节，因此系数 $K_{\dot{\gamma}}$ 的增加受到系统要求振荡要小这个条件的限制。

为了正确选择系统的结构和参数，必须更完善地考虑舵传动机构和速率陀螺仪的动力学特性，近似地用纯时延来表示它们的特性，开环系统的传递函数将具有如下形式：

$$G(s) = \frac{K_0 e^{-\tau s}}{(T_a s + 1)(T_{dx} s + 1)} \tag{6.10}$$

式中，K_0 为开环系统传递系数；τ 为延迟时间常数。

由此可以看出，由于滞后 τ 的缘故，在高频段相位的滞后可能超过 180°，增大 K_0 到一定值时系统将丧失稳定。

传递系数 K_0 的选择，借助系统的频率特性来进行，以便保证：①稳定裕度；②允许的稳态误差 γ_d；③必需的截止频率。

当选择截止频率时，除了使系统应满足一般的动态品质要求外，还要考虑它与俯仰通道和偏航通道的关系。在所研究的稳定系统中不能消除稳态误差，即在导弹飞行过程中始终存在慢速滚动。这种滚动使滚转通道与俯仰/偏航通道之间存在着惯性交叉耦合。为保证整个系统的稳定性，建议使倾斜通道的截止频率大大高出俯仰通道和偏航通道的截止频率，频率储备达到 4 倍以上是较合理的。

如果选择开环系统传递系数 K_0 的办法不能成功地保证要求的稳定裕度、稳态误差和截止频率，那么就采用校正网络。提高系统截止频率的一种可行方法是在回路中引入一个超前网络：

$$W(s) = \frac{T_1 s + 1}{T_2 s + 1} \tag{6.11}$$

式中，$T_1 > T_2$。

3. 无静差的稳定系统

前面研究的倾斜角速度稳定系统是有静差的系统，如果干扰力矩是常值，按其作用原理，它将具有稳态误差 γ_d，可以借助增大开环系统传递系数 K_0 来减小这个误差。但是，K_0 的增大将会增大系统的振荡性并使系统趋于不稳定。

在某些场合，合理地选择 K_0 值可使系统同时满足动态品质和稳态误差要求，但很多应用场合无法通过提高 K_0 同时满足动态品质和稳态误差要求。可用以下两种方法解决这个矛盾：

(1) 在稳定系统中引入校正装置，它可以通过提高传递系数 K_0 来减小稳态误差，而又不增强系统的振荡性，这种校正装置通常是滞后校正网络。

(2) 改变稳定系统结构，提高其无静差度，使系统对定常干扰无稳态误差，即采用无静差系统。

在回路中引入积分环节可使系统无静差。通常有如下两种方法将积分环节引入回路：

(1) 无反馈或具有软反馈的舵传动机构。这种类型的舵系统，在其低频段存在一个理想的积分环节。无反馈舵系统传递函数(低频段)为

$$G(s) = K / s \tag{6.12}$$

具有软反馈舵系统传递函数(低频段)为

$$G(s) = \frac{K(\tau s + 1)}{s} \tag{6.13}$$

(2) 在回路中引入积分滤波器或积分陀螺仪。在系统中如果采用了具有硬反馈的舵传动机构，那么借助于积分滤波器或积分陀螺仪也可得到类似第一种方法的结果，它们都相当于在系统中引入了式(6.12)形式的传递函数。

综合上述结果，具有无静差的稳定系统构成有如下几种：

(1) 微分陀螺仪和软反馈舵传动机构；

(2) 微分陀螺仪、积分滤波器和硬反馈舵传动机构；

(3) 积分陀螺仪和硬反馈舵传动机构。

它们都可以得到高质量的稳定效果(阶跃力矩干扰引起倾斜角速度快速抑制)。

由于计算机技术的进步，目前系统设计倾向使用积分滤波器方案，有效地降低了舵系统和陀螺仪的制作成本和难度。

6.1.4　倾斜角稳定系统

1. 倾斜角的反馈

在遥控制导中经常要求稳定倾斜角。倾斜角速度稳定系统不能保证在飞行中维持导弹的既定倾斜位置。因此，为了实现倾斜角稳定，要求测量实际倾斜角与给定倾斜角的

偏差，为此，必须使用自由陀螺仪。

下面研究最简单的倾斜角稳定系统的基本特性，此时系统由控制对象、自由陀螺仪和舵机组成，见图 6.3。假定舵机和自由陀螺仪是理想的，用传递增益 1 描述，控制增益为 K_γ。

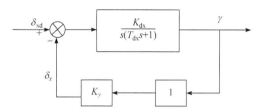

图 6.3 最简单的倾斜角稳定系统方框图

闭环系统传递函数具有下列形式：

$$\frac{\gamma(s)}{\delta_{xd}(s)} = \frac{1}{K_\gamma} \frac{1}{\dfrac{T_{dx}}{K_\gamma K_{dx}} s^2 + \dfrac{1}{K_\gamma K_{dx}} s + 1} \tag{6.14}$$

从系统的传递函数可以看出，为提高系统对干扰的抑制作用，必须提高控制器的增益。但是增益的增大，增强了闭环系统的振荡性。为了使系统在确保要求的稳态误差值的条件下仍具有理想的过渡过程品质，一般在控制规律中引进与倾斜角速度成比例的信号，换句话说，引入倾斜角速度反馈。

2. 有静差稳定系统

在工程中可以用各种方法来实现倾斜角稳定系统的角速度反馈，利用微分陀螺仪直接测量或对自由陀螺仪的输出进行微分都是可行的方案。

下面研究由倾斜角和倾斜角速度反馈所形成的有静差倾斜角稳定系统的基本特性。假定倾斜角和倾斜角速度反馈被理想地实现，舵传动机构同样是理想的。倾斜角稳定系统方框图见图 6.4，稳定系统反馈传递函数可写为

$$H(s) = K_1 \gamma + K_2 \dot{\gamma} \tag{6.15}$$

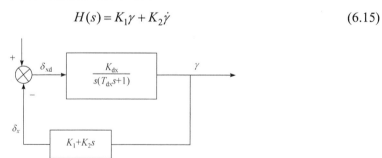

图 6.4 倾斜角稳定系统方框图

倾斜角对干扰力矩的响应，可由以下闭环系统传递函数来描述：

$$\frac{\gamma(s)}{\delta_{\mathrm{xd}}(s)} = \frac{K}{T^2 s^2 + 2\xi T s + 1} \tag{6.16}$$

式中，

$$K = 1/K_1$$

$$T = \sqrt{\frac{T_{\mathrm{dx}}}{K_{\mathrm{dx}} K_1}}$$

$$\xi = \frac{1 + K_{\mathrm{dx}} K_2}{2\sqrt{T_{\mathrm{dx}} K_{\mathrm{dx}} K_1}}$$

由此可看出，理想的倾斜角稳定系统是振荡环节。显然，为了提高振荡频率 $1/T$ 所确定的快速性，必须增大稳定系统中的增益 K_1，利用挑选适当 K_1 的办法可以得到所需要的振荡阻尼。

总之，选择稳定系统的参数方法：根据稳定系统稳定裕度和截止频率的要求，确定开环系统的特性；根据系统抗干扰和稳态误差的要求，确定闭环系统的特性。

3. 无静差稳定系统

在对倾斜角稳定系统的精度提出更高要求的情况下，为了消除稳态误差，采用了无静差稳定系统。这时，积分的引入是不可避免的。在工程中可用如下两种方案来实现无静差稳定系统：

(1) 在自由陀螺仪反馈系统中引入"比例+积分"校正，在当前数字机广泛应用的情况下，这种方案最简单、方便；

(2) 引入积分陀螺仪，这种方案目前很少使用。

6.1.5 倾斜角控制系统

1. 倾斜角反馈

BTT 控制方式下，要求倾斜运动稳定系统是一个倾斜角控制系统，即要求倾斜角能够快速准确地跟踪滚转角指令。为了实现这个控制目的，要求测量实际倾斜角与滚转角指令的偏差。

下面研究最简单的倾斜角控制系统的基本特性，见图 6.5，此时系统由控制对象、自由陀螺仪和舵机组成。假定舵机和自由陀螺仪是理想的，用传递增益 1 描述，控制增益为 K_γ。

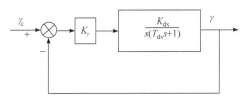

图 6.5 最简单的倾斜角控制系统方框图

闭环系统传递函数具有下列形式：

$$\frac{\gamma(s)}{\gamma_c(s)} = \frac{1}{\dfrac{T_{dx}}{K_\gamma K_{dx}}s^2 + \dfrac{1}{K_\gamma K_{dx}}s + 1} \tag{6.17}$$

从闭环系统的传递函数中可以看出，为提高闭环系统对倾斜角指令的响应快速性，必须提高控制器的增益 K_γ。但是随着这个增益的增大，增强了闭环系统的振荡性。为了使闭环系统在满足快速性要求的条件下仍具有理想的过渡过程品质，一般在控制规律中引入与倾斜角速度成比例的信号，换句话说，引入倾斜角速度反馈。

2. 倾斜角+倾斜角速度反馈

下面研究由倾斜角+倾斜角速度反馈所形成的倾斜角控制系统的基本特性。假定倾斜角+倾斜角速度反馈被理想地实现，舵传动机构同样是理想的，倾斜角控制系统方框图见图6.6。

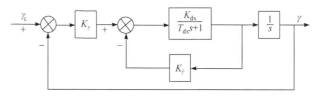

图 6.6　倾斜角控制系统方框图

倾斜角响应可由以下闭环系统传递函数来描述：

$$\frac{\gamma(s)}{\gamma_c(s)} = \frac{1}{T^2 s^2 + 2\xi T s + 1} \tag{6.18}$$

式中，

$$T = \sqrt{\frac{T_{dx}}{K_{dx} K_\gamma}}$$

$$\xi = \frac{1 + K_{dx} K_{\dot\gamma}}{2\sqrt{T_{dx} K_{dx} K_\gamma}}$$

由此可看出，理想的倾斜角控制系统是振荡环节。显然，为了提高振荡频率 $1/T$ 所确定的快速性，必须增大稳定系统中的增益 K_γ，利用挑选适当 $K_{\dot\gamma}$ 的办法可以得到所需要的振荡阻尼。

总之，可以根据系统快速性和超调量要求选择控制系统的参数。

6.1.6　倾斜角控制系统应用实例

下面以某型导弹为例，设计其倾斜通道自动驾驶仪以实现对导弹倾斜角的控制。导弹在飞行高度 $H = 8000\text{m}$，速度 $v = 500\text{m/s}$ 时，滚转通道的动力学系数 $b_{11} = 2.0176$，$b_{18} = 1954.8$，所要设计的自动驾驶仪指标要求为倾斜角稳定在 5°左右，稳态误差

$e_{ss} \leqslant 10\%$ ，控制系统上升时间 $t_r < 0.2s$ ，超调量 $\sigma \leqslant 5\%$ 。

忽略电动舵机和角速率陀螺仪的动态特性，导弹倾斜通道自动驾驶仪结构如图 6.7 所示。

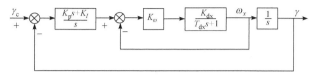

图 6.7　导弹倾斜通道自动驾驶仪结构图

由于要求对导弹的倾斜角进行控制，因此倾斜通道自动驾驶仪采用角速率反馈和倾斜角反馈。其中，内回路采用角速率比例控制以提高倾斜通道的阻尼，外回路采用倾斜角比例+积分控制以实现对滚转角的精确控制。

导弹倾斜通道的闭环传递函数为

$$\frac{\gamma(s)}{\gamma_c(s)} = \frac{K_\omega K_p K_{dx} s + K_\omega K_I K_{dx}}{T_{dx} s^3 + (1 + K_\omega K_{dx}) s^2 + K_\omega K_p K_{dx} s + K_\omega K_I K_{dx}}$$

$$= \frac{-968.87 K_\omega K_p s - 968.87 K_\omega K_I}{0.496 s^3 + (1 - 968.87 K_\omega) s^2 - 968.87 K_\omega K_p s - 968.87 K_\omega K_I}$$

采用极点配置方法，理想极点所对应的特征多项式为

$$\det(s) = (T_0 s + 1)\left(\frac{s^2}{\omega_0^2} + \frac{2\xi}{\omega_0} s + 1 \right)$$

由对应系统相等可得控制器参数为

$$\begin{cases} K_\omega = \dfrac{1}{K_{dx}} \cdot \left[\dfrac{T_{dx}(2\xi_0 \omega_0 T_0 + 1)}{T_0} - 1 \right] \\[3mm] K_p = \dfrac{1}{K_{dx} K_\omega} \cdot \dfrac{T_{dx}(2\xi_0 \omega_0 + T_0 \omega_0^2)}{T_0} \\[3mm] K_I = \dfrac{1}{K_{dx} K_\omega} \cdot \dfrac{T_{dx} \omega_0^2}{T_0} \end{cases}$$

下面给出 Matlab 下的 Simulink 仿真模型结构图，如图 6.8 所示。

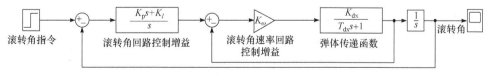

图 6.8　倾斜角控制系统的 Simulink 仿真模型结构图

闭环理想极点不唯一，取一组 $(T_0, \omega_0, \xi_0) = (5, 15, 0.7)$ ，可得自动驾驶仪控制器参数：$K_\omega = -0.0098$ ，$K_p = 11.95$ ，$K_I = 2.34$ 。通过计算机仿真验证，所设计的控制器性能如图 6.9 和图 6.10 所示。

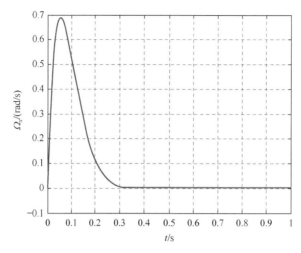

图 6.9　导弹倾斜角速率响应

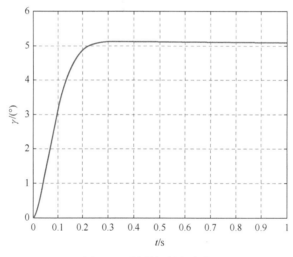

图 6.10　导弹倾斜角响应

由图 6.10 可以看出，所设计的导弹倾斜角通道自动驾驶仪满足要求。

6.2　俯仰/偏航运动稳定与控制

6.2.1　俯仰/偏航通道姿态角控制的基本任务

在某些情况下，如地空导弹初始发射转弯段，导弹的制导指令是姿态角形式。此时俯仰通道和偏航通道姿态角控制系统的基本任务是保证导弹在干扰的作用下，回路稳定可靠工作，姿态角的误差在规定的范围内，并按预定的要求跟踪姿态角制导指令的变化。

6.2.2　俯仰/偏航通道姿态角控制系统

俯仰通道姿态角控制系统和偏航通道姿态角控制系统原理相同，结构类似，因此下面以俯仰通道为例,给出一种典型的俯仰通道姿态角控制系统结构,如图 6.11 所示。

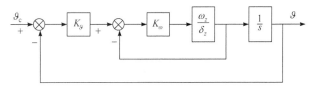

图 6.11 俯仰通道姿态角控制系统结构图

根据上面的结构图,可给出俯仰通道姿态角控制系统的闭环传递函数:

$$\frac{\vartheta(s)}{\vartheta_c(s)} = \frac{K_\vartheta K_\omega K_d (T_{1d} s + 1)}{T_d^2 s^3 + (2\xi_d T_d + K_\omega K_d T_{1d}) s^2 + (1 + K_\omega K_d + K_\vartheta K_\omega K_d T_{1d}) s + K_\vartheta K_\omega K_d} \tag{6.19}$$

由式(6.19)可以看出,对俯仰角阶跃指令来说,图 6.11 给出的俯仰通道姿态角控制系统是一个无静差系统。

下面研究在阶跃力矩干扰 M_{zd} 下,俯仰角是否无静差,研究过程如下。

(1) 将力矩干扰 M_{zd} 转化为等效舵偏干扰 δ_{zd},两者满足式(6.20):

$$M_{zd} = M_z^{\delta_z} \delta_{zd} \tag{6.20}$$

(2) 俯仰角指令给 0,将图 6.11 的结构图进行变换,变成以等效舵偏干扰 δ_{zd} 为输入、俯仰角 ϑ 为输出的形式,如图 6.12 所示。

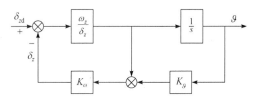

图 6.12 等效舵偏干扰为输入的俯仰角控制系统结构图

(3) 写出以等效舵偏干扰 δ_{zd} 为输入、俯仰角 ϑ 为输出的闭环传递函数,见式(6.21):

$$\frac{\vartheta(s)}{\delta_{zd}(s)} = \frac{K_d (T_{1d} s + 1)}{T_d^2 s^3 + (2\xi_d T_d + K_\omega K_d T_{1d}) s^2 + (1 + K_\omega K_d + K_\vartheta K_\omega K_d T_{1d}) s + K_\vartheta K_\omega K_d} \tag{6.21}$$

结合终值定理,由式(6.21)可以看出,在阶跃力矩干扰作用下,俯仰角存在静差。

为了消除阶跃力矩干扰下的俯仰角静差,在俯仰角回路引入积分环节,对应结构图如图 6.13 所示。

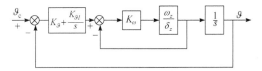

图 6.13 带积分环节的俯仰角控制系统结构图

根据图 6.13,可给出带积分环节的俯仰角控制系统闭环传递函数:

$$\frac{\vartheta(s)}{\vartheta_{\mathrm{c}}(s)} = \frac{K_\omega K_{\mathrm{d}}(T_{\mathrm{1d}}s+1)(K_\vartheta s + K_{\vartheta I})}{T_{\mathrm{d}}^2 s^4 + (2\xi_{\mathrm{d}}T_{\mathrm{d}} + K_\omega K_{\mathrm{d}}T_{\mathrm{1d}})s^3 + (1 + K_\omega K_{\mathrm{d}} + K_\vartheta K_\omega K_{\mathrm{d}}T_{\mathrm{1d}})s^2 + (K_\vartheta K_\omega K_{\mathrm{d}} + K_\omega K_{\mathrm{d}}K_{\vartheta I}T_{\mathrm{1d}})s + K_\omega K_{\mathrm{d}}K_{\vartheta I}}$$

(6.22)

由式(6.22)可以看出，对俯仰角阶跃指令来说，图 6.13 给出的俯仰角控制系统是一个无静差系统。

同样，可以得到以等效舵偏干扰 δ_{zd} 为输入、俯仰角 ϑ 为输出的闭环传递函数：

$$\frac{\vartheta(s)}{\delta_{zd}(s)} = \frac{K_{\mathrm{d}}s(T_{\mathrm{1d}}s+1)}{T_{\mathrm{d}}^2 s^4 + (2\xi_{\mathrm{d}}T_{\mathrm{d}} + K_\omega K_{\mathrm{d}}T_{\mathrm{1d}})s^3 + (1 + K_\omega K_{\mathrm{d}} + K_\vartheta K_\omega K_{\mathrm{d}}T_{\mathrm{1d}})s^2 + (K_\vartheta K_\omega K_{\mathrm{d}} + K_\omega K_{\mathrm{d}}K_{\vartheta I}T_{\mathrm{1d}})s + K_\omega K_{\mathrm{d}}K_{\vartheta I}}$$

(6.23)

结合终值定理，由式(6.23)可以看出，在阶跃力矩干扰作用下，俯仰角无静差。因此，可以看出，引入积分环节能够消除阶跃力矩干扰引起的静差。

6.2.3 姿态陀螺仪飞行控制系统

对于为命中静止的或缓慢运动的目标而设计的导弹飞行控制系统来说，采用姿态陀螺仪飞行控制系统是可行的。这种系统具有以下特点：

(1) 对人工操纵的导弹来说，引入姿态陀螺仪飞行控制系统可以大大降低手动操纵难度，有效降低射手训练成本。

(2) 姿态陀螺仪飞行控制系统会自动地对阵风、推力偏心或扰动起抵消作用。

(3) 在导弹的纵向通道，通过预置俯仰角，可以方便地实现导弹的重力补偿功能。对于近地飞行的对地攻击导弹，姿态陀螺仪飞行控制系统可以有效减小碰地的概率。

姿态陀螺仪飞行控制系统结构图见图 6.14。从图中能够清楚地看出，可以通过引入滞后−超前校正完成姿态角反馈回路的综合设计。

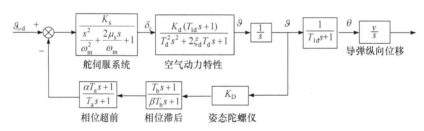

图 6.14　姿态陀螺仪飞行控制系统结构图

导弹法向过载 n_y 与俯仰角 ϑ 的关系可以用公式(6.24)描述：

$$\frac{n_y(s)}{\vartheta(s)} = \frac{v}{57.3g} \cdot \frac{s}{T_{\mathrm{1d}}s+1}$$

(6.24)

从导弹法向过载 n_y 与俯仰角 ϑ 的关系可以看出，用姿态陀螺仪飞行控制系统实现法向过载控制，需要进行控制指令的变换，否则控制指令与自动驾驶仪不适配。

在工程上，通过引入累积滤波器来实现法向过载控制指令与姿态陀螺仪飞行控制系统的适配：

$$\frac{\vartheta_c(s)}{n_{yc}(s)} = \frac{K(T_2 s + 1)}{s(T_1 s + 1)} \tag{6.25}$$

本 章 要 点

1. 倾斜运动稳定系统的基本任务。
2. 倾斜运动动力学特性。
3. 倾斜角速度稳定系统。
4. 倾斜角控制系统。
5. 姿态角控制系统的基本任务。
6. 姿态角控制系统。

习 题

1. 简述姿态角控制系统的基本任务。
2. 倾斜运动稳定系统的作用由什么因素决定?
3. 倾斜干扰力矩由哪几部分组成? 写出倾斜运动传递函数。
4. 实现倾斜角速度反馈有哪几种方法? 简述其原理。
5. 已知某导弹在某特征点处的倾斜运动动力学系数为 $b_{11} = 0.1665$, $b_{18} = 3675.48$, 试设计倾斜运动自动驾驶仪以实现倾斜角的精确控制。自动驾驶仪的控制性能指标为 $e_{ss} \leqslant 5\%$, 控制系统上升时间 $t_r < 0.1s$, 超调量 $\sigma \leqslant 5\%$ ($\omega_0 = 15\text{rad/s}$, $\xi = 0.7$)。

第 7 章

导弹法向过载控制系统分析与设计

7.1 法向过载控制的基本任务

为了改变导弹的飞行方向，必须控制作用在导弹上的法向控制力(法向过载)，这个任务由法向过载控制系统完成。在大多数情况下，为了产生法向控制力，需要调节导弹弹体相对于其速度矢量的角位移(合适的攻角、侧滑角和倾斜角)。此时，为了实现对法向过载的自动控制，要利用姿态控制系统的相应通道，因为这种系统的任务之一就是为了保持导弹角位移的给定值。通过改变导弹角位移的方法控制法向过载时，姿态控制系统的相应通道就成为制导系统的组成部分，因此姿态控制系统的通道特性及参数的选择取决于制导系统所提要求。

为了概略描述对同时完成法向过载控制功能的姿态控制系统所提出的主要要求，必须首先指出导弹的某些动力学特性。

大多数现代导弹的快速扰动运动的衰减很小，这是它们的舵面面积相对较小，而飞行高度相对较高而引起的。在表征俯仰和偏航运动的导弹传递函数中，振荡环节的相对阻尼系数很少超过 0.1。在这种情况下，很难保证制导系统稳定和制导精度。

另外，由于飞行速度和高度的变化，导弹动力学特性不是恒定不变的，这对制导过程极为不利。随着导弹攻角增大，弹体空气动力特性的非线性也常常明显地影响制导系统的工作。

以上这些原因使得在大多数情况下，开环系统控制法向过载是不可能的。因此，姿态控制系统的基本任务之一就是校正导弹动力学特性。下面根据这个任务来研究姿态控制系统应该满足怎样的要求。

姿态控制系统的自由运动应该具有良好的阻尼，这对于制导回路(稳定回路是其组成元件)的稳定是必须具备的。稳定系统自由振荡的阻尼程度应该这样选择：在急剧变化的制导指令(接近于阶跃指令)作用下，攻角超调量不太大，一般要求 $\sigma < 30\%$ ，这个需求是为了限制法向过载的超调量。在某些情况下，也是为了避免大攻角时出现的非线性气动特性的影响。

为了提高制导精度，必须降低导弹飞行高度和速度对稳定系统动力学特性的影响。要求法向过载控制回路闭环传递系数的变化尽可能小。这是因为在不改变传递系数的情况下，为了保证必需的稳定裕度，只能要求减小制导回路开环传递系数，这同样会影响制导精度。

除了校正导弹动力学特性这个任务外，姿态控制系统还必须解决一系列其他任务，主要有以下几项：

(1) 姿态控制系统具有的通频带宽不应小于给定值。通频带宽主要由制导系统的工作条件决定(有效制导信号和干扰信号的性质)，同时也受到工程实现的限制。

(2) 姿态控制系统应该能够有效地抑制作用在导弹上的外部干扰和稳定系统设备本身的内部干扰。在某些制导系统中，这些干扰是影响制导精度的主要因素。因此，补偿干扰影响是系统的主要任务之一。

(3) 姿态控制系统的附加任务是将最大过载限制在某一给定值，这种限制值取决于导弹和弹上设备结构元件的强度。对于大攻角飞行的导弹，还要限制其最大使用攻角，以确保其稳定性和其他性能。

因为姿态控制系统是包含在制导系统中的一部分，制导系统对该系统的要求与该系统本身提出的要求常常是矛盾的，所以在设计时经常不得不寻找综合解决的办法，首先应使该系统满足影响制导精度最主要的基本要求。

在工程上，法向过载控制系统具有多种结构形式，下面重点讨论常用的四种导弹法向过载控制系统，它们是开环飞行控制系统、速率陀螺仪飞行控制系统、积分速率陀螺仪飞行控制系统和加速度计飞行控制系统。

7.2　四种典型的导弹法向过载控制系统

7.2.1　开环飞行控制系统

开环飞行控制系统如图 7.1 所示，它不需要采用测量仪表。这种系统仅用一个增益 K_{OL} 来实现飞行控制系统的单位加速度增益。

图 7.1　开环飞行控制系统

忽略执行机构的动态特性,可得开环飞行控制系统的传递函数如下(以静稳定导弹为例):

$$W^{n_L}_{n_c}(s) = \frac{-K_{OL}K_d v / 57.3g}{T_d^2 s^2 + 2\xi_d T_d s + 1}$$

可以看出除增益 K_{OL} 外，开环飞行控制系统传递函数是纯弹体传递函数。因为导弹具有小的气动阻尼，所以系统传递函数是弱阻尼。如果开环飞行控制系统用于雷达末制导系统，那么低阻尼将会通过由整流罩折射斜率所产生的寄生反馈产生不稳定。然而，开环飞行控制系统可用于没有明显整流罩折射率的系统，如红外系统。

因为系统传递函数是弹体传递函数，所以为了获得适当的末制导系统特性，弹体必

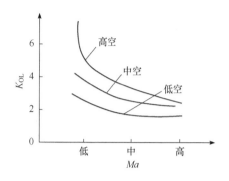

图 7.2　开环飞行控制系统自动驾驶仪增益与高度和马赫数的关系

须稳定。因而，该种类型的开环飞行控制系统的弹体重心决不能移到全弹压心的后面。

为了获得单位加速度增益，选取 K_{OL} 为弹体增益 K_n 的倒数。由于弹体增益 K_n 随飞行条件而改变，开环飞行控制系统自动驾驶仪增益与高度和马赫数的关系如图 7.2 所示。弹体增益的变化可以补偿到已知气动数据的精度。不精确的补偿将降低末制导性能，这是因为不能获得适当的有效导航比 N'，因此对于使用这种简单控制系统的导弹，要求精确地确定气动特性，即为了获得满意的足以精确控制有效导航比的气动增益特性，需要进行广泛的全尺寸风洞试验。

7.2.2　速率陀螺仪飞行控制系统

速率陀螺仪飞行控制系统用一个速率陀螺仪连接在该系统反馈回路中(图 7.3)。

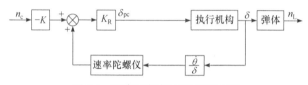

图 7.3　速率陀螺仪飞行控制系统

忽略执行机构和速率陀螺仪的动态特性，可得速率陀螺仪飞行控制系统的传递函数如下(以静稳定导弹为例)：

$$W_{n_c}^{n_L}(s) = \frac{-KK_R K_d v / 57.3g}{T_d^2 s^2 + (2\xi_d T_d - K_R K_d T_{1d})s + (1 - K_R K_d)}$$

速率陀螺仪飞行控制系统的增益 K 提供了单位加速度传输增益。在通常情况下，回路增益小于 1。速率陀螺仪飞行控制系统的增益 K 具有和开环增益相同的变化，但是它被放大 $1/K_R$ 倍(K_R 为速率回路增益)。由于 K_R 通常是小于 1 的，因此这种系统对高度和马赫数的变化特别敏感。另外，指令的任何噪声都会被高增益放大，这就对导引头测量元件的噪声要求更严格，而且为了避免噪声饱和，要求执行机构电子设备有大的动态范围。图 7.4 给出了速率陀螺仪飞行控制自动驾驶仪增益与高度和马赫数的关系。应注意到，纵坐标是校准乘积(KK_R)，以便降低曲线动态范围。

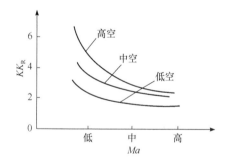

图 7.4　速率陀螺仪飞行控制系统自动驾驶仪增益与高度和马赫数的关系

调整速率回路增益 K_R 以便增加弹体的低阻尼，因此速率陀螺仪飞行控制系统更适合于雷达末制导。速率陀螺仪飞行控制系统的动态响应基本上是具有理想阻尼和比弹体自然频率稍高谐振频率的二阶传递函数的响应。典型情况下，在低高度和高马赫数时自然频率是高的，并且随着高度增加或马赫数降低而降低。因而该系统的响应时间短，但随飞行条件变化。

总之，速率陀螺仪飞行控制系统具有良好的阻尼，但是它的加速度增益比开环飞行控制系统更依赖于飞行速度和高度。它的响应时间短，但是其取决于飞行高度和马赫数的气动参数。

7.2.3　积分速率陀螺仪飞行控制系统

积分速率陀螺仪飞行控制系统除了把速率陀螺仪信号本身反馈回去外，还把速率陀螺仪信号的积分反馈回去，如图 7.5 所示。

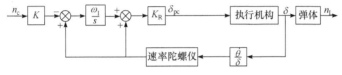

图 7.5　积分速率陀螺仪飞行控制系统

忽略执行机构和速率陀螺仪的动态特性，可得积分速率陀螺仪飞行控制系统的传递函数如下(以静稳定导弹为例)：

$$W_{n_c}^{n_L}(s) = \frac{-K\omega_l K_R K_d v / 57.3g}{T_d^2 s^3 + (2\xi_d T_d - K_R K_d T_{1d})s^2 + (1 - \omega_l K_R K_d T_{1d})s - \omega_l K_R K_d}$$

在短时间间隔范围内，速率陀螺仪信号的积分与攻角成比例。这种利用电信号产生的与攻角成比例的控制力矩将有助于稳定攻角的扰动。由于速率陀螺仪的积分信号在电气上能完成和气动稳定一样的功能，因此被称为"综合稳定"。积分速率陀螺仪飞行控制系统不使用超前网络就能够稳定不稳定的弹体。不过这种系统在低马赫数和较大高度工作条件下的动态响应比较迟缓，因此常在回路中串入一个校正网络，加速系统的动态响应。

积分速率陀螺仪飞行控制系统自动驾驶仪增益基本与高度无关，而与速度成反比。因此，即使在对气动数据不清楚的情况下，也可以在一个较大的高度范围内保持有效导航比。

为加速系统的动态响应，在速率陀螺仪输出处装有校正网络，能够抵消弹体旋转速率时间常数，并用较短的时间常数代替它，以便缩短系统的长响应时间，这种消去法或极点配置方案的鲁棒性由对气动时间常数 T_{1d} 已知的程度而定。

图 7.6 给出了积分速率陀螺仪飞行控制系统自动驾驶仪增益与高度和马赫数的关系。

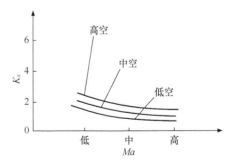

图 7.6　积分速率陀螺仪飞行控制系统自动驾驶仪增益与高度和马赫数的关系

7.2.4　加速度计飞行控制系统

把一个加速度计装于导弹上，并且连接在系统中，使用加速度指令和实际加速度间的误差控制系统，就得出了如图 7.7 所示的加速度计飞行控制系统。这种系统实现了与高度和马赫数基本无关的增益控制和对稳定或不稳定导弹的快速响应时间。

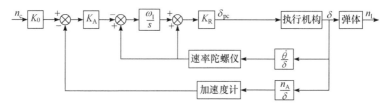

图 7.7　加速度计飞行控制系统

忽略执行机构、速率陀螺仪和加速度计的动态特性，可得加速度计飞行控制系统的传递函数如下(以静稳定导弹为例)：

$$W_{n_c}^{n_L}(s) = \frac{-K_0 K_A \omega_l K_R K_d v / 57.3g}{T_d^2 s^3 + (2\xi_d T_d - K_R K_d T_{ld})s^2 + (1 - K_R K_d - \omega_l K_R K_d T_{ld})s - (\omega_l K_R K_d + K_A \omega_l K_R K_d v / 57.3g)}$$

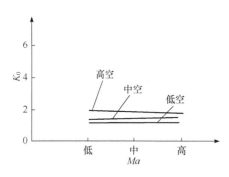

图 7.8　加速度计飞行控制系统自动驾驶仪增益与高度和马赫数的关系

控制系统增益 K_0 提供了单位传输加速度增益。控制系统增益 K_0 与高度和马赫数基本无关，如图 7.8 所示。换句话说，这个系统的增益是非常鲁棒的。

与前几种飞行控制系统不同的是，加速度计飞行控制系统具有三个控制增益。无论是稳定还是不稳定的弹体，由这三个控制增益的适当组合就可以得到时间参数、阻尼和截止频率的特定值。这种系统的时间常数并不限制大于弹体旋转速率时间常数的值。因此，可以用增益 K_R 确定阻尼回路截止频率，ω_l 确定法向过载回路阻尼，K_A 确定法向过载回路时间参数。这样，导弹的响应时间可以降低到适合于拦截高机动飞机的要求值。

7.3　设计实例

7.3.1　导弹角速率反馈系统设计实例

某型激光驾束炮射导弹为保证其制导回路的稳定性和快速性，在系统中引入速率反馈回路，用来改变导弹弹体航向振荡特性以提高制导回路稳定性。导弹制导系统框图见图 7.9。

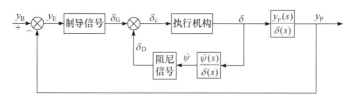

图 7.9　导弹制导系统框图

图 7.9 中，波束位置是 y_B，导弹位置是 y_P，线偏差 y_E 由弹上装置测量，并由指令系统计算出制导信号 δ_G。速率反馈回路改善了弹体的性能，制导信号通过该闭合小回路控制导弹运动。下面对偏航通道角速率反馈回路设计过程作简要介绍。

导弹弹体传递函数具有如下形式：

$$\frac{\dot{\psi}(s)}{\delta(s)} = \frac{C(s+D)}{s^2 + As + B}$$

式中，$A = b_{22} + b'_{24} + b_{34}$；$B = b_{22}b_{34} + b_{24}$；$C = -b_{27} + b'_{24}b_{37}$；$D = \dfrac{b_{24}b_{37} - b_{27}b_{34}}{C}$。

不同马赫数点处的传递函数参数值见表 7.1。

表 7.1　不同马赫数点处的传递函数参数值

参数 Ma	A	B	C	D
1.5	2.702	2098.71	−2476.39	0.702
2.0	2.827	1307.81	−2920.61	1.101
2.5	2.871	1112.74	−3491.78	1.182
3.0	2.886	1305.11	−4087.95	1.301
4.0	2.798	3163.28	−5337.04	1.334

速率反馈回路的系统方框图见图 7.10。

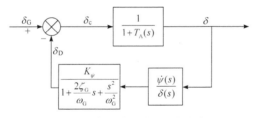

图 7.10　速率反馈回路的系统方框图

如果执行机构和速率陀螺仪的动态特性可忽略，那么回路简化传递函数为

$$\frac{\delta_\text{D}(s)}{\delta_\text{c}(s)} = \frac{\dot{\psi}(s)}{\delta(s)} = \frac{K_\psi C(s+D)}{s^2 + As + B}$$

下面给出速率反馈回路在 Matlab 下的 Simulink 仿真模型结构图，如图 7.11 所示。

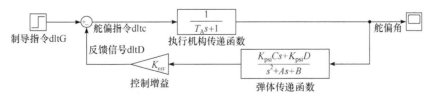

图 7.11　Matlab 下的速率反馈回路 Simulink 仿真模型结构图

选取 $Ma = 2.0$ 时的特征点参数：

$$\frac{\delta_{\mathrm{D}}(s)}{\delta_{\mathrm{c}}(s)} = \frac{-2920.61K_\psi(s+1.01)}{s^2+2.827s+1307.81}$$

绘出速率反馈回路根轨迹，见图 7.12。

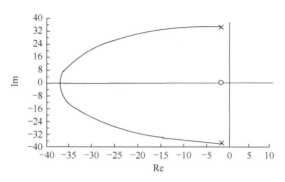

图 7.12   速率反馈回路根轨迹(忽略执行机构和速率陀螺仪的动态特性，Ma=2.0)

通过选取合适的 K_ψ 值，可以任意地改善系统的阻尼，但是，考虑执行机构和速率陀螺仪的动态特性之后，系统的传递函数为

$$\frac{\delta_{\mathrm{D}}(s)}{\delta_{\mathrm{c}}(s)} = \frac{-2920.61K_\psi(s+1.01)}{(1+0.004s)(1+s/250+s^2/250^2)(s^2+2.827s+1307.81)}$$

其中执行机构时间常数 $T_\mathrm{A}=0.004\mathrm{s}$，速率陀螺仪的自然频率为 250rad/s，阻尼为 0.5，绘制出其根轨迹，如图 7.13 所示。

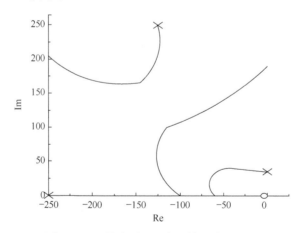

图 7.13 T_A 较小时的速率反馈回路根轨迹

$T_\mathrm{A}=0.004\mathrm{s}$ ， $\omega_\mathrm{c}=250\mathrm{rad/s}$ ， $\xi_\mathrm{c}=0.5$ ， $Ma=2.0$ ， K_ψ 为参数

选择合适的 K_ψ 值，可以获得期望的阻尼性能，不过舵机时间常数增大和陀螺仪频带减小，使增大阻尼很困难，图 7.14($T_\mathrm{A}=0.01\mathrm{s}$,$\omega_\mathrm{c}=100\mathrm{rad/s}$,$\xi_\mathrm{c}=0.5$)明显地说明了这一点。

最终选定 $K_\psi=0.01$，计算各特征点处系统闭环极点，见表 7.2，设计结果全部满足要求。

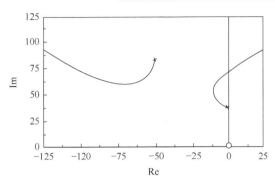

图 7.14　T_A 较大时的速率反馈回路根轨迹

$T_A = 0.01s$，$\omega_c = 100rad/s$，$\xi_c = 0.5$，$Ma = 2.0$

表 7.2　各特征点处系统闭环极点

Ma	弹体模态	执行机构	速率陀螺仪
1.5	$-16.06 \pm 49.56i$	-219.5	$125.6 \pm 199.4i$
2.0	$-20.53 \pm 37.58i$	-210.9	$125.4 \pm 195.7i$
2.5	$-26.75 \pm 32.15i$	-198.4	$125.5 \pm 190.3i$
3.0	$-34.44 \pm 34.08i$	-182.2	$125.9 \pm 183.8i$
4.0	$-48.86 \pm 75.09i$	-140.7	$132.2 \pm 165.2i$

注：$K_\psi = 0.01$，$T_A = 0.004s$，$\omega_c = 250rad/s$，$\xi_c = 0.5$。

7.3.2　导弹法向过载控制系统设计实例

下面以某型导弹为例，设计其法向过载自动驾驶仪以实现对法向过载指令的跟踪。导弹在飞行高度 $H = 2000m$，速度 $v = 290m/s$ 时，所要设计的自动驾驶仪指标要求：控制系统上升时间 $t_r < 0.8s$，超调量 $\sigma \leqslant 20\%$。

导弹的动力学系数：$a_{22} = 8.8762$，$a_{24} = 60.871$，$a_{25} = 300.787$，$a_{34} = 0.596$，$a_{35} = 0.2233$。

设计步骤：忽略电动舵机和速率陀螺仪的动态特性，导弹法向过载自动驾驶仪结构如图 7.15 所示。

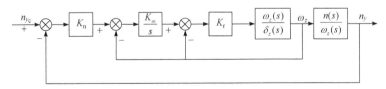

图 7.15　导弹法向过载自动驾驶仪结构图

本例中，内回路采用角速率反馈和角速率积分反馈，外回路采用法向过载反馈，以实现对法向过载的控制。

忽略 a_{35} 的影响，弹体传递函数为

$$\frac{\omega_z(s)}{\delta_z(s)} = -\frac{a_{25}s + a_{25}a_{34}}{s^2 + (a_{22} + a_{34})s + (a_{22}a_{34} + a_{24})}$$

$$\frac{n_y(s)}{\delta_z(s)} = -\frac{a_{25}a_{34}v/g}{s^2 + (a_{22} + a_{34})s + (a_{22}a_{34} + a_{24})}$$

导弹法向过载回路闭环传递函数为

$$\frac{n_y(s)}{n_{yc}(s)} = \frac{-K_r K_\omega K_n a_{25}a_{34}v/g}{s^3 + (a_{22} + a_{34} - K_r a_{25})s^2 + (a_{22}a_{34} + a_{24} - K_r K_\omega a_{25} - K_r a_{25}a_{34})s - (K_r K_\omega a_{25}a_{34} + K_r K_\omega K_n a_{25}a_{34}v/g)}$$

$$= \frac{-1767.8 K_r K_\omega K_n}{s^3 + (2.7722 - 58.787 K_r)s^2 + (84.5521 - 58.787 K_r K_\omega - 0.896 K_r)s - (52.673 K_r K_\omega + 1767.8 K_r K_\omega K_n)}$$

采用极点配置方法，理想极点所对应的特征多项式为

$$\det(s) = (T_0 s + 1)\left(\frac{s^2}{\omega_0^2} + \frac{2\xi_0}{\omega_0}s + 1\right)$$

由对应系统相等可得控制器参数为

$$K_r = -\frac{1}{a_{25}}\left(\frac{2\xi_0\omega_0 T_0 + 1}{T_0} - a_{22} - a_{34}\right)$$

$$K_\omega = -\frac{1}{a_{25}K_r}\left(\frac{2\xi_0\omega_0 + T_0\omega_0^2}{T_0} - a_{22}a_{34} - a_{24} + K_r a_{25}a_{34}\right)$$

$$K_n = -\frac{g}{K_r K_\omega v a_{25}a_{34}}\left(\frac{\omega_0^2}{T_0} + K_r K_\omega a_{25}a_{34}\right)$$

下面给出法向过载自动驾驶仪在 Matlab 下的 Simulink 仿真模型结构图，如图 7.16 所示。

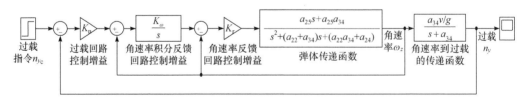

图 7.16　Matlab 下的法向过载自动驾驶仪 Simulink 仿真模型结构图

闭环理想极点不唯一，取一组 $(T_0, \omega_0, \xi_0) = (0.33, 15, 0.8)$，可得自动驾驶仪控制器参数：$K_r = -0.058$，$K_\omega = 13$，$K_n = 0.07$。通过计算机仿真验证所设计的控制器性能，如图 7.17 和图 7.18 所示。

由图 7.18 可以看出所设计的导弹法向过载自动驾驶仪的时域特性，上升时间约为 0.65s，超调量 σ 约为 10%，满足性能要求。

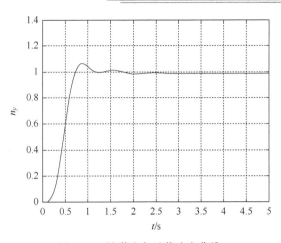

图 7.17　导弹法向过载响应曲线

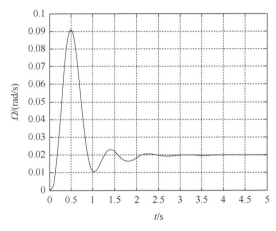

图 7.18　导弹俯仰角速率响应曲线

7.4　其他类型的导弹法向过载控制系统简介

7.4.1　其他几种典型的导弹法向过载控制系统结构

加速度计飞行控制系统除了前文介绍的形式外，根据反馈的不同，还有其他的形式，常见的有三种：第一种是伪攻角形式；第二种是角速度形式；第三种是双加速度计形式，如图 7.19～图 7.21 所示。

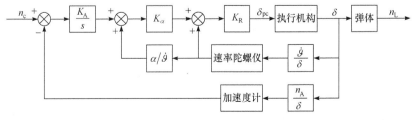

图 7.19　伪攻角形式的加速度计飞行控制系统

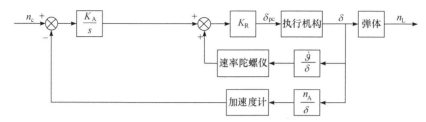

图 7.20   角速度形式的加速度计飞行控制系统

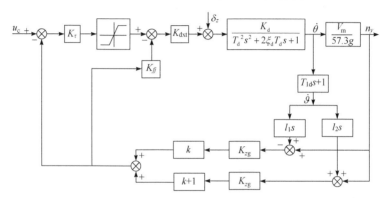

图 7.21   双加速度计形式的加速度计飞行控制系统

7.4.2   双加速度计飞行控制系统

把一个增益为 K_a 的线加速度计放在重心前面距离 c 处，其输出轴平行于导弹 Oy 轴，产生的信号为

$$a_{1m} = K_a(a_y + c\ddot{\vartheta}) \tag{7.1}$$

式中，a_y 为重心在 Oy 方向的线加速度；$c\ddot{\vartheta}$ 为俯仰角加速度引起的线加速度分量。

另外，把一个类似定向的线加速度计放在重心后面距离 d 处，产生的信号为

$$a_{2m} = K_a(a_y - d\ddot{\vartheta}) \tag{7.2}$$

由于线加速度计放在重心前面而引起的附加分量，具有使系统稳定的重要影响，因而可以得知，把线加速度计放在重心后面，似乎根本是不可取的。尽管如此，几种众所周知的英国导弹系统(如"海标枪"型)采用了间隔开的线加速度计来提供仪表反馈，并且采用如下把两个信号混合的有创造性的方案：把重心前面的线加速度计增益增为 $3K_a$，而把重心后面的线加速度计增益增为 $2K_a$，但后者为正反馈。因此，总的负反馈为

$$3K_a(a_y + c\ddot{\vartheta}) - 2K_a(a_y - d\ddot{\vartheta}) = K_a[a_y + (3c + 2d)\ddot{\vartheta}] \tag{7.3}$$

双加速度计飞行控制系统与角加速度计飞行控制系统是等效的。但是，该项大大影响稳定回路的闭环传递函数分母中 s^2 和 s 项的系数。阻尼性能和稳定性皆可通过选择 K_a、c、d 参数加以调整。

两个线加速度计组成的侧向稳定回路具有如下特点：

(1) 这种稳定回路最后简化为一个二阶系统，选择合适的参数，可以达到较好的动态

品质，以满足制导控制系统的要求。

(2) 这种方案应用时，要特别注意导弹质心位置的变化应落在 l_1 与 l_2 之间。若质心位置变到 l_1 之前，系统就会变成正反馈，导致失稳；若质心位置变到 l_2 之后，会使系统性能变差。因此，采用这种方案要仔细考虑运用的条件。

(3) 这种自动驾驶仪较易调整到无超调状态，特别适合于使用冲压发动机的导弹，可以有效防止冲压发动机因攻角和侧滑角响应过调而熄火。

双加速度计飞行控制系统方案只用一种线加速度计作为敏感元件，因此在工程上实现简便。

本 章 要 点

1. 法向过载控制的基本任务。
2. 四种典型的导弹法向过载控制系统的工作原理、性能特点和系统结构图。

习　　题

1. 简述法向过载控制系统的基本任务。
2. 画出开环飞行控制系统、速率陀螺仪飞行控制系统、积分速率陀螺仪飞行控制系统和加速度计飞行控制系统的系统框图，并简述各系统的基本特点。
3. 已知某导弹在某特征点处俯仰运动的动力学系数为 $a_{22}=1.932$，$a_{24}=88.83$，$a_{25}=365.6$，$a_{34}=12.334$，$a_{35}=0.315$。试设计俯仰通道法向过载自动驾驶仪以实现对法向过载的精确控制。自动驾驶仪的控制性能指标：稳态误差 $e_{ss} \leqslant 5\%$，上升时间 $t_r < 0.5s$，超调量 $\sigma \leqslant 15\%$。

第 8 章

导弹速度控制系统分析与设计

8.1 速度控制系统的基本任务

速度控制系统用改变切向控制力的方法保证飞行速度所需的变化规律。速度控制系统通常用于飞机，战术导弹制导不需要速度控制，所以大多数战术导弹控制系统中不包括该系统。必须指出，通过引入速度控制系统来改善导弹的制导性能越来越引起导弹设计师的重视，速度控制系统已经开始在一些高性能导弹设计中得到了应用，如在现代导弹中使用的多脉冲发动机控制技术。根据用于控制的信息源，速度控制系统可分为自主式系统和遥控式系统两种类型。在自主式系统中，速度控制系统中的所有装置都装在导弹上，并在飞行过程中，从外部得不到任何信息。在遥控系统中，弹上设备从外部(如制导站)获得信息。下面分别介绍实现速度控制的几种主要方案。

8.2 俯仰角控制方案

通过操纵俯仰舵来控制导弹的俯仰角，从而改变导弹的飞行速度，称为俯仰角控制方案，如图 8.1 所示。这种方案的优点是结构简单，容易实现。通常在巡航状态下对飞行速度的控制要求并不是很严格，并且不控制高度时，只是希望发动机工作在最佳状态，而不希望推力频繁变化。因此，巡航状态下的速度控制一般采用这种方案。

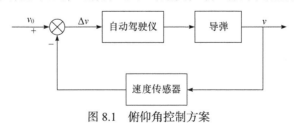

图 8.1 俯仰角控制方案

8.3 发动机推力控制方案

通过控制发动机推力将速度误差信号反馈到推力控制系统，称为发动机推力控制方案，如图 8.2 所示。由于导弹纵向运动中飞行速度和俯仰姿态角之间存在气动耦合，当增加推力时，不仅直接引起飞行速度的增加，而且还会引起俯仰角的增大，俯仰角增大又会导致飞行速度下降。因此，要改变飞行速度，必须保持俯仰角，通常推力控制系统与自动驾驶仪配合使用才能达到速度控制的目的。

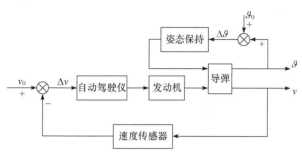

图 8.2　发动机推力控制方案

8.3.1　多脉冲固体火箭发动机推力控制

为了提高战术导弹的生存和作战能力，有效改善其控制性并增加其射程，需要合理分配和使用能量，有时需要多次启动发动机，提供多脉冲推力。

多脉冲发动机是在燃烧室内装填隔离开的多个推进剂单元，而不分离燃烧室和尾喷管，用任意定时装置使各部分推进剂分别进行燃烧，产生多次推力控制的固体火箭发动机。国外主要研究的是双脉冲固体火箭发动机，其结构相对简单，并能达到较高的性能指标。

对比装有全助推型发动机的导弹，装有多脉冲固体火箭发动机的导弹因为能够推迟导弹达到最大速度的时间，所以可以达到更远的射程，其工作原理如图 8.3 所示。

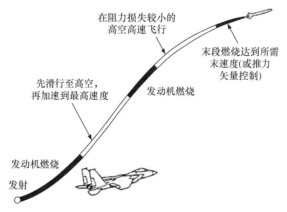

图 8.3　多脉冲固体火箭发动机导弹工作原理示意图

装有多脉冲固体火箭发动机的导弹，在飞行初始段和末段机动时都具有较高的速度，从而使导弹在减速到难以机动之前飞得更久更远。另外，在执行攻击任务的时间较短时，装有多脉冲固体火箭发动机导弹的性能也优于装有全助推型发动机导弹的性能，因为在飞抵目标时间较短的情况下，它可以缩短一级脉冲燃尽到下一级脉冲点火之间的时间。因此，多脉冲固体火箭发动机具有以下优点：在给定总冲条件下，高效提升防空导弹的有效射程；实现防空导弹高速和高加速飞行，有利于攻击高机动目标；采用高抛弹道提高对隐身目标的攻击效果；减小防空导弹翼展；与推力矢量控制装置结合，提高防空导弹机动性。

8.3.2　变推力火箭发动机推力控制

变推力火箭发动机包括变推力液体火箭发动机和变推力固体火箭发动机。相比液体火箭发动机，固体火箭发动机具有结构简单、安全性高、性能好、体积小、贮存周期长、维护和使用方便等特点，广泛应用于导弹的主发动机和助推器。因此，这里主要介绍变推力固体火箭发动机推力控制技术。

为了提高导弹的机动性、灵活性和突防能力，作为导弹动力装置的发动机，需要具备更加灵活的能量管理能力和推力随机控制能力，以适应各种高度和速度下的推力要求。推力可调发动机与推力预定发动机相比，能更合理地分配推进剂的能量，根据作战的实时需要及时调节输出推力大小和工作时间，实现远距离长时间飞行和快速攻击目标两种截然不同的任务目标，扩大作战任务范围，提高反应能力，实现单系统多任务平台，这也是固体火箭发动机发展的一个重要方向。

变推力固体火箭发动机通过伺服系统实时改变燃烧室的工作压强，对发动机推力大小进行实时调节，实现发动机能量管理与导弹任务相关联，提高导弹机动灵活性，满足导弹多任务需求。变推力固体火箭发动机种类很多，如喉栓式变推力发动机、涡流阀式发动机、熄火发动机、控制推进剂质量燃速的发动机、增质发动机和凝胶膏体推进剂发动机等。其中，喉栓式变推力发动机技术相对较为成熟，国外开展了较多地面试验和飞行试验，国内已进行了较广泛的理论分析和初步试验研究。

2003 年，美国 ATK 公司研制的变推力固体火箭发动机采用喉栓式推力调节机构，进行了持续 45s 的地面热试车，实现了推力调节比为 19∶1，压强变化仅为 2∶1。同年，对采用钝感无烟推进剂的变推力发动机进行了启动–关机–再启动的状态转换试验，使变推力固体火箭发动机具备了多脉冲的能力。美国 Aerojet 公司将喉栓式变推力可调喷管与"霍克"导弹发动机燃烧室集成，以提高射程，缩短命中目标的时间，并具备近距离拦截能力。该导弹被称作 EI HAWK 导弹，于 2003 年成功进行地面点火试验，发动机工作时间为 20s，在燃烧室装药不变的条件下，可增加射程 30%以上，展示了将变推力固体火箭发动机技术用于现役导弹以实现增程的可行性。

8.3.3　航空发动机推力控制

航空发动机具有抗高温高压、转速高、质量轻、可靠性高、寿命长、可重复使用、经济性好等特点。

发动机控制利用对选择的控制量的控制作用，使发动机的一些参数按需要的规律变化，使其在不同的工作状态和环境下稳定、可靠地运行。通常情况下，通过控制发动机推进系统便可控制速度。航空发动机推力控制系统参数对发动机参数的依赖性非常大，发动机设计中发动机参数的任意变化都会要求航空发动机推力控制系统也有某种变化。通常情况下可以认为航空发动机推力控制系统就是发动机的一部分。航空发动机控制器的设计是一项复杂艰巨的系统工程，当今世界只有少数几个国家具有独立设计航空发动机推力控制系统的能力。涡扇发动机和三角转子发动机控制系统基本结构图，如图 8.4 和图 8.5 所示。涡扇发动机结构图如图 8.6 所示。三角转子发动机工作原理图如图 8.7 所示。

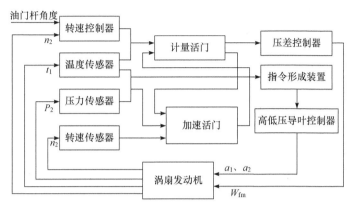

图 8.4　涡扇发动机控制系统基本结构图

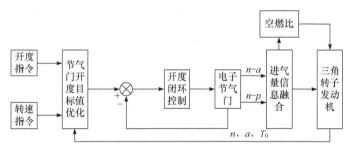

图 8.5　三角转子发动机控制系统基本结构图

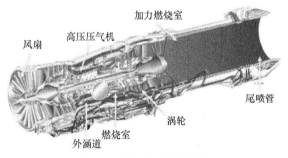

图 8.6　涡扇发动机结构图

航空发动机推力控制系统的发展基本上可以归纳为由基于经典控制理论的单变量控制系统发展到基于现代控制理论的多变量控制系统，由进气道、发动机和尾喷管各部分单独控制发展到由三者组成的推进系统综合控制和飞行/推力系统综合控制，由机械液压式控制系统发展到数字式电子控制系统。早期的航空发动机采用的控制方案是通过开环控制保持发动机转速基本不变，当飞行条件变化或者外界环境变化时，传感器根据测量的发动机进口压力，调节燃油流量。由于飞机的飞行速度较低，对推力的要求较低，进气道和尾喷管不被控制，这种控制方案显然控制精度不高。20 世纪 50 年代初，在发动机

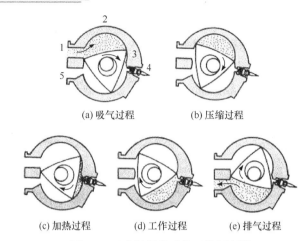

(a) 吸气过程   (b) 压缩过程

(c) 加热过程   (d) 工作过程   (e) 排气过程

图 8.7   三角转子发动机工作原理图
1 为进气口；2 为缸体；3 为转子；4 为火花塞；5 为排气口

控制中引入了经典控制的闭环反馈控制理论，解决了单输入/单输出控制系统的问题，这种控制方法简单，工程上容易实现，并能使发动机在一定范围内以较高的性能参与工作。随着发动机的工作范围不断扩大，对控制精度高、推力大、油耗高、过渡态过程时间短等性能要求不断提高，传统的以发动机燃油流量为唯一控制量的单变量控制方法已经不能满足上述的任务要求，必须采用更多的控制变量以控制发动机更多的参数。20 世纪 60 年代以来发展的现代控制理论，提供了多变量控制系统的解决方法和理论知识，该控制理论在航空发动机推力控制中得到广泛研究与应用。其中运用较多的几种多变量控制方法是线性二次型最优控制、自适应控制、鲁棒控制、线性参数变化(LPV)控制等方法。以模糊控制、神经网络、智能计算、专家系统等理论方法为代表的智能控制在控制领域中日益受到关注。考虑到智能控制方法相对于经典控制理论的优势，一些学者尝试将智能控制方法应用于航空发动机推力控制中，并取得许多重要的研究成果。

"鱼叉"反舰导弹和"战斧"巡航导弹是影响较大的、采用涡轮喷气发动机和涡轮风扇发动机作主动力的两种美国导弹。"鱼叉"反舰导弹主发动机所用的是 J402 涡轮喷气发动机，是美国特里达因公司专为导弹设计的一次性使用的小型发动机，其最大推力为 2940N，巡航时推力为 2090N，发动机最大直径为 0.318m，长 0.747m，重约 45kg。J402 涡轮喷气发动机还用于近距型的"战斧"巡航导弹。

8.3.4   固体火箭冲压发动机推力控制

固体火箭冲压发动机兼有火箭发动机和冲压发动机的优点，它结构简单，能量高，可靠性好，非常适合于军事用途，具有广阔的应用前景。

采用固体火箭发动机的导弹在发射后，直接将导弹加速至最大速度，之后导弹靠惯性飞行，在气动力作用下逐渐减速。与之相比，采用固体火箭冲压发动机的导弹在发射后，首先由无喷管助推器将导弹加速至固体火箭冲压发动机能够正常工作的转级马赫数，之后由冲压发动机将导弹加速至巡航马赫数。虽然采用固体火箭冲压发动机的导弹最大速度比采用固体火箭发动机的导弹低得多，但由于冲压发动机一直产生持续的推力，所以导弹一直能够保持比较高的飞行速度，因而其射程要远得多，尤其是在中低空条件下，射程要远 50%以上。

2000 年，美国洛克希德·马丁公司接受海军空战中心的一项验证固体燃料冲压发动机的合同，计划将固体燃料和低成本碳/碳技术用于高超声速技术。2002 年，该计划成功验证了固体燃料冲压发动机缩比模型在 21336m 高度以上，以马赫数 5 启动、马赫数 2.7 巡航，可以持续、稳定地保持推力燃烧。同年，洛克希德·马丁公司继续与海军空战中心合作，成功完成了固体燃料冲压发动机全尺寸样机在马赫数超过 5.5 时的巡航飞行实验。

8.4　变阻力控制方案

变阻力控制方案主要有使用阻力器改变阻力和通过机动飞行改变阻力两种方法。

8.4.1　阻力器速度控制方案

阻力器速度控制方案在引信与弹体结合部装配阻力机构，根据控制指令在弹道的特定位置打开阻力器，增大弹体与空气的受力面积，从而增加弹体与空气之间的阻力，使弹体的飞行速度降低，致使导弹以受控飞行的方式落入预期的目标区，以达到修正射程的目的。对于多弹组网编队飞行系统，阻力器的速度调节功能还可实现编队控制的队形保持。弹体在飞行中利用 GPS 装置确定打开阻力器的精确时刻，然后借助机械设备或爆炸装置迅速实现开启。阻力器具有机构设计相对简单，易于实现，精度要求较低，易于加工的优点，但缺点为它只能进行一维修正，只能在射程内向下修正，修正能力有限。阻力器采用的主要结构形式有"虹膜"形阻力器、桨形阻力器、三片花瓣式阻力器、柔性面料伞形阻力器等，其结构示意图分别如图 8.8～图 8.11 所示。

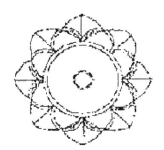

图 8.8　"虹膜"形阻力器

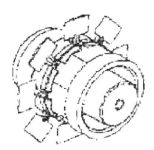

图 8.9　桨形阻力器

图 8.10　三片花瓣式阻力器

图 8.11　柔性面料伞形阻力器

法国研究了两种不同的弹道修正引信方案，并且两者采用了相同结构的减速装置，如图8.10所示。第一种方案称作"桑普拉斯"(SAMPRASS)，是基于GPS的一维距离修正系统，采用的不是自主工作方式，这是因为引信所接收到的GPS数据必须转发给地面计算机，然后由计算机指示引信在弹道适当的位置展开阻力减速板。第二种方案称作"斯帕西多"(SPACIDO)，是一种非GPS方案，依靠的是地面多普勒雷达，利用炮口初速测定雷达沿着射弹飞行轨迹测量射弹的速度变化，然后炮口初速测定雷达解算出阻力减速板展开的最佳时机，并向射弹发送信号。由英国汤姆森-索恩导弹电子公司、皇家军械公司、国防评估与研究局和美国罗克韦尔柯林斯公司研制的一维弹道修正引信"斯塔尔"(STAR)，使用了一种带GPS控制阻力制动装置的炮弹引信，其阻力制动装置在飞行中靠GPS的控制展开，可进行射程修正，如图8.12所示。

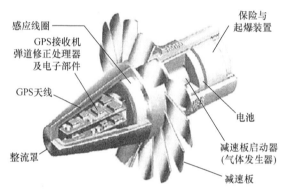

图8.12   "斯塔尔"弹道修正引信结构图

8.4.2   机动飞行速度控制方案

飞行器在飞行中随着攻角的增大，其阻力也随之增大。利用这一特性就可以通过增大攻角以增大阻力，使飞行器减速，这是机动飞行实现速度控制的基本原理。这种方法通常用于末速控制。

如何增加攻角有不同的方案，这里介绍一种通过附加攻角和侧滑角实现末速控制的方案。

设期望的末端速度为V_0，设计末速控制指令如下：

$$V_c = V_0[1 + B_R(1 - e^{-\rho/H_R})]$$

式中，B_R 为速度损失系数(表征再入机动过程中的速度相对损失量)；ρ 为视线距离；H_R 为设定的高度。由末速控制指令给出的攻角指令为

$$\Delta\alpha_B = -\frac{K_B(V_c - V_F)/T_g + K_A(V_c - V_F)}{1 + \left|\dot{W}_{x1} \cdot \tilde{\alpha}_{TOT} + 2\sqrt{\dot{W}_{y1}^2 + \dot{W}_{z1}^2}\right|}$$

$$\tilde{\alpha}_{TOT} = \sqrt{\alpha^2 + \beta^2}$$

式中，V_F 为当前速度大小；$\dot{W}_{x1}$、$\dot{W}_{y1}$、$\dot{W}_{z1}$ 为当前实际视加速度分别在体坐标系 x、y、

z 方向的分量；$\tilde{\alpha}_{\text{TOT}}$ 为飞行器当前总攻角。

假定导引律确定的总攻角指令为 α_{GTOT}，则加入末速控制指令的总制动攻角为

$$\alpha_{\text{B}} = \alpha_{\text{GTOT}} + \Delta\alpha_{\text{B}}$$

本 章 要 点

1. 速度控制系统的基本任务。
2. 典型速度控制方案及其特点。

习　　题

1. 简述速度控制系统的基本任务。
2. 简述俯仰角控制方案实现速度控制的工作原理。
3. 简述发动机推力控制方案实现速度控制的工作原理。
4. 简述变阻力控制方案实现速度控制的工作原理。

第 9 章

导弹位置控制系统分析

导弹位置控制系统可分为纵向控制系统和航向控制系统，其中纵向控制系统又称高度控制系统。导弹位置控制系统的基本任务是保证导弹在干扰的作用下在相应的平面内按照预定的弹道飞行。

9.1 高度控制系统

9.1.1 导弹的纵向控制系统组成

飞航导弹纵向控制系统的主要任务是对导弹的俯仰姿态角和飞行高度施加控制，使其在铅垂平面内按照预定的弹道飞行。

为了组成飞航导弹纵向控制系统(图 9.1)，首先考虑的是测量元件。能够用来测量导弹的俯仰姿态角和飞行高度的元件很多，工程上通常选用自由陀螺仪来测量导弹的俯仰姿态角，用无线电高度表、气压高度表等来测量导弹的飞行高度。

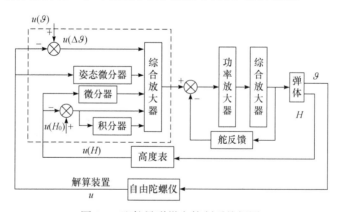

图 9.1 飞航导弹纵向控制系统框图

测量导弹俯仰姿态角的自由陀螺仪，其输出信号不能直接驱动舵机，需要经过变换和功率放大等处理。对自由陀螺仪的输出信号进行加工处理的元件称为解算装置。

当系统对弹体施加控制时，其俯仰姿态角要经过一个过渡过程才能达到给定值。为了改善系统的动态性能，在解算装置的输入端，除了有俯仰姿态角的误差信号、飞行高度的误差信号之外，还应当有俯仰角速率信号和垂直速度信号。俯仰角速率信号可以由速率陀螺仪给出，也可由弹载计算机的微分算法实现；同样，垂直速度信号可由垂直速度传感器提供，也可由弹载计算机的微分算法实现。

为了使导弹的高度控制系统成为一阶无静差系统，必须在系统中引入积分环节。积分器现在通常由弹载计算机的积分算法实现。

当需要改变导弹的飞行高度时，必须改变导弹的弹道倾角。这通过转动导弹的升降舵面，改变作用在导弹上的升力来实现。因此，作为纵向控制系统执行机构的舵机是必不可少的。

9.1.2　纵向控制系统的传递函数与结构图

实际的纵向控制系统是一个非线性时变系统。为了解决非线性的矛盾，工程上多采用在一定条件下等效线性化的方法，而时变的问题工程上多采用系数冻结法解决。这样可以将传递函数的概念运用于纵向控制系统的分析设计。下面先讨论元件的传递函数，再依据结构图变换规则推导出系统的传递函数。

1. 信号综合放大器和功率放大器

信号综合放大器和功率放大器一般由电子器件组成，由于电子放大器和普通的机电设备相比几乎是无惯性的，故称为无惯性元件。设输入量为 u_i，输出量为 u_o，放大倍数为 K_y，则放大器的传递函数为

$$\frac{u_o(s)}{u_i(s)} = K_y$$

2. 自由陀螺仪

自由陀螺仪用作角度测量元件，可将其视为一个理想的放大环节，则其传递函数为

$$\frac{u_o(s)}{\vartheta(s)} = K_\vartheta$$

式中，K_ϑ 为自由陀螺仪传递系数 (V/(°))；$\vartheta(s)$ 为导弹俯仰角 (°)。

3. 无线电高度表

根据测量方法的不同，无线电高度表分为脉冲式雷达高度表和调频连续波高度表两大类。无论哪种类型的无线电高度表，其输出形式均有数字式和模拟电压式两种。这里以输出模拟电压为例，忽略其时间常数，无线电高度表的传递函数为

$$\frac{u_H(s)}{H(s)} = K_H$$

4. 弹载计算机的微分算法

为了改善系统的动态特性，常常引入反馈校正信号，如引入俯仰角速率信号对弹体

的俯仰角运动进行阻尼，用反馈垂直速度信号对导弹的飞行高度变化进行阻尼。这两处信号分别由速率陀螺仪和垂直速度传感器提供。近年来，微分是通过弹载计算机的微分算法实现的，其传递函数可描述为

$$\frac{u_o(s)}{u_i(s)} = s$$

5. 高度(差)积分器

同微分器一样，积分是通过弹载计算机的积分算法实现的，其传递函数描述如下：

$$\frac{u_o(s)}{u_i(s)} = \frac{1}{s}$$

6. 伺服系统

这里以永磁式直流伺服电机和减速器构成的电动舵伺服系统为例。设伺服电机的输入量为控制电压 u_M，减速器输出量为 δ，则电动舵伺服系统传递函数为

$$\frac{\delta(s)}{u_M(s)} = \frac{K_{pm}}{s(T_{pm}s+1)}$$

式中，K_{pm} 为电动舵伺服系统的传递系数；T_{pm} 为伺服电机时间常数。

7. 弹体纵向传递函数

为了设计满足要求的飞行控制系统，必须了解导弹的飞行力学特性。飞航导弹纵向扰动运动弹体(旋转弹翼式布局除外)传递函数的标准形式为

$$\frac{\vartheta(s)}{\delta(s)} = \frac{K_d(T_{1d}s+1)}{s(T_d^2 s^2 + 2\xi_d T_d s + 1)}$$

$$\frac{\theta(s)}{\delta(s)} = \frac{K_d}{s(T_d^2 s^2 + 2\xi_d T_d s + 1)}$$

$$\frac{\alpha(s)}{\delta(s)} = \frac{K_d T_{1d}}{T_d^2 s^2 + 2\xi_d T_d s + 1}$$

$$\frac{H(s)}{\delta(s)} = \frac{K_d v/57.3}{s(T_d^2 s^2 + 2\xi_d T_d s + 1)}$$

式中，$\vartheta(s)$、$\alpha(s)$、$\theta(s)$、$\delta(s)$ 和 v 分别为导弹的俯仰角、攻角、弹道倾角、升降舵偏角和速度。

某型导弹在 $t=82s$ 特征点处的参数为 $K_d = 0.710$，$T_d = 0.16s$，$t_{1d} = 1.508s$，$\xi_d = 0.084$，$v = 306m/s$。

8. 纵向控制系统结构图

纵向控制系统结构如图 9.2 所示。综合放大器对各支路信号的放大倍数不相同，为便于分析将其归到各支路的传递系数中，取 $K_y = 1$。

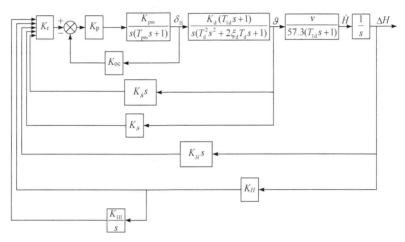

图 9.2　纵向控制系统结构图

K_ϑ 为自由陀螺仪传递系数；K_H 为高度表传递系数；K_r 为综合放大器放大系数；K_p 为功率放大器放大系数；K_{oc} 为舵机位置反馈系数；δ_B 为俯仰舵偏角

从图 9.2 中可以看出，导弹纵向控制系统是一种多回路系统，为便于对该系统进行频率特性分析，将其进一步简化是必要的。

由舵回路框图 9.3 可知，舵系统的闭环传递函数为

$$\phi_\delta(s) = \frac{K_\delta}{T_\delta^2 s^2 + 2\xi_\delta T_\delta s + 1}$$

式中，K_δ、T_δ 和 ξ_δ 分别为舵系统的传递系数、时间常数和阻尼系数。

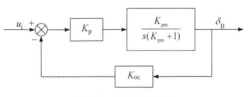

图 9.3　舵回路框图

电机的时间常数 T_{pm} 一般为 $20\sim30\text{ms}$，舵系统开环放大系数 K_{oc}、K_p、K_{pm} 一般为 $50\sim100$，因此当舵系统工作在线性区时，T_δ 不会超过 10ms。初步分析时，可以令 $T_\delta = 0\text{s}$，舵系统被简化成放大环节，其放大系数为 $1/K_{oc}$。于是，得到简化了的系统结构图，如图 9.4 所示。变换后的系统结构图如图 9.5 所示。

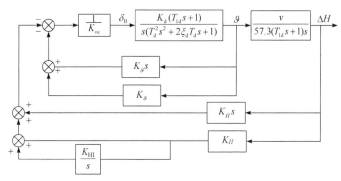

图 9.4   纵向控制系统简化结构图

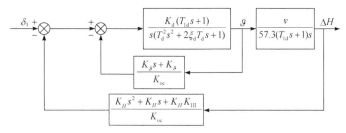

图 9.5   变换后的系统结构图

9.1.3   纵向控制系统分析

进行系统设计时，需要考虑包括可靠性指标和经济性指标在内的各项性能指标，需要选用性能好、质量稳定的元部件来组成控制系统。对于这些元部件的参数，可以认为是已知的。但用它们组成的控制系统，其性能指标不一定令人满意。系统设计者的任务是在给定元部件参数的前提下对系统进行初步分析，并在此基础上确定校正环节的结构形式和参数，最后使系统具有所要求的性能指标。

1. 俯仰角稳定回路的分析

因为弹道倾角的变化滞后于导弹姿态角的变化，也就是导弹质心运动的惯性比姿态运动的惯性大，所以分析俯仰角稳定回路时可暂不考虑高度稳定回路的影响。俯仰角稳定回路结构如图 9.6 所示。

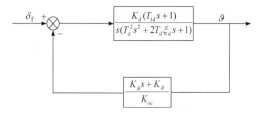

图 9.6   俯仰角稳定回路结构图

由图 9.6 可知，俯仰角稳定回路开环传递函数为

$$W_\vartheta(s) = \frac{K_\mathrm{d} K_\vartheta (T_\mathrm{1d}s+1)[(K_{\dot\vartheta}/K_\vartheta)s+1]}{K_\mathrm{oc}s(T_\mathrm{d}^2 s^2 + 2\xi_\mathrm{d} T_\mathrm{d} s+1)} = \frac{K_\mathrm{w}(T_\mathrm{1d}s+1)(T_\mathrm{w}s+1)}{s(T_\mathrm{d}^2 s^2 + 2\xi_\mathrm{d} T_\mathrm{d} s+1)}$$

式中，$K_\mathrm{w} = K_\mathrm{d} K_\vartheta / K_\mathrm{oc}$ ；$T_\mathrm{w} = K_{\dot\vartheta} / K_\vartheta$ 。

代入某型号弹体在 $t = 82\mathrm{s}$ 时的参数值，并给定 $K_\mathrm{oc} = 0.5\mathrm{V}/(°)$ ，$K_{\dot\vartheta} = 0.75\mathrm{V} \cdot \mathrm{s}/(°)$ ，$K_\vartheta = 0.175\mathrm{V}/(°)$ ，由此换算出 $K_\mathrm{w} = 1.07/\mathrm{s}$ ，$T_\mathrm{w} = 0.23\mathrm{s}$ 。

需要指出，上述 K_ϑ 和 $K_{\dot\vartheta}$ 为校正环节的参数，初步分析时，需根据经验参考同类控制系统给一个大致范围，在系统中再逐步加以调整。

将 $s = \mathrm{j}\omega$ 代入上式即得系统开环频率特性：

$$W_\vartheta(\mathrm{j}\omega) = \frac{K_\mathrm{w}(T_\mathrm{1d}\mathrm{j}\omega+1)(T_\mathrm{w}\mathrm{j}\omega+1)}{\mathrm{j}\omega[(\mathrm{j}\omega)^2 T_\mathrm{d}^2 + 2\mathrm{j}\omega\xi_\mathrm{d} T_\mathrm{d} + 1]}$$

由上可知，系统开环频率特性由放大环节、积分环节、二阶振荡环节和两个一阶微分环节组成。利用某型号弹体在 $t = 82\mathrm{s}$ 时的参数，可得出俯仰角稳定回路开环对数频率特性，如图 9.7 所示。

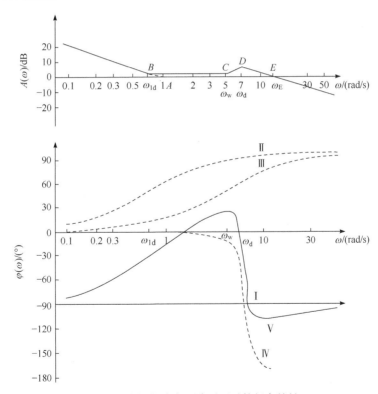

图 9.7　俯仰角稳定回路开环对数频率特性

$\omega_\mathrm{1d} = 0.67/\mathrm{s}$ ；$\omega_\mathrm{d} = 6.25/\mathrm{s}$ ；$\omega_\mathrm{w} = 4.35/\mathrm{s}$ ；ω_E 为剪切频率(/s)；Ⅰ 为积分环节的相频特性；Ⅱ、Ⅲ 为一阶微分环节的相频特性；Ⅳ 为二阶微分环节的相频特性；Ⅴ 为系统的相频特性

由图 9.7 可见：

(1) 上述参数下，系统有足够的幅值裕度，且相位裕度 $\gamma > 70°$ 。工程实践证明，对

于最小相位系统，如果相位裕度大于30°，幅值裕度大于6dB，即使系统的参数在一定范围内变化，也能保证系统的正常工作。因此，在 $T_d < T_w < T_{1d}$ 的情况下，系统有足够的稳定性储备。

(2) 当 $T_d < T_{1d} < T_w$ 时，开环系统的频率特性将被抬高，使开环系统的频带加宽很多，虽然不会破坏系统的稳定性，但会使系统的抗干扰能力下降。同样道理，系统的开环放大倍数 K_w 也不能取得太大，否则将使系统的稳定性储备减小，抗干扰能力下降。

(3) 当 $T_w < T_d < T_{1d}$ 时，如果参数选配不当，频率特性有可能以–40dB/十倍频程的斜率穿越零分贝线，即使系统稳定，其相对稳定性与动态品质也是很差的。

(4) 总之，利用开环对数频率特性，可以从系统的稳定性和动态品质的角度出发选择 T_w 和 K_w ，也就是校正环节的参数 K_ϑ 和 $K_{\dot\vartheta}$ 。

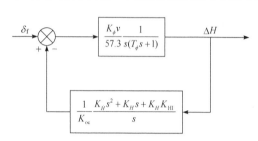

图9.8　高度稳定回路的结构图

2. 高度稳定回路分析

高度稳定回路的结构图如图9.8所示。

由图9.8可知，高度稳定回路开环传递函数为

$$W_g(s) = \frac{K_\phi v}{57.3K_{oc}} \frac{K_{\dot H}s^2 + K_H s + K_H K_{HI}}{s^2(T_\phi s + 1)} = \frac{K_g(T_g^2 s^2 + 2\xi_g T_g s + 1)}{s^2(T_\phi s + 1)}$$

对上述特征点，$K_\phi = 0.67$ ；$T_\phi = 2.5s$ ；$v = 306m/s$ 。

下面对于给定两组高度稳定回路的控制参数，分别做出它们的开环对数频率特性，以便对其进行对比分析。

高度稳定回路的第一组参数为 $K_H = 0.2V/m$ ；$K_{\dot H} = 0.25V \cdot s/m$ ；$K_{HI} = 0.5/s$ 。其对应的开环传递函数为

$$W_g(s) = \frac{0.71(1.58^2 s^2 + 2 \times 0.63 \times 1.58s + 1)}{s^2(2.5s + 1)}$$

第一组参数对应的开环对数频率特性，如图9.9所示。

由图9.9可知，对于第一组给定的参数，系统有足够的幅值裕度，相位裕度也大于30°，但是，剪切频率与第二个转折频率靠得非常近，而在转折频率之前，对数频率特性渐近线的斜率为–60dB/十倍频程。由自动调节原理的知识可知，系统的振荡趋势严重，即系统的阻尼特性很差。这是因为系统的动态品质主要是由剪切频率两边的一段频率特性所决定的。

高度稳定回路的第二组参数为 $K_H = 0.5V/m$ ；$K_{\dot H} = 0.5V \cdot s/m$ ；$K_{HI} = 0.25/s$ 。其对应的开环传递函数为

$$W_g(s) = \frac{0.89(2^2 s^2 + 2 \times 1 \times 2s + 1)}{s^2(2.5s + 1)}$$

由此可以绘制第二组参数对应的开环对数频率特性，如图 9.10 所示。

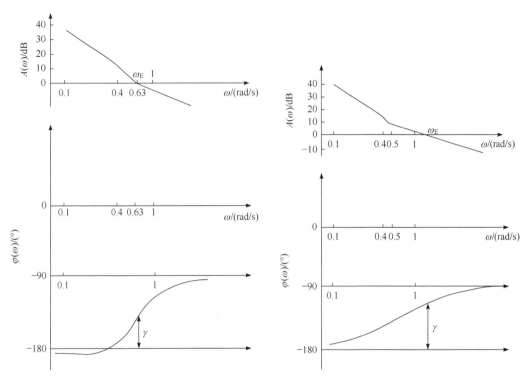

图 9.9　第一组参数对应的开环对数频率特性　　图 9.10　第二组参数对应的开环对数频率特性

由图 9.10 可知，在这种情况下系统的相角储备大于 60°，比第一组参数有很大提高；幅值裕度两者相差不多，但是剪切频率与第二个转折频率相距较远。前面已经说过，系统的动态品质主要由剪切频率两边的一段频率特性决定，因为−60dB/十倍频程远离剪切频率，所以它对系统动态品质的影响减小，使系统的相对阻尼大为增加。因此，剪切频率应尽可能地远离其两侧的转折频率，而且在剪切频率处开环对数频率特性的斜率最好取−20dB/十倍频程，关于这一点，工程上称为"错开原理"。

前面是针对一个特定的特征点($t = 82$s)的弹体参数进行分析的，对于其他特征点，所选参数不一定适合，还需进行类似的分析工作。但是在导弹的飞行过程中，弹体参数基本上是连续变化的，而控制系统结构参数不可能也随之连续变化。工程上通常根据弹体的参数变化情况分段：在同一段内，弹体参数变化缓慢，控制系统的控制参数可取常值；在不同的段内，控制系统的控制参数则取不同的数值。导弹飞行过程中，在指令系统的控制下，控制系统不断地切换自身的控制参数。

但是，实际的纵向控制系统既是时变的，又是非线性的。因此上述分析工作只是初步的，在初步分析的基础上还应进一步对系统真实情况进行数字仿真，也就是将实际的控制系统完全用数学模型表示，在计算机上进行分析研究，调整系统的有关参数，使系统的品质指标满足使用要求。

9.2　导弹的航向偏差控制

9.2.1　导弹航向角稳定回路分析

导弹的侧向运动包括航向运动、倾斜运动和侧向偏移运动,其中航向运动和倾斜运动彼此紧密地交联在一起。为了弄清物理本质,在工程上采用简化的方法,即将航向、倾斜和侧向偏移作为彼此独立的运动进行分析设计,最后考虑相互间的影响。这种简化方法,已在导弹控制系统实际设计中得到了应用,实践证明是可靠的、成功的。本小节主要讨论导弹航向角稳定回路分析和参数选取方法。

航向角稳定回路的功能:保证导弹在干扰的作用下,回路稳定可靠工作,航向角的误差在规定的范围内,并按预定的要求改变基准运动。

1. 航向角稳定回路的结构和静态分析

1) 航向角稳定回路的构成

航向角 ψ 稳定回路的设计通常采用 PID 调节规律,因此航向角稳定回路一般由下列部件构成。

(1) 放大器:综合放大器;
(2) 角速度敏感元件:阻尼陀螺仪或电子微分器;
(3) 积分机构:机电式积分机构或电子式电子积分器;
(4) 角敏感元件:航向陀螺仪;
(5) 执行机构:电动舵伺服系统或液压舵伺服系统;
(6) 控制对象:弹体。
因此,航向角稳定器的框图如图 9.11 所示。

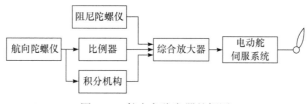

图 9.11　航向角稳定器的框图

阻尼陀螺仪测量导弹的角速度,输出与角速度成比例的信号,以此改善导弹角运动的动态品质。

积分机构对偏差角积分,所产生的信号可消除系统在常值干扰力矩作用下引起的静态误差。

2) 导弹航向角运动

导弹航向角运动的传递函数为

$$W_{\delta_y}^{\psi}(s) = \frac{K_{\mathrm{d}}(T_{\mathrm{1d}}s+1)}{s(T_{\mathrm{d}}^2 s^2 + 2T_{\mathrm{d}}\xi_{\mathrm{d}}s + 1)}$$

传递函数中含有一个二阶振荡环节，其时间常数为 T_d，相对阻尼系数为 ξ_d；一个积分环节和一个微分环节。这个系统在单位阶跃舵偏的作用下，导弹航向角运动的特性曲线如图 9.12 所示。通过分析，可以得到航向角稳定回路的框图如图 9.13 所示。

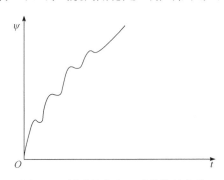

图 9.12 导弹航向角运动的特性曲线

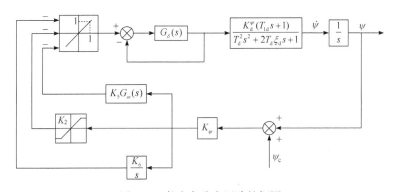

图 9.13 航向角稳定回路的框图

K_ψ 为航向陀螺仪的传递系数；K_2 为比例放大器的放大系数；K_6 为积分器的放大系数；$G_\delta(s)$ 为舵伺服系统的正向传递函数；ψ_c 为航向陀螺仪的漂移

3) 航向角稳定回路的静态分析

当受到干扰力矩的作用时，航向角稳定回路应保证系统稳定可靠地工作，而且产生的静差应在所要求的规定范围内。

由图 9.13 可知，航向陀螺仪漂移是一个随机量，一般无法保证导弹在自控段始终在规定的范围内及时得到补偿，漂移将造成导弹偏离航向，这只能用提高陀螺仪精度来解决。

如果只采用比例式调节规律，导弹在常值干扰力矩的作用下，将造成偏航角的稳态误差。对不同型号的导弹，其力和力矩系数是不同的，形成的静差也不同。各个环节的放大系数越大，静差越小，但放大系数不宜过大，否则将导致系统的不稳定。

在自动驾驶仪内部也会产生各种干扰，如放大器的零位偏差、舵伺服系统的零位偏差等，应采取各种技术措施，把这些干扰限制在一定范围内，以便达到需要的精度，这是设计者任务之一。

为了清除静差，在系统中引入积分环节，如图 9.13 中的 K_6 环节，此时常值干扰力矩引起的舵面偏角无需航向陀螺仪的输出信号来补偿，而由积分环节的输出信号平衡，因此不会产生偏航角的静差。

从以上分析可以看出，为了使静差减小，可以采取两种办法：①增大自动驾驶仪的放大倍数；②在自动驾驶仪中增加一个积分环节。前者只能减小静差，而后者可以消除静差。

2. 航向角稳定回路的动态分析

如前所述，导弹航向角运动的传递函数为

$$W_{\delta_y}^{\psi}(s) = \frac{K_d(T_{1d}s+1)}{s(T_d^2 s^2 + 2\xi_d T_d s + 1)} \tag{9.1}$$

由式(9.1)可知，系统有三个极点、一个零点，在短周期运动结束后，是一个积分过程，并且二阶振荡环节阻尼系数比较小，一般在 0.1 左右，所以振荡比较明显，需要增加人工阻尼。

为了保证系统稳定可靠地工作，使选择的自动驾驶仪参数可以达到预期目的，为此，必须对系统进行全面的分析。在对系统进行初步分析时，可以把舵伺服系统看成一个惯性环节。舵伺服系统的传递函数为

$$W_{u_1}^{\delta}(s) = \frac{K_\delta}{T_\delta s + 1}$$

如果自动驾驶仪中只有航向陀螺仪，那么航向角稳定回路就有三个极点、一个零点，其中一个极点在原点，这样的系统通常不稳定，或稳定性很差。

为了使系统稳定，在自动驾驶仪中应有阻尼陀螺仪(或微分器)，在系统中增加人工阻尼，以补偿弹体阻尼的不足，这就形成一种可用的 PID 调节规律，此时系统校正部分的传递函数近似如下：

$$W(s) = K_4(K_2 + K_5 s)$$

航向角速率稳定回路简化框图如图 9.14 所示。

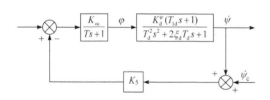

图 9.14　航向角速率稳定回路简化框图

在初步计算的基础上，对系统进行数学仿真实验，选取航向阻尼传动比为 0.15，系统将获得满意的动态特性。

有微分器的航向角稳定回路框图如图 9.15 所示。

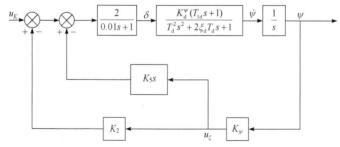

图 9.15　有微分器的航向角稳定回路框图

K_5 为微分项系数；u_K 为输入电压

当 $K_\psi = 0.25$、$K_2 = 2$、$K_5 = 0.3$ 时，系统的开环传递函数为

$$W(s) = \frac{K_d(T_{1d}s + 1)(0.15s + 1)}{s(T_d^2 s^2 + 2\xi_d T_d s + 1)(0.01s + 1)}$$

经分析可知，系统是稳定的。

由上述分析可以看出，系统是有静差的，当导弹受干扰力和干扰力矩作用时，必然有一个与偏航角对应的舵偏角来平衡，要想消除静差，就得在系统中引入一个积分环节。

线性积分器能把系统变成无静差系统，但它的放大系数 K_6 的大小将影响系统的动态品质。若导弹发射时就加入积分器，虽然能消除系统的静差，但是增长了系统的动态过程，甚至不能稳定。因此，需要考虑积分器的引入时间，一般在导弹处于稳定飞行时刻，把积分器接入系统是适宜的。然而，对于大扇面角机动发射的系统来说，宜晚不宜早。

选择 K_6 的原则是把系统的动态品质放在第一位，并与要求消除静差的时间相对应，消除静差的时间越短，动态响应过程越快。当 K_6 较小时，消除静差的时间就会增长，对航向角稳定回路的动态品质影响很小。

9.2.2　导弹侧向质心稳定系统

将导弹作为一个变质量刚体研究时，它在空间的运动可分解为绕三个轴的角运动和沿垂直方向、航向切线方向和侧向三个方向的线运动。三个方向的角运动和高度运动都引入了控制，能够自动稳定。由于发动机受推力偏心、阵风干扰等因素的影响，会使飞行中的导弹偏离理想弹道。对于自控段终点侧向散布要求较高、射程较远的导弹，必须增设侧向质心稳定系统，以稳定导弹侧向质心运动。

侧向质心稳定与高度稳定是相类似的。高度稳定系统以俯仰角自动控制系统为内回路，侧向质心稳定系统则以偏航角和倾斜角的自动控制系统为内回路，并且一般通过转弯的方法自动修正侧向偏离。

侧向质心稳定系统可以采取多种方案，但归结起来只有两大类：一类是靠协调转弯来修正侧向偏离，即通过副翼控制导弹协调转弯或通过副翼与方向舵控制导弹协调转弯，大部分飞航导弹的侧向质心控制采用这种方案，这样可以获得较快的过渡过程；另一类是单纯靠侧滑或仅由方向舵控制导弹平面转弯来修正侧向偏离，一般情况下这种过渡过程十分缓慢，弹道导弹和对快速性要求不高的飞航导弹的横偏校正系统采用这种方案。

9.2.3　基于航路点的偏差计算

设规划的航路点为 A、B、C，则航路点可以用线性拟合方式得到，假设两点间以直线方式拟合，航路图如图 9.16 所示，D 为导弹当前位置，A、B、C、D 的坐标分别为 (x_1, z_1)、(x_2, z_2)、(x_3, z_3)、(x_0, z_0)，则导弹与理想航线的偏差可以用点到直线的距离来量化。由点到直线的距离公式：

$$d = \frac{|Ax_0 + Bz_0 + C|}{\sqrt{A^2 + B^2}}$$

可得

$$d_1 = DE = \frac{\left| \dfrac{x_0}{x_2 - x_1} - \dfrac{z_0}{z_2 - z_1} + \dfrac{z_1}{z_2 - z_1} - \dfrac{x_1}{x_2 - x_1} \right|}{\sqrt{\left(\dfrac{1}{x_2 - x_1} \right)^2 + \left(\dfrac{1}{z_2 - z_1} \right)^2}}$$

$$d_2 = DF = \frac{\left| \dfrac{x_0}{x_3 - x_2} - \dfrac{z_0}{z_3 - z_2} + \dfrac{z_2}{z_3 - z_2} - \dfrac{x_2}{x_3 - x_2} \right|}{\sqrt{\left(\dfrac{1}{x_3 - x_2} \right)^2 + \left(\dfrac{1}{z_3 - z_2} \right)^2}}$$

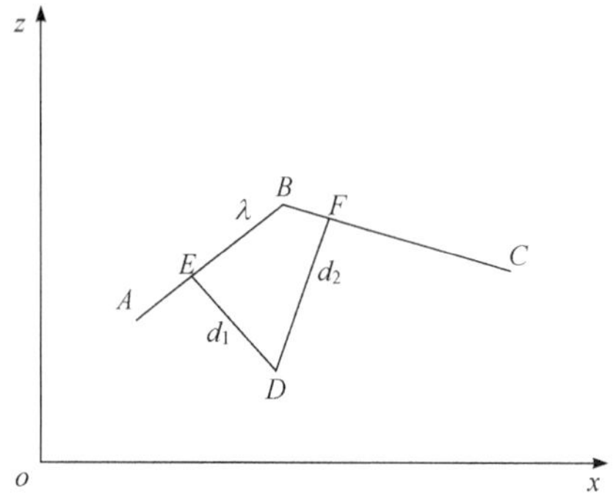

图 9.16　航路图

在由航路 AB 到 BC 的转换中，需要采取平滑过渡以避免控制指令有大的突变，下面给出其中一种平滑过渡的方式。

设 $\lambda = \dfrac{EB}{AB}$ ，取 $d = \lambda d_1 + (1 - \lambda) d_2$ ，得到导弹偏离当前理想航线的偏差。

本 章 要 点

1. 飞航导弹纵向控制系统的组成。
2. 飞航导弹纵向控制系统的校正原理。
3. 飞航导弹航向角稳定回路的校正原理。

习　　题

1. 简述导弹位置控制系统的基本任务。
2. 画出导弹纵向控制系统和航向角稳定回路的原理框图。
3. 利用自动控制原理的知识解释为什么在分析俯仰角稳定回路时可暂不考虑高度稳定回路的影响。
4. 简述导弹航向角稳定回路消除静差的原理。

第 10 章

工程设计中的控制问题

10.1 导弹弹体动力学特性的稳定问题

10.1.1 引言

飞行器动力学特性与飞行速度和高度强有力的关系是飞行器作为控制对象的基本特点。根据导弹速度图形、高度范围、弹道特性和飞行器气动布局可知，飞行器动力学特性的变化很大。现代飞行器动力学特性的参数变化可达百余倍。

导弹弹体的动力学特性大大增加了制导与控制系统设计的难度，因此保证导弹弹体动力学特性的稳定是一项十分重要的任务。在工程设计中，保证弹体动力学特性稳定的部分任务由飞行器设计师承担，但基本上由控制系统设计师承担，他们之间的分工视具体情况而定。

由自动控制原理可知，闭环系统最重要的特性(稳定性、精度、谐振频率、振荡性等)在很大程度上取决于开环系统传递系数，所以保证传递系数基本不变是动力学特性稳定的首要任务。

飞行器设计师采用下述方法可以将传递系数变化范围缩小一些：

(1) 选择气动特性随马赫数变化小的飞行器气动布局；

(2) 飞行器合理的结构配置，这种配置借助于燃料配置及合适的消耗程序，使得有利于飞行器动力学特性稳定的导弹质心随时间变化；

(3) 沿飞行器纵轴移动弹翼，使导弹在不同飞行条件下具有符合要求的动力学特性；

(4) 在舵传动机构中引入变传动比机构，该机构的传动比随导弹的某个飞行参数变化，如 H、v、q 等。

全面、彻底地解决导弹弹体动力学特性的稳定问题有赖于控制系统设计师的工作，可使用如下方法解决这个问题。

(1) 采用力矩平衡式舵机，如美国"响尾蛇"空空导弹；

(2) 导弹包含深度负反馈，其中包括法向过载的深度负反馈，由自动控制原理可知，深度负反馈可有效抑制受控对象的参数变化；

(3) 采用带有反馈的舵传动机构，典型型号为苏联 SA-2 防空导弹；

(4) 采用预定增益控制技术，根据时间或一些飞行参数，如 H、v、q 等，改变稳定系统某些元件的传递系数，主要是校正网络的参数，典型型号为美国 AIM-120 空空导弹；

(5) 引入非线性控制技术，如振荡自适应技术，典型型号为中国 HQ-7 防空导弹。

另外，以现代控制理论为基础的模型参考自适应控制、自校正控制和变结构控制，在解决导弹弹体动力学特性的稳定问题上有很大的潜力，有待理论界和工程界的进一步研究。

10.1.2　力矩平衡式舵机自适应原理

某型空空导弹俯仰稳定回路由磁放大器、舵机和弹体环节组成，其运算方框图见图 10.1，M_p-δ 局部回路的简化见图 10.2。

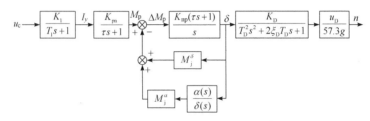

图 10.1　某型空空导弹俯仰稳定回路运算方框图

u_c 为导引头经坐标变换器的输出电压；K_{np} 为舵机静外特性斜率；I_y 为磁放大器输往舵机控制绕组的控制电流；M_j^δ、M_j^α 为铰链力矩导数；K_1、T_1 为磁放大器增益和时间常数；K_D、ξ_D、T_D 为弹体传递函数系数；M_p 为舵机输出力矩；δ 为舵偏角；K_{pn} 为舵机控制特性斜率；α 为弹体攻角；τ 为舵机时间常数

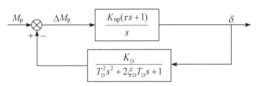

图 10.2　M_p-δ 局部回路框图

回路闭环传递函数为

$$\frac{\delta(s)}{M_p(s)} = \frac{K_{np}(\tau s+1)/s}{1+\dfrac{K_{np}(\tau s+1)(M_j^\delta T_D^2 s^2 + 2\varepsilon_D T_D M_j^\delta s + M_j^\delta + M_j^\delta K_\alpha)}{s(T_D^2 s^2 + 2\xi_D T_D s + 1)}}$$

$$= \frac{(\tau s+1)(T_D^2 s^2 + 2\xi_D T_D s+1)/K_j}{A_3 s^3 + A_2 s^2 + A_1 s + 1} \tag{10.1}$$

式中，$K_j = M_j^\delta + M_j^\delta K_\alpha$；$A_3 = \dfrac{T_D^2(1+K_{np}M_j^\delta \tau)}{K_j K_{np}}$；$A_2 = \dfrac{2\xi_D T_D + K_{np}M_j^\delta(2\xi_D T_D \tau + T_D^2)}{K_j K_{np}}$；

$A_1 = \dfrac{1+K_{np}(K_j \tau + 2\xi_D T_D M_j^\delta)}{K_j K_{np}}$。

通过对某型空空导弹俯仰稳定回路进行分析和计算，可以获得以下几个基本结论：

(1) 采用铰链力矩反馈舵机，其稳定回路不需要设置横向加速度传感器，便可以使稳定回路的传递系数不随飞行高度、速度而剧烈变化，$K_{M_p}^n$ 和 $K_{M_p}^{\dot{\theta}_D}$ 的变化范围较小。

(2) 稳定回路含有一个阻尼系数很小($\xi_D' =0.011\sim0.062$)的振荡环节，同时含有一个 $T_p =0.15\sim1.01\text{s}$ 的惯性环节，它远比 T_D' 大，也比 T_1 大，且随飞行高度增大而增大。该惯性环节为整个系统的主导极点，极大地削弱了二阶振荡环节对系统的影响，将弹体从一个振荡性很强的二阶环节改造成惯性环节，所以不需采用通常的速率陀螺仪反馈方法提高弹体的阻尼。

(3) T_p 比其他任何环节的时间常数都大，它决定了稳定回路的通频带较窄，也导致控制系统的通频带较窄，这对抑制噪声干扰起有利作用。

(4) 由于 T_p 较大，对导弹的机动性能有很大影响，会增大导弹的动态误差。

(5) 采用铰链力矩反馈舵机的导弹只能在有限飞行条件下保持较好的性能，因而它只用于近距、小型导弹的设计中。

10.1.3　自振荡自适应驾驶仪工作原理

自振荡自适应驾驶仪滚转回路和侧向回路的原理框图分别如图 10.3 和图 10.4 所示。

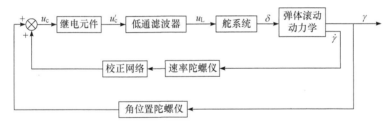

图 10.3　自振荡自适应驾驶仪滚转回路原理框图

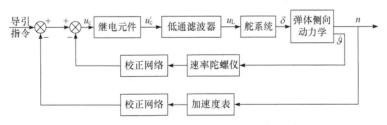

图 10.4　自振荡自适应驾驶仪侧向回路原理框图

通过继电元件、校正网络和低通滤波器的设计，使滚转回路和侧向回路中各自产生一个适当的自振荡。于是，在回路各元部件的输入和输出信号中，除了与回路正常工作相对应的缓变分量外，还存在着自振荡分量。低通滤波器的存在以及舵系统和弹体动力学的低通滤波作用，可以忽略自振荡的高次谐波，而只考虑它的基波分量。回路的自振荡角频率为 ω_0，继电元件输入端自振荡振幅为 A_c，继电元件输入电压中缓变分量为 u_{cs}。因此继电元件输入电压为

$$u_c = u_{cs} + A_c \sin(\omega_0 t) \tag{10.2}$$

在设计中，ω_0 应为回路通频带的 3 倍以上，因而 u_{cs} 可看成是直流分量。据此将继

电元件的输出信号 u_L 分解为傅氏级数，忽略高次谐波，得到：

$$u_L = \frac{2u_D}{\pi} \arcsin \frac{u_{cs}}{A_c} + \frac{4u_D}{\pi} \sqrt{1 - \left(\frac{u_{cs}}{A_c}\right)^2} \sin(\omega_0 t) \tag{10.3}$$

式中，u_D 为继电元件的最大输出电平。

在 $A_c > 3|u_{cs}|$ 的条件下，式(10.3)可简化为(简化误差小于 6%)

$$u_r = \frac{2u_D}{\pi} \frac{u_{cs}}{A_c} + \frac{4u_D}{\pi} \sin(\omega_0 t) \tag{10.4}$$

由此可见，继电元件输出端的自振荡振幅 A_r 为常数，即

$$A_r = 4u_D / \pi \tag{10.5}$$

继电元件对 u_{cs} 的作用，相当于增益为 K_s 的放大器，即

$$K_s = \frac{2u_D}{\pi A_c} \tag{10.6}$$

这就是自振荡自适应的工作机理。它可保证回路不仅对弹体增益的变化是完全不敏感的，而且对继电元件之外的其他元件的增益变化也是完全不敏感的。因为 A_c 与弹体增益和回路其他元件的增益成正比，而继电元件对 u_{cs} 的增益 K_s 恰好与 A_c 成反比，所以回路的开环增益将不因弹体增益和其他元件增益的变化而改变。通过回路参数的适当选择，可使回路始终保持良好的性能。

自振荡自适应驾驶仪结构十分简单。它的缺点是适应弹体气动参数变化范围较小，因此常用于近程小型导弹的设计中。法国设计的低空近程地空导弹"响尾蛇"即是成功应用自振荡自适应驾驶仪的例子。

10.1.4　捷联惯导数字式自适应自动驾驶仪原理

捷联惯导数字式自适应自动驾驶仪由以下几个部分组成。

(1) 捷联惯导系统：为导弹提供惯性基准，为导弹实时地提供飞行速度、飞行高度、攻角和飞行时间的信息，并测量弹体角速率和加速度。

(2) 控制系统参数数据库：由控制理论综合而得，存储不同飞行条件下控制系统保持良好性能所必需的参数值。

(3) 常规自动驾驶仪结构。

(4) 导弹执行机构和弹体。

图 10.5 为数字式自适应自动驾驶仪的结构框图。

数字式自适应自动驾驶仪的工作过程：由导弹仪表设备测得弹体的角速度信息和加速度信息，一路用于导弹自动驾驶仪的反馈信号，另一路通向捷联惯导计算机；由捷联惯导计算机计算出导弹的飞行速度、飞行高度、攻角和滚转角等飞行条件信息，这些信息与弹体动力学有着对应的关系。为保证导弹在任何飞行条件下都具有满意的飞行品质，通常应在不同的飞行条件下选取不同的控制增益，而捷联惯导系统恰好提供表征飞行条件的信息，此时这些信息被用作控制系统调参的特征参数。利用这些特征参数查找控制增益表获得控制增益 K，然后将其代入控制算法，计算出控制指令 δ_c。

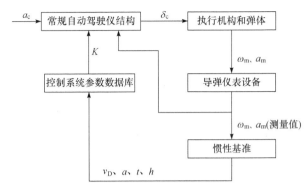

图 10.5　数字式自适应自动驾驶仪的结构框图

导弹飞行条件与其弹体动力学有着密切的关系，这是由其内在因素决定、外部特征表现出来的。影响导弹弹体动力学的内在因素主要有以下几个。

(1) 推力特性：导弹弹体动力学系数 a_{25}、a_{34} 皆与推力有关，因而推力的变化将对弹体动力学特性产生很大影响。

(2) 导弹重心、质量和转动惯量：导弹弹体动力学系数 $a_{22}\sim a_{35}$ 皆与导弹的重心、质量和转动惯量有关。

(3) 马赫数：导弹的飞行马赫数主要影响弹体的气动力特性，因为导弹的马赫数变化范围很大，所以这个因素的影响不可忽视。

(4) 动压：除了推力矢量控制引入的动力学系数外，几乎所有动力学系数都与动压有关。

(5) 总攻角：在导弹进行大攻角飞行时，导弹的气动力特性将随攻角发生很大变化，这些变化将反映在导弹的动态特性上。

(6) 气流扭角：在大攻角的情况下，气流扭角对有翼式导弹的气动力特性影响十分显著，但对无翼式导弹的气动力特性的影响是很小的。

(7) 飞行速度：在动力学系数 a_{22}、a'_{24}、a_{34} 和 a_{25} 中，都有导弹飞行速度项，所以它也将影响导弹的动力学特性。

在上面这些因素中，有一些因素之间有着密切的关系，如导弹的推力特性、重心、质量和转动惯量皆是导弹飞行时间的函数，导弹的马赫数、动压和飞行速度都由飞行高度和马赫数决定。因此从外部特征上看，影响导弹弹体动力学的特征参数有导弹飞行时间、马赫数、飞行高度、总攻角和气流扭角等。

导弹的自动驾驶仪有很多种结构，为了保证导弹具有很高的性能，通常选用三回路控制器结构，即角速度反馈回路、角速度积分反馈回路和加速度反馈回路。这种自动驾驶仪结构的基本特点如下：

(1) 自动驾驶仪增益随导弹的飞行高度和马赫数变化很小；

(2) 不管是稳定的还是不稳定的，都可以很好地控制弹体；

(3) 具有良好的阻尼特性；

(4) 导弹的响应时间可以降低到适合于拦截高性能飞机的要求值；

(5) 良好的抑制力矩干扰能力。

对于捷联惯导数字式自适应自动驾驶仪，其整个设计过程如下：

(1) 导弹飞行控制系统性能指标的确定；

(2) 确定导弹特征参数，为控制参数的调整提供依据；

(3) 计算对应所有特征参数空间点处弹体动力学的模型参数；

(4) 利用控制理论完成导弹所有飞行条件下的控制参数计算，给出控制参数数据库；

(5) 根据特征参数的变化情况，确定控制器的调参频率，由此提出对捷联惯导系统信号传输速率的要求；

(6) 控制器离散化频率的确定；

(7) 设计结果的仿真研究。

10.2 导弹控制的空间稳定问题

本书对控制系统的设计分析是单通道独立进行的，实际上三个通道之间是存在耦合的，特别是在大攻角情况下，这种耦合可能引起不稳定。

弹体三个通道的耦合来自两个方面，一是弹体运动方程的耦合；二是气动力的耦合。下面以轴对称弹体为例进行耦合分析。

1. $\dot{\alpha}$、$\dot{\beta}$ 的表达式

首先导出 $\dot{\alpha}$、$\dot{\beta}$ 的方程。考虑弹体坐标系 $Ox_1y_1z_1$ 和速度坐标系 $Ox_3y_3z_3$ 之间的关系有如下矢量等式：

$$\omega = \omega_v + \dot{\alpha} + \dot{\beta} \tag{10.7}$$

式中，ω 为弹体坐标系下的角速度矢量；ω_v 为速度坐标系下的角速度矢量。

将式(10.7)中的角速度 ω、ω_v、$\dot{\alpha}$、$\dot{\beta}$ 分别投影到速度坐标系中得到式(10.8)，则有

$$T_{1\to3}\begin{bmatrix}\omega_{x_1}\\\omega_{y_1}\\\omega_{z_1}\end{bmatrix}=\begin{bmatrix}\omega_{x_3}\\\omega_{y_3}\\\omega_{z_3}\end{bmatrix}+T_{1\to3}\begin{bmatrix}0\\0\\\dot{\alpha}\end{bmatrix}+\begin{bmatrix}0\\\dot{\beta}\\0\end{bmatrix} \tag{10.8}$$

式中，$T_{1\to3}$ 为弹体坐标系到速度坐标系的转换矩阵。

展开式(10.8)可得

$$\begin{cases}\dot{\beta}=\omega_{x_1}\sin\alpha+\omega_{y_1}\cos\alpha-\omega_{y_3}\\\dot{\alpha}=\omega_{z_1}-\dfrac{1}{\cos\beta}(\omega_{x_1}\cos\alpha\sin\beta-\omega_{y_1}\sin\alpha\sin\beta+\omega_{z_3})\end{cases} \tag{10.9}$$

设 α 和 β 为小角度，则导弹具有线性空气动力学特性，即

$$
\begin{cases}
Y = C_y^\alpha qS\alpha + C_y^{\delta_z} qS\delta_z \\
Z = C_z^\beta qS\beta + C_z^{\delta_y} qS\delta_y
\end{cases}
\tag{10.10}
$$

式中，α、β、δ_y、δ_z 的单位均为度。

将式(10.10)和弹道系质心动力学方程代入式(10.9)，近似有

$$
\begin{cases}
\dot{\beta} = \omega_{y_1} + \omega_{x_1}\alpha - \dfrac{P - 57.3qSC_z^\beta}{mv}\beta + \dfrac{57.3qSC_z^{\delta_y}}{mv}\delta_y \\[3mm]
\dot{\alpha} = \omega_{z_1} - \omega_{x_1}\beta - \dfrac{57.3qSC_y^\alpha + P}{mv}\alpha - \dfrac{57.3qSC_y^{\delta_z}}{mv}\delta_z
\end{cases}
\tag{10.11}
$$

2. 弹体角速度的表达式

对轴对称导弹，有 $J_z = J_y \gg J_x$，结合弹体旋转动力学方程，可得

$$
\begin{cases}
\dot{\omega}_{x_1} = \dfrac{M_x^{\omega_{x_1}}}{J_x}\omega_{x_1} + \dfrac{M_x^{\delta_x}}{J_x}\delta_x + \dfrac{M_{xd}}{J_x} \\[3mm]
\dot{\omega}_{y_1} = \dfrac{M_y^{\omega_{y_1}}}{J_y}\omega_{y_1} + \dfrac{M_y^\beta}{J_y}\beta + \dfrac{M_y^{\delta_y}}{J_y}\delta_y + \dfrac{M_{yd}}{J_y} + \omega_{x_1}\omega_{z_1} \\[3mm]
\dot{\omega}_{z_1} = \dfrac{M_z^{\omega_{z_1}}}{J_z}\omega_{z_1} + \dfrac{M_z^\alpha}{J_z}\alpha + \dfrac{M_z^{\delta_z}}{J_z}\delta_z + \dfrac{M_{zd}}{J_z} + \omega_{x_1}\omega_{y_1}
\end{cases}
\tag{10.12}
$$

式中，M_{xd}、M_{yd} 和 M_{zd} 表示三个通道的耦合力矩。

将式(10.11)和式(10.12)写在一起，有

$$
\begin{cases}
\dot{\omega}_{x_1} = \dfrac{M_x^{\omega_{x_1}}}{J_x}\omega_{x_1} + \dfrac{M_x^{\delta_x}}{J_x}\delta_x + \dfrac{M_{xd}}{J_x} \\[3mm]
\dot{\omega}_{y_1} = \dfrac{M_y^{\omega_{y_1}}}{J_y}\omega_{y_1} + \dfrac{M_y^\beta}{J_y}\beta + \dfrac{M_y^{\delta_y}}{J_y}\delta_y + \dfrac{M_{yd}}{J_y} + \omega_{x_1}\omega_{z_1} \\[3mm]
\dot{\omega}_{z_1} = \dfrac{M_z^{\omega_{z_1}}}{J_z}\omega_{z_1} + \dfrac{M_z^\alpha}{J_z}\alpha + \dfrac{M_z^{\delta_z}}{J_z}\delta_z + \dfrac{M_{zd}}{J_z} + \omega_{x_1}\omega_{y_1} \\[3mm]
\dot{\alpha} = \omega_{z_1} - \omega_{x_1}\beta - \dfrac{57.3qSC_y^\alpha + P}{mv}\alpha - \dfrac{57.3qSC_y^{\delta_z}}{mv}\delta_z \\[3mm]
\dot{\beta} = \omega_{y_1} + \omega_{x_1}\alpha - \dfrac{P - 57.3qSC_z^\beta}{mv}\beta + \dfrac{57.3qSC_z^{\delta_y}}{mv}\delta_y
\end{cases}
\tag{10.13}
$$

式(10.13)表示了三通道间的空间耦合，可以看出，弹体运动方程的耦合是 $\omega_{x_1}\omega_{z_1}$、$\omega_{x_1}\omega_{y_1}$、$-\omega_{x_1}\beta$ 和 $\omega_{x_1}\alpha$，气动力的耦合体现在 M_{xd}、M_{yd} 和 M_{zd}。

10.3　导弹弹性弹体飞行控制

10.3.1　问题的提出

目前，在有效载荷质量和飞行距离给定的情况下，借助减小结构质量而提高导弹飞行性能的倾向会引起导弹结构刚度的减小。这样就会迫使在设计导弹及其稳定系统时，必须考虑结构弹性对稳定过程的影响。

当控制力矩加到弹性弹体壳体上时，除了使导弹产生围绕质心的旋转外，还会发生横向弹性振动，该振动由多个不同谐振频率的正弦波组成，其中第一阶谐振最为强烈。如果安装在弹体上的敏感元件位置不当，在传感信号中将不仅包含弹体刚体的运动信号，还有弹体弹性变形的附加信号。这一附加信号相当于控制系统的一种干扰输入，并通过导弹的气动弹性效应形成回路反馈，不仅影响控制的精度与飞行动态品质，尤其当控制系统工作频带与弹性振动频带相交时，还可能因为两者的相位差较大而导致失稳，这类现象称为"伺服气动弹性问题"。

为了克服弹性对稳定过程的影响，可以采用下述两种方法。第一种方法是设计导弹结构的振动一阶振型频率(有时要求是二阶振型频率)大大超过稳定系统的截止频率，一般为 5 倍以上。这时结构振型可看作是稳定系统的高频模态，不影响稳定性。第二种方法是合理地设计稳定系统，可以采取下面几种措施：

(1) 正确地配置导弹的测量元件，尽量减少弹性振动信号串入稳定系统的情况；

(2) 在导弹振型频率处引入滤波器，抑制振动；

(3) 采用振动主动抑制技术。

10.3.2　敏感元件安装位置的选择

在这里只简单介绍考虑一阶振型时，敏感元件安装位置选择方法。图 10.6 为导弹一阶振型示意图。显然，如果敏感元件是三自由度陀螺仪或二自由度陀螺仪，应放在振型的波腹上，即图 10.6 中的 C 点，该点 $\phi'(x)=0$。如果敏感元件是加速度计，应放在振型的节点上，即图 10.6 中的 A、B 点，该点 $\phi(x)=0$。实际上，在工程中由于元件安排的限制，敏感元件有时无法放在理想的位置，此时应保证将其放在距理想位置尽可能近的位置上。

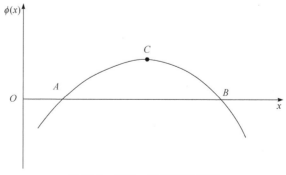

图 10.6　导弹一阶振型示意图

10.3.3　弹性弹体控制系统的相位稳定和增益稳定

1. 控制系统基本组成

大多数雷达制导寻的导弹飞行控制系统具有三个回路，见图 10.7。

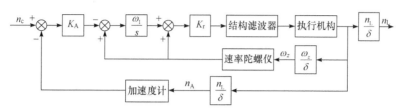

图 10.7　雷达制导寻的导弹飞行控制系统的基本结构

这三个回路为加速度反馈回路、角速率反馈回路和角速率积分反馈回路。飞行控制系统的主要部件为弹体、气动舵面、执行机构、速率陀螺仪和加速度计。在系统中角速率反馈回路带宽很大，结构振动的影响最为明显。角速率反馈回路一般由速率陀螺仪、执行机构、结构滤波器和弹体组成。

与角速率反馈回路类似，加速度反馈回路同样要受到结构振动的影响，不过这种影响相对较弱，一般可忽略。

为研究结构振动时对导弹控制系统稳定性的影响，计算出角速率回路的 Nyquist 曲线和 Bode 图，分别见图 10.8 和图 10.9。从图中可以清楚地看出，一阶振型造成系统不稳定。

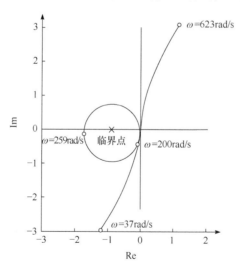

图 10.8　一阶振型使系统 Nyquist 曲线包围临界点

通过减小回路增益可使系统具有合适的增益裕度(–6dB)。然而这种方法降低了穿越频率，导弹自动驾驶仪的响应变差了。

一个简单的解决方法是利用执行机构和速率陀螺仪的相位滞后旋转结构使振型远离临界点，从而使系统稳定，这种方法称为相位稳定技术。如果结构振动造成的频率响应尖峰较大，会对系统的性能造成不好的影响，为此，应在系统中引入陷波滤波器来抑制

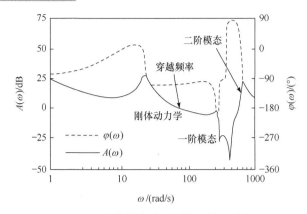

图 10.9　结构模态尖峰引起系统不稳定

振动，这种方法称为增益稳定技术。下面分别对这两种技术加以介绍。

2. 控制系统的相位稳定

相位稳定技术不是通过引入陷波滤波器来改善系统的不稳定的。首先它利用执行机构的动力学特性旋转一阶振型的相位，使其远离稳定性的临界点。在工程中，执行机构频带很宽，通过降低执行机构的频带可使一阶振型近似旋转 90°，使系统获得合适的幅值裕度。很显然，这种方法可以稳定一阶模态，但引入的相位滞后有可能造成二阶模态的不稳定，见图 10.10。

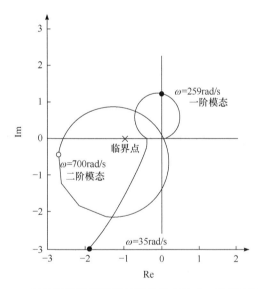

图 10.10　只使用执行机构进行相位稳定造成二阶模态不稳定

通过引入速率陀螺动力学，给二阶模态引入 90° 相位滞后，最终使二阶模态也稳定下来。相位稳定后系统的 Nyquist 曲线和 Bode 图分别见图 10.11 和图 10.12。

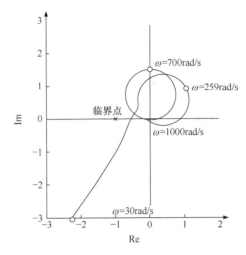

图 10.11　相位稳定后系统的 Nyquist 曲线

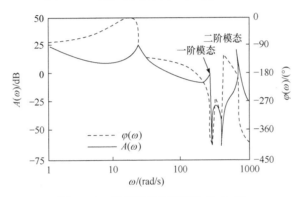

图 10.12　相位稳定后系统的 Bode 图

现在，穿越频率处的系统已具有合适的幅值裕度和相位裕度。低频幅值裕度和相位裕度分别为 5.7dB 和 39°，高频幅值裕度和相位裕度分别为 10dB 和 42°，见图 10.13。

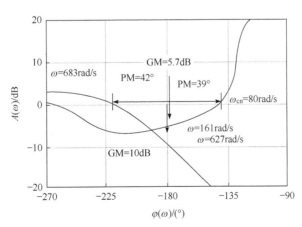

图 10.13　相位稳定系统的幅值裕度和相位裕度

虽然系统相位稳定，但是在模态频率处，系统仍存在较大的频率响应尖峰。如果在速率回路中存在该频率处的噪声,将会造成舵偏速率饱和及执行机构过热。这些噪声可能来源于速率陀螺仪输出和数字控制系统的模数转换噪声。因此,为改善系统对噪声的抑制能力,消除这些尖峰是十分必要的。

3. 控制系统的增益稳定

为消除频率响应尖峰,引入一个陷波滤波器,滤波器传递函数为

$$\frac{e_o(s)}{e_i(s)} = \frac{\dfrac{s^2}{\omega_0^2} + 1}{\dfrac{s^2}{\omega_0^2} + 2\dfrac{\xi_0}{\omega_0}s + 1}$$

式中,$e_i(s)$ 为输入信号;$e_o(s)$ 为输出信号;ξ_0 为滤波器阻尼。

滤波器传递函数的分子用于陷波,分母用于滤波器的物理实现。通常 $\xi_0 > 0.6$,ω_0 即为需要抑制的频响尖峰(频率响应尖峰的简称)频率。将陷波滤波器串入角速率回路,计算出此时的 Bode 图,如图 10.14 所示。滤波器消除了一阶振型尖峰,但滤波器引入的相位滞后使回路的相位裕度下降了 20°。

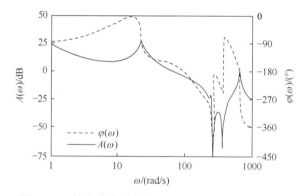

图 10.14　结构滤波器消除一阶振型尖峰后的 Bode 图

通过串入另一个陷波滤波器,消除了二阶振型引入的频率响应尖峰,滤波器引入的相位滞后使回路的相位裕度下降了 8°。增益稳定后系统的 Nyquist 曲线和 Bode 图分别见图 10.15 和图 10.16。很显然,频率响应尖峰被消除了。

陷波滤波器的引入使系统的相位裕度下降到令人不能接受的地步。为保持合适的相位裕度值,必须适当地减小穿越频率。例如,在引入陷波滤波器之前,低频相位裕度为 40°,陷波滤波器引入后,低频相位裕度下降到 12°,期望的相位裕度值为 30°,经计算可知,当穿越频率为 62rad/s 时,满足了系统设计要求。

必须指出,随着导弹飞行条件的变化,弹体模态频率也会发生相应的变化。因此设计的陷波滤波器应在每个频段内都具有较好的陷波性能。为此,应将幅值裕度从 6dB 增加到 15dB,以提高系统对模态频率变化的适应性。

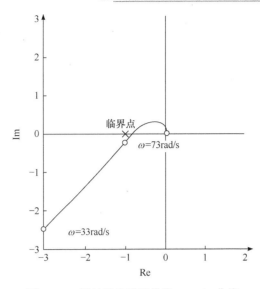

图 10.15 增益稳定后系统的 Nyquist 曲线

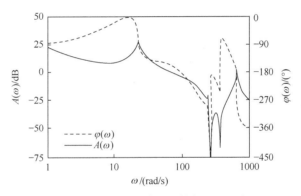

图 10.16 增益稳定后系统的 Bode 图

4. 结论

高性能战术导弹自动驾驶仪在受到结构模态的影响时，常常导致不稳定，借助于相位稳定或增益稳定可消除这种不稳定。相位稳定可用于具有较大带宽的自动驾驶仪中，但不能消除模态峰值增益。模态峰值增益会导致自动驾驶仪中舵机的过热和饱和问题。使用陷波滤波器的增益稳定可以降低模态峰值增益，但常导致自动驾驶仪带宽变窄。将相位稳定和增益稳定结合起来用于自动驾驶仪设计，可使系统对模态频率变化具有鲁棒性。

本 章 要 点

1. 弹体动力学特性的稳定概念与方法。
2. 空间耦合机理。

3. 敏感元件安装位置如何选择。

4. 相位稳定和增益稳定方法。

习　题

1. 导弹弹体动力学特性稳定的概念。

2. 实现弹体动力学特性稳定的基本方法。

3. 简述捷联惯导数字式自适应自动驾驶仪的基本组成和工作原理。

4. 弹性飞行器克服弹性对稳定过程的影响一般有哪几种方法？

5. 敏感元件的安装位置是如何选择的？

6. 弹性弹体控制系统相位稳定的基本原理是什么？

7. 弹性弹体控制系统增益稳定的基本原理是什么？

第 11 章

导弹制导系统分析与设计一般理论

11.1 导弹制导系统简介

11.1.1 导弹制导系统的设计依据

制导系统的设计依据完全根据武器系统的战术技术指标而定，有些要求本身就是武器系统的指标。制导系统设计的主要依据：典型目标特性、杀伤空域、制导精度、作战反应时间、武器系统的抗干扰性、环境条件等。

1. 典型目标特性

在武器系统设计的最初阶段，即方案论证阶段，已经明确该武器系统所要对付的典型目标。制导系统设计就要充分了解和考虑典型目标特性。

典型目标特性如下所述。

(1) 速度特性：最大速度、纵向加速和减速特性；

(2) 机动能力：目标可能用多大的过载在水平和垂直方向机动；

(3) 目标的雷达散射特性和光学辐射特性，雷达散射特性包括等效散射面积和散射的噪声频谱，光学辐射特性包括工作的频段和光谱特性；

(4) 目标飞行的最大高度和最小高度；

(5) 目标的干扰特性。

典型目标特性对系统设计影响所涉及的方面如下：

(1) 制导系统测量方案的设计；

(2) 导引规律的选择；

(3) 目标测量数据的处理和滤波的形式；

(4) 控制指令的形式和数值。

2. 杀伤空域

杀伤空域包括对目标进行拦截的低界和高界($H_{\min}$ 和 $H_{\max}$)、近界和远界($R_{\min}$ 和 $R_{\max}$)、最大航路捷径($P_{\max}$)等，杀伤空域示意图如图 11.1 所示。

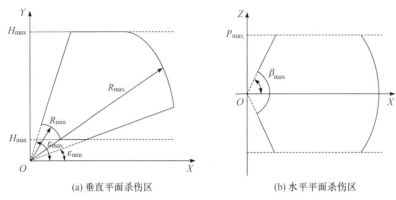

(a) 垂直平面杀伤区　　　　　　　(b) 水平平面杀伤区

图 11.1　杀伤空域示意图

H_{max} 为杀伤区高界；H_{min} 为杀伤区低界；R_{max} 为杀伤区远界；R_{min} 为杀伤区近界；ε_{max} 为杀伤区最大高低角；ε_{min} 为杀伤区最小高低角；P_{max} 为杀伤区内 Z 向的最大航路捷径；β_{max} 为杀伤区最大扇面角；Y 为高度；Z 为 Z 向的航路捷径

杀伤空域是制导系统设计的主要依据，因为：

(1) 空域的大小将决定导弹气动参数的变化范围。例如，具有某种作战空域的导弹，由于高度和速度不同，导弹的传递函数和时间常数可以变化十倍或几十倍，在这个巨大的参数变化范围内，控制系统要使导弹稳定飞行，就要求系统具有很大的适应能力。

(2) 空域中不同的命中点上，导弹的可用过载差别很大，制导系统设计中，控制指令和补偿规律设计要使全空域的需用过载与可用过载相适应，以减小脱靶量。

(3) 对于遥控制导方式，在空域的最远点因雷达的测角误差而引起的起伏噪声将增至最大，在设计系统的精度时，应作为典型点予以考虑。

(4) 在空域的不同点，导弹可能由于发动机的工作与否而处于主动段和被动段的不同飞行状态，这使导弹的纵向过载将有较大的变化，特别在从主动段过渡到被动段，发动机的不稳定燃烧和从加速到减速飞行的过渡，将对系统带来较强的干扰，制导系统在设计稳定性和补偿规律时要充分考虑这些问题。

(5) 由于导弹受控时间较短，空域的最近点在射入偏差的影响下，制导系统的设计要考虑如何能够将导弹快速引入到导引规律所要求的弹道。

(6) 射程较远时，只采用单一的制导方式可能满足不了精度的要求时，要考虑采用中制导+末制导的复合制导方式。当采用复合制导方式时，又会带来其他问题，方案设计时要权衡二者的利弊。

(7) 空域较大时，同一种导引规律可能难以满足杀伤区各点的精度和导弹目标交会角的要求，为保证给定的杀伤概率，制导系统应对这些点的控制作适当的调整。

(8) 根据目标和导弹的速度特性，在杀伤空域内允许发射的导弹数是用来决定单发导弹杀伤概率和落入概率的依据。

3. 制导精度

制导精度是衡量制导系统设计结果优劣的重要指标，因此它也是系统设计的重要依据。制导系统的结构、形式、参数选择都必须满足精度指标的要求。

4. 作战反应时间

作战反应时间指从发现目标到导弹发射的这段时间间隔。在探测系统发现目标后，跟踪设备测量目标的状态参数(位置、速度等)，发射装置调转到预定方位，选择合适的导引规律，同时导弹作好发射准备的一系列工作。其中包括弹上制导控制设备加电、初始参数装订、陀螺启动、弹上电池激活、地面(或载机)电源转到弹上电源供电、惯性器件开锁等。武器系统要求反应时间尽可能短，因此对陀螺启动时间、弹上制导控制设备加电及其准备时间都有一定要求，由此可知，自动化、快速性在当前制导系统设计中已提到重要的地位。

5. 武器系统的抗干扰性

武器系统的抗干扰性是一个重要的、关系武器系统有效性的问题。抗干扰问题牵涉的面很广，这里仅指当制导测量系统受干扰时，某些参数测量不到或不准确，可以改为不用该参数的导引规律，如增加导弹惯性测量组合，从而可在弹上自测其飞行状态等，都有助于改善武器系统的抗干扰能力。

6. 环境条件

环境条件有外部环境(温度、湿度、风力等)和内部环境(也有温度等)问题，但关键的是弹上的振动、冲击、过载等。它们对元部件的工作都有很大的影响，特别是惯性测量组合的测量精度、可靠性等受振动条件影响很大，在设计时应予以考虑。

11.1.2 导弹制导系统的设计任务

制导系统设计的最终目的是使系统以给定的概率命中目标，主要任务是选择制导方式和控制方式、设计导引规律、设计制导系统原理结构图、精度设计、设计导弹的稳定控制系统、设计制导控制回路和控制装置等。

1. 选择制导方式和控制方式

导弹常用的制导方式包括遥控制导、寻的制导和复合制导。控制方式可分为单通道控制、双通道控制和三通道控制三种。

控制方式选择的原则和依据在 2.1.4 小节有较详细的论述，这里只说明制导方式选择的原则和依据：
(1) 满足战术技术指标要求；
(2) 系统应该轻便、简单；
(3) 经济性好；
(4) 使用方便、可靠。

例如，对付近程、超低空的目标，可以选用光学(包括可见光、红外)自动寻的制导系统，或遥控制导系统。对付中高空、中远程的目标，如果探测系统的测量精度满足要求，则可以选用遥控制导系统。下列情况则不能选用单一的遥控制导：射程较远，仅靠地面雷达测量不能达到精度要求，或者虽能达到，但设备庞大、技术复杂、经济性差，此时应采用复合制导，即采用遥控制导+寻的制导的方式对目标进行拦截。

2. 设计导引规律

导引规律通常有经典导引规律与现代导引规律之分，但是它们之间没有严格的界限。某些经典导引规律目前在应用过程中也做一定的修改，而在一定条件下用现代控制理论推导的最优导引规律都是经典类型的推广。

1) 经典导引规律

经典导引规律包括追踪法、三点法、前置点(半前置点)法、平行接近法、比例导引法等。这些导引规律都建立在早期导引概念的基础上。目前，大多数导弹还是应用上面这些导引规律，不过在它们的基础上做些改进。

2) 现代导引规律

随着控制理论和计算机技术的发展，近年来各种最优或次优导引规律相继出现，并在实际控制系统设计中得到应用。这些优化的导引规律都是针对某些问题为达到所要求的目的而采用的。例如，为解决发射偏差较大时导弹能很快引入制导雷达波束中心而采用最速引入法，为达到某种位置而引入最速爬升或最速转弯，为对付机动目标或克服随机误差而提出的各种最优控制律，为节省燃料而采用最佳推力等。这些导引规律一般都根据不同目的选择相应的指标泛函，并使其达到最小求得。

导引规律选择的前提和约束如下。

(1) 武器系统的战术技术要求，包括：①武器系统的制导方式；②作战空域。

(2) 测量系统的特性，包括：①可观测状态量；②可探测空域和视场角。

(3) 导弹特性，包括：①导弹最大可用过载；②导弹初始发射的散布度。

(4) 目标特性，包括：①目标机动能力；②目标、导弹的速度比。

(5) 制导系统的要求，包括：①制导系统实现的难易程度；②制导精度的要求。

(6) 费效比的估计：经过各方面论证、计算，设计出合适的导引规律。

3. 设计制导系统原理结构图

制导系统的原理结构图是制导系统各组成部分的功能联系图，即制导过程信息流程图，是制导回路设计的基础。

设计原理结构图的依据如下：

(1) 武器系统总体方案。给出典型目标的特性、作战空域、制导方式。

(2) 根据制导方式论证制导系统的方案。这里所指的方案就是对系统组成与工作原理的设计选择，对各主要组成部分的功能划分，并提出其主要的性能指标。采用寻的制导时，则要根据目标特性和环境条件及作战空域选定导引头类型，如选用雷达导引头、可见光导引头、红外导引头或其他类型导引头等。每一类导引头还要确定用什么波段、扫描方式、对目标信息处理要求等。

原理结构图是制导系统方案的进一步具体化，是推导制导系统数学模型的依据，因此制定原理结构图是制导系统设计的一项重要工作，要做好这项工作应做到：

(1) 制导系统的原理方案,与制导系统的原理结构图一致。

(2) 原理结构图应包括参与制导和控制过程的所有硬件设备,如制导用测量设备、指令形成设备、指令传输设备、稳定控制回路设备等。

(3) 原理结构图要明确全部输入/输出关系,按信号流程,结构图中上一个框图的输出就是下一个框图的输入,且其物理量相同。如果不相同,则要增加转换环节,转换可有以下几种含义:①运动学关系的转换,如弹体运动环节的输入是舵偏角,输出是加速度,但测量系统测得的信息可能是位置或某种相对角度,这两个环节之间需要转换;②坐标转换,就是两个不同坐标系间信息传递时所需要的转换;③物理量之间的转换,如非电量变为电量,模拟量变为数字量;④单位之间的转换等。

(4) 制导系统是闭环系统,通常输入是目标状态,输出是导弹状态,二者作为指令形成装置的输入。在某些情况下,为专门研究某信号(如某种干扰)对系统某参量的影响,可以作结构图变换,把该信号作为输入,所考虑的参量作为输出。

(5) 结构图的制定由简到繁,首先画原理框图,再依据设计的进展情况逐渐细化,直到把每一块中参与制导的各主要组成部分都画出来。结构图并不是越细越好,系统过于复杂不易分析问题。研究不同问题时还应对系统框图进行相应简化,就是根据各部分对所研究问题的影响程度作简化。

4. 精度设计

制导系统应把导弹引导到目标“附近”,最好是直接命中目标,但并不是在所有情况下都能做到直接命中目标,通常有一定的误差,即总是以一定的概率落入以目标为中心,半径为 R 的误差圆内。如何保证以给定的概率落入这个圆,就是精度设计的任务。

精度设计首先要依据武器系统设计方案的要求,主要如下:

(1) 误差圆的大小,它决定于战斗部的威力半径和目标的尺寸;

(2) 单发落入误差圆的概率,它决定于单发杀伤概率的要求和对一个目标发射的导弹数;

(3) 制导系统所受到的各种干扰特性;

(4) 制导系统方案。

精度设计工作往往要经过若干次循环,直到经过靶场试验的检验修正设计,才能完成得比较好。系统各部分在没有设计、生产出来或没有经过靶场试验时,许多误差源的性质和量级大小都不准确,所以开始计算时,精度本身就存在偏差。为满足系统的精度要求,有时还得攻克一些精度难关,或者对各部件的精度要求进行调整。精度设计的主要工作如下:

(1) 收集和分析制导系统所有组成部分的误差源,包括各种干扰、测量误差、控制原理误差、计算误差等;

(2) 计算所有误差源对命中精度的影响,并把所有误差按一定规律进行合成,以求得落入给定误差圆的概率;

(3) 研究提高精度的途径;

(4) 对制导系统各部分提出精度要求。

11.1.3　导弹制导系统设计的基本阶段

理论研究时，制导系统的总体设计可分为以下几个阶段。

第一阶段：首先近似研究导弹在采用各种不同导引规律时的运动，在这里广泛地使用弹道特性的运动学研究，导弹的飞行是理想地执行导引的条件，制导系统简化为静态方程。这一阶段要确定理想弹道，拟定出导弹结构参数的一些主要要求，可以通过近似分析。

第二阶段：研究整个制导系统方程组——导弹动力学方程、运动学方程和控制系统方程，这时已考虑到导弹旋转运动的惯性和制导系统动力学。此外，还考虑到在确定基准运动时所没考虑的一切干扰，这些干扰可能是给定的已知时间函数，或者是时间的随机函数。制导系统方程组通常将导弹的实际运动参数相对于第一阶段中已确定基准运动的小偏差加以线性化，得到变系数线性微分方程组，然后采用一种近似分析方法——系数冻结法，将一个变系数问题分解为多个常系数问题加以研究，即根据多条典型弹道上某些特征点(如起控时刻、抛掉助推器、速度最大或最小、失稳、导引头停止工作等典型工作状态和某些中间状态)参数，作为常系数，分析制导系统中各个环节的参数随时间变化的规律。

第三阶段：考虑所有外界干扰的作用，同时还考虑制导系统的主要非线性特性对系统工作的影响，最后根据系统的准确度选择系统的主要参数。

对一个具有严重非线性特性的制导系统的统计分析，习惯使用的方法是蒙特卡洛法(Monte Carlo method)。在此法中，对于导弹制导系统这个非线性模型，施加不同的随机选择的初始条件和根据给定的典型统计量而形成的随机强迫作用，进行大量的数字仿真，为得到真实系统变量统计量的估值提供了基础。但是，这种方法需要消耗大量的计算时间。近年来，人们又研究出了一些更为有效的方法，如协方差分析描述函数法(CADET)。这种方法是用来直接确定具有随机输入的非线性系统的统计特性的一种方法，其主要优点是可以大大节省计算机的运算时间。

11.2　导弹制导系统分析法

在整个制导系统的设计过程中，制导系统的分析主要用在两个地方：①在系统方案设计时，用于不同制导方案间的分析比较，以帮助方案的选择；②在制导系统设计的第三阶段进行精度分析，以研究系统的统计特性，对制导系统进行性能评估。

系统分析的方法主要有两种。

(1) 解析分析法：常用于系统设计时方案的选择；

(2) 仿真分析法：常用于系统性能评估。

11.2.1　导弹制导系统解析分析法

下面重点讨论两种近似解析分析法。一种是时域近似分析法，它可获得简化制导系统的通解，从中可以近似了解制导系统的时间响应与参数的相互关系；另一种是频域近似分析法，它可获得"参数固化"和线性化条件下制导系统的频率特性，对了解制导系统的频带、稳定控制系统对制导系统的影响和制导系统的稳定裕度等有很大意义。

1. 时域近似分析法

这里研究的时域近似分析法是基于分析制导系统经简化的微分方程组的精确解。用这样的方法分析，不可能给出精确的定量结果，它的重要优点是获得通解。

2. 频域近似分析法

线性控制系统在输入正弦信号时，其稳态输出随频率变化的规律，称为该系统的频率响应。频域近似分析法在自动控制系统的设计和分析中得到了广泛的应用，在导弹制导系统的分析中，频域近似分析法常用于对导弹的失稳距离进行估计以及分析制导系统参数对脱靶量的影响。

制导回路的失稳距离用来描述制导系统的稳定性，对制导回路失稳距离的近似分析可以在导弹制导回路线性化模型上进行。利用导弹运动学模型、导引头线性化模型、制导算法线性化模型和稳定控制系统线性化模型，分析其临界稳定条件，便可以得到导弹制导回路失稳距离值。以红外空空导弹为例，一组典型的数据：当失稳距离小于 130m 时，导弹最终的脱靶量小于 10m，满足制导精度要求。

11.2.2　导弹制导系统仿真分析法

在复杂武器系统(如战术导弹)研制的后几个阶段，以系统的数学模型作为基础进行系统性能分析是十分必要的。为使系统性能分析的结果具有足够的置信度，建立的数学模型一般应尽可能精确、可靠。因此，其中不可避免地包含非线性影响和随机作用。非线性一般包括固有物理规律的非线性、金属构件的非线性和自身结构的非线性；随机作用可包括噪声、传感器测量误差、随机输入和随机初始条件。当随机作用不可忽略时，需要对系统特性用统计的方法来研究。例如，通过对导弹拦截时的脱靶量进行统计分析，评价导弹的性能。

对具有严重非线性特性的随机系统进行统计分析时，采用理论分析的手段是不可行的，目前只能借助仿真的手段来解决。通常人们广泛使用的方法是蒙特卡洛法。在此方法中，利用给出的非线性模型，施加不同的随机选择的初始条件和根据给定的典型统计量而形成的随机强迫作用，进行大量的计算机仿真，由此得到仿真结果的集合，它是获得真实系统变量统计量估值的基础。然而为使所得结果的精度具有足够的置信度，对一个复杂的非线性系统进行多达上千次的试算常常是必要的。将蒙特卡洛法用于系统性能估计时，这种计算量还是可以接受的。在某些场合需要详细研究各种设计参数对系统性能的影响，必须消耗大量的计算时间，使得蒙特卡洛法变得并不十分令人满意。目前，已出现几种新的分析方法，较好地解决了这个问题，如协方差分析描述函数法(CADET)、统计线性化伴随方法(statistical linearization adjoint method，SLAM)。

1. 蒙特卡洛法

蒙特卡洛法是一种直接仿真方法，它用于随机输入非线性系统性能的统计分析。这种方法需要确定系统对有限数量的典型初始条件和噪声输入函数的响应。因此，蒙特卡洛法分析所要求的信息包括系统模型、初始条件统计和随机输入统计量。

1) 系统模型

蒙特卡洛法所依据的系统模型由状态方程形式给出：

$$\dot{X}(t) = f(X, t) + G(t)W(t) \tag{11.1}$$

假定系统状态矢量为正态分布，给定初始状态矢量的均值和协方差为

$$E[X(0)] = m_0 \tag{11.2}$$

$$E[(X(0) - m_0)(X(0) - m_0)^{\mathrm{T}}] = P_0 \tag{11.3}$$

2) N 次独立模拟计算

N 次独立模拟计算指的是重复以下过程：

(1) 按照给定的统计值 m_0，产生用随机数作为初始的随机状态矢量 $X(0)$。

(2) 根据给定随机输入的均值 $b(t)$ 和谱密度矩阵 $Q(t)$ 产生伪随机数，作为随机输入噪声。

(3) 对状态方程进行数值积分，从 $t = 0$ 到系统的终端时刻 $t = t_{\mathrm{F}}$ 为止。

蒙特卡洛法模拟原理可由图 11.2 来说明。

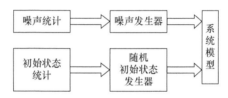

图 11.2　蒙特卡洛法模拟原理图

3) 状态矢量的均值和协方差估值的计算

进行 N 次独立模拟计算之后，得到一组状态轨迹，记为

$$X^{(1)}[t, X^{(1)}, W^{(1)}(T)]$$

$$X^{(2)}[t, X^{(2)}, W^{(2)}(T)]$$

$$\cdots\cdots$$

$$X^{(N)}[t, X^{(N)}, W^{(N)}(T)]$$

式中，$0 \leqslant t \leqslant t_{\mathrm{F}}$。

应用总体平均的方法求出状态矢量 $X(t)$ 的均值和协方差的估值如下：

$$\begin{cases} \hat{m}(t) = \dfrac{1}{N} \displaystyle\sum_{i=1}^{N} X^{(i)}(t) \\[2mm] \hat{P}(t) = \dfrac{1}{N-1} \displaystyle\sum_{i=1}^{N} [X^{(i)}(t) - \hat{m}(t)][X^{(i)}(t) - \hat{m}(t)]^{\mathrm{T}} \\[2mm] \hat{\sigma}(t) = \sqrt{P(t)} \end{cases} \tag{11.4}$$

4) 估值的精度评定

对于参数估计而言，不能只给出这些参数的近似值，还要指出这些近似值的精度。应该指出，估值 $\hat{m}(t)$ 和 $\hat{\sigma}(t)$ (以下简称 $\hat{m}$ 和 $\hat{\sigma}$)也是随机变量，当样本容量(实验次数)足够大时，近似得到：

$$\begin{cases} E(\hat{m}) = m \\ E(\hat{\sigma}) = \sigma \\ \sigma(\hat{m}) = \sigma / \sqrt{N} \end{cases} \tag{11.5}$$

换句话说，对于大的 N 值，样本平均值的估值 $\hat{m}$ 应服从正态分布 $N(m, \sigma/\sqrt{N})$，样本均方差应服从正态分布 $N(\sigma, \sigma/\sqrt{N})$，因此有

$$\begin{cases} P(|\hat{m} - m| \leqslant \sigma/\sqrt{N}) = 0.6827 \\ P(|\hat{m} - m| \leqslant 2\sigma/\sqrt{N}) = 0.9545 \\ P(|\hat{m} - m| \leqslant 3\sigma/\sqrt{N}) = 0.9973 \end{cases} \tag{11.6}$$

将式(11.6)稍加变化，对于大的 N 值，可用估值 $\hat{\sigma}$ 近似代替式中真值 σ，得到：

$$\begin{cases} P\left(\hat{m} - \dfrac{\hat{\sigma}}{\sqrt{N}} \leqslant m \leqslant \hat{m} + \dfrac{\hat{\sigma}}{\sqrt{N}} \right) = 0.6827 \\ P\left(\hat{m} - \dfrac{2\hat{\sigma}}{\sqrt{N}} \leqslant m \leqslant \hat{m} + \dfrac{2\hat{\sigma}}{\sqrt{N}} \right) = 0.9545 \\ P\left(\hat{m} - \dfrac{3\hat{\sigma}}{\sqrt{N}} \leqslant m \leqslant \hat{m} + \dfrac{3\hat{\sigma}}{\sqrt{N}} \right) = 0.9973 \end{cases} \tag{11.7}$$

由此得到了状态变量均值 m 的区间估计，也就是给出了样本平均值的估值 $\hat{m}$ 的精确度，这可以叙述如下：

区间 $\left[\hat{m} - \dfrac{2\hat{\sigma}}{\sqrt{N}}, \hat{m} + \dfrac{2\hat{\sigma}}{\sqrt{N}} \right]$ 包含状态变量均值 m 的概率是 0.9545，称该区间为均值估值置信概率为 0.9545 的置信区间，其他两个式子可做类似解释。

类似地，对均方差估值 $\hat{\sigma}$ 有

$$\begin{cases} P\left(\hat{\sigma} - \dfrac{\hat{\sigma}}{\sqrt{2N}} \leqslant \sigma \leqslant \hat{\sigma} + \dfrac{\hat{\sigma}}{\sqrt{2N}} \right) = 0.6827 \\ P\left(\hat{\sigma} - \dfrac{2\hat{\sigma}}{\sqrt{2N}} \leqslant \sigma \leqslant \hat{\sigma} + \dfrac{2\hat{\sigma}}{\sqrt{2N}} \right) = 0.9545 \\ P\left(\hat{\sigma} - \dfrac{3\hat{\sigma}}{\sqrt{2N}} \leqslant \sigma \leqslant \hat{\sigma} + \dfrac{3\hat{\sigma}}{\sqrt{2N}} \right) = 0.9973 \end{cases} \tag{11.8}$$

通常，$N > 25$ 才可近似作为大样本，采用上述的参数估计方法。

2. CADET*

CADET 是一种直接确定具有随机输入的非线性系统统计特性的方法。国内在 21 世纪 80 年代就相继发表了关于这方面的研究论文，在一些领域，尤其是在导弹系统设计和精度分析中，都对此方法作过研究。协方差分析描述函数法通过假设系统的随机状态变量为联合正态分布，运用描述函数理论首先对非线性系统进行统计线性化，然后用协方差分析理论对已线性化的方程，导出随机状态变量的均值和协方差的传播方程，从而方便快捷地得到各随机状态变量的变化过程和系统性能的统计结果。其精度相当于几百次的统计实验法仿真所能达到的精度，在飞行器设计初期的精度分析和系统最优参数选择时，是一种快速有效的设计计算方法。

1) 系统模型

系统模型由状态方程形式给出：

$$\dot{X}(t) = f(X,t) + G(t)W(t) \tag{11.9}$$

式中，$W(t)$ 假定由均值向量 $m(t)$ 和随机分量 $u(t)$ 组成，且 $u(t)$ 是具有谱密度矩阵 $Q(t)$ 的高斯白噪声过程。

2) 统计线性化

常用的线性化方法是泰勒级数法，即将非线性函数在系统平稳工作点按泰勒级数展开，取其常数项和一次项作为非线性函数的线性近似表达式。这种线性化方法要求系统的输入信号在较小的范围内变化。同时，要求非线性函数 $f(X,t)$ 在 $X(t)$ 的变化范围内连续可微，对于本质非线性特性，它是无能为力的。

统计线性化是在随机输入下，根据随机状态矢量 $X(t)$ 的概率密度函数形式，在较大的 $X(t)$ 变化范围内，用一个线性化函数来逼近非线性矢量函数 $f(X,t)$。它不要求非线性函数 $f(X,t)$ 在 $X(t)$ 的变化范围内连续可微，但要求知道 $X(t)$ 的概率密度函数。

现在对式(11.9)中非线性矢量函数 $f(X,t)$ 进行统计线性化：

$$X = M + R$$

式中，M 为均值矢量；R 为随机分量。

这时，非线性矢量函数 $f(X,t)$ 及其描述函数 $\hat{f}(X,t)$ 如图 11.3 所示。这里：

$$\hat{f}(X,t) = N_M \cdot M + N_R \cdot R$$

式中，N_M、N_R 为描述函数的增益矩阵。

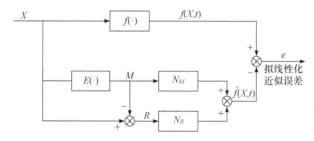

图 11.3　非线性矢量函数的统计线性化

拟线性化近似误差为

$$e = f(X,t) - N_M \cdot M - N_R \cdot R$$

要使上面的近似误差的均方误差最小，等价于均方误差对 N_M 和 N_R 的偏导数等于零，并且二阶偏导大于 0，具体推导如下。

首先建立矩阵 ee^{T}，令

$$\frac{\partial}{\partial N_M} \{\mathrm{tr}E[ee^{\mathrm{T}}]\} = \frac{\partial}{\partial N_R} \{\mathrm{tr}E[ee^{\mathrm{T}}]\} = 0$$

式中，$\mathrm{tr}E[ee^{\mathrm{T}}]$ 表示矩阵 $E[ee^{\mathrm{T}}]$ 对角线元素之和(等于矢量各分量的方差之和)。通过计算得到：

$$N_M \cdot M \cdot M^{\mathrm{T}} = E[f(X,t)] \cdot M^{\mathrm{T}} \tag{11.10}$$

$$N_R \cdot E[RR^{\mathrm{T}}] = E[f(X,t)R^{\mathrm{T}}] \tag{11.11}$$

协方差矩阵 $P = E[RR^{\mathrm{T}}]$ 一般不是奇异矩阵，因此式(11.11)可写为

$$N_R = E[f(X,t)R^{\mathrm{T}}] \cdot P^{-1} \tag{11.12}$$

然而 $M \cdot M^{\mathrm{T}}$ 经常为奇异矩阵，经由式(11.10)直接解 N_M 很不方便，也不必要，因为它总是以 $N_M \cdot M$ 乘积形式出现的，所以式(11.10)可以写成：

$$N_M \cdot M = E[f(X,t)] \tag{11.13}$$

这样，非线性矢量函数 $f(X,t)$ 的描述函数为

$$\hat{f}(X,t) = N_M \cdot M + N_R \cdot R$$
$$= E[f(X,t)] + E[f(X,t)R^{\mathrm{T}}] \cdot P^{-1} \cdot R$$

3) 描述函数的计算

从上面可知，统计线性化的关键就是求出描述函数的增益矩阵 N_M 和 N_R。从式(11.12)和式(11.13)可见，如果状态矢量 $X(t)$ 的概率密度函数 $p(x)$ 是已知，增益矩阵 N_M 和 N_R 就可以求出来了。然而，状态矢量 $X(t)$ 的概率密度函数恰是需要求解的，事先无法知道。但是，如果先假定状态矢量 $X(t)$ 的概率密度函数为服从某一分布的概率密度形式。然后，求出增益矩阵 N_M 和 N_R 与状态矢量 $X(t)$ 的均值矢量 M 和协方差矩阵 P 的函数关系，即非线性函数 $N_M(M,P)$、$N_R(M,P)$。那么，在下面将介绍，在拟线性系统的均值矢量 M 和协方差矩阵 P 的传播方程中，由于 N_M 和 N_R 已被描述成为均值矢量 M 和协方差矩阵 P 的非线性函数，因此两个方程式中所要求解的仅有均值矢量 M 和协方差矩阵 P。

假设什么样的概率密度形式，即假设状态矢量 $X(t)$ 服从何种分布呢？在 CADET 中，假设状态矢量服从正态分布，其概率密度函数 $p(x)$ 为正态密度函数型。这样假设是因为在实际问题中，正态分布比其他任何一种分布更为普遍，而且这种假设有一定的根据。从状态方程直观来看，状态矢量 $X(t)$ 是 $f(X,t) + G(t)W(t)$ 的积分结果，也就是说 $X(t)$ 是随机变量值的线性叠加。根据中心极限定理可知，即使 $f(X,t)$ 和 $G(t)W(t)$ 可能不是正态分布的，由于积分系统的滤波作用，$X(t)$ 也将是近似正态分布的。

在 $X(t)$ 被假设为正态分布的条件下，描述函数的计算就被大大简化了。设 $X(t)$ 为 n 维正态分布，其概率密度函数为

$$p(x) = \frac{1}{\left(\sqrt{2\pi}\right)^n \sqrt{|P|}} \mathrm{e}^{-\frac{1}{2}R^T P^{-1} R}$$

则描述函数的增益矩阵为

$$N_M \cdot M = E[f(X)] = \frac{1}{\left(\sqrt{2\pi}\right)^n \sqrt{|P|}} \int_{-\infty}^{\infty} \cdots \int_{-\infty}^{\infty} f(x) \mathrm{e}^{-\frac{1}{2}R^T P^{-1} R} \mathrm{d}x_1 \mathrm{d}x_2 \cdots \mathrm{d}x_n \tag{11.14}$$

又

$$\frac{\mathrm{d}(N_M \cdot M)}{\mathrm{d}M} = \frac{\mathrm{d}(E[f(X)])}{\mathrm{d}M} = \begin{bmatrix} \dfrac{2E[f(X)]}{2M_1} \\ \vdots \\ \dfrac{2E[f(x)]}{2M_n} \end{bmatrix} = E[f(X)R^T] \cdot P = N_R$$

$$\frac{\mathrm{d}(N_M \cdot M)}{\mathrm{d}M} = \frac{\mathrm{d}(E[f(X)])}{\mathrm{d}M} = \begin{bmatrix} \dfrac{2E[f(X)]}{2M_1} \\ \vdots \\ \dfrac{2E[f(x)]}{2M_n} \end{bmatrix} = E[f(X)R^T] \cdot P = N_R \tag{11.15}$$

所以有

$$N_R = \frac{\mathrm{d}(E[f(X)])}{\mathrm{d}M} \tag{11.16}$$

4) 状态矢量的均值和协方差的计算

利用线性系统协方差分析原理，在白噪声干扰作用下，同样得到随机状态矢量 $X(t)$ 的均值矢量 $m(t)$ 和协方差矩阵 $P(t)$ 的传播公式(推导见附录 D)。

$$\begin{cases} \dot{m}(t) = N_M(M,P,t) \cdot M + G(t) \cdot b(t) = E[f(X)] + G(t) \cdot b(t) \\ \dot{P}(t) = N_R(M,P,t) \cdot P(t) + P(t) \cdot N_R(M,P,t) + G(t) \cdot Q(t) \cdot G^T(t) \end{cases} \tag{11.17}$$

3. SLAM*

SLAM 综合运用了伴随系统理论、统计线性化方法和协方差分析理论。它通过对伴随系统理论的成功运用，实现了对协方差分析描述函数法(CADET)计算功能的拓展，即不仅给出了随机状态变量随时间变化的统计规律，而且还提供了各个随机干扰信号对各个随机状态变量的影响程度，因而为导弹等运动体的初始设计、参数选择和性能分析提供了更全面的信息。

1) 伴随系统模型的构造

线性系统的伴随系统模型的构造方式如下：

(1) 原系统的时间变量 t 均以 $t_f - t$ 来替代；

(2) 将原系统的信号流通方向全部倒回来，分支点改为相加点，相加点改为分支点，原系统的输入成了伴随系统的输出，原系统的输出成了伴随系统的输入。

伴随系统的脉冲过渡函数 h^* 和原系统的脉冲过渡函数 h 有如下关系：

$$h^*(t_f - t_i, t_f - t_0) = h(t_0, t_i) \tag{11.18}$$

式中，t_i 为脉冲发生时间；t_0 为观察时间。

本小节要分析的制导系统均是线性时变系统(指经统计线性化后)，即对于不同的 t_i 值，脉冲过渡函数 $h(t_0, t_i)$ 也不同，即 h 不仅仅是 $t_f - t_i$ 的函数。因此，在原系统中，当需观察每个脉冲发生时间 t_i ($i = 1, 2, \cdots, n$) 在终止时间 t_f 的脉冲过渡函数 $h(t_f, t_i)$ 时，必须对每个 t_i 时间重复计算。然而在伴随系统中，只要在式(11.18)中将观察时间 t_0 等于 t_f，就可以通过一次运算获得这些结果。

令 $t_f = t_0$，则式(11.18)变成：

$$h^*(t_f - t_i, 0) = h(t_f, t_i) \tag{11.19}$$

设随机输入干扰为 $n(t)$，均值 $M[n(t)] = m(t)$，相关函数为 $R_n(t_1, t_2)$，则输出为 $X_n(t) = \int_{-\infty}^{t} h_{nx}(t, \tau) n(t) \mathrm{d}\tau$，输出的均值为

$$M[X_n(t)] = M\left[\int_{-\infty}^{t} h_{nx}(t, \tau) n(t) \mathrm{d}\tau\right] = \int_{-\infty}^{t} h_{nx}(t, \tau) M[n(t)] \mathrm{d}\tau = \int_{-\infty}^{t} h_{nx}(t, \tau) m_n(t) \mathrm{d}\tau$$

输出的相关函数为

$$\begin{aligned}
R_{xn}(t_1, t_2) &= M\{[X_n(t_1) - m_{xn}(t_1)][X_n(t_2) - m_{xn}(t_2)]\} \\
&\quad \cdot M\left\{\left[\int_{-\infty}^{t_1} h_{nx}(t_1, \tau_1) n(\tau_1) \mathrm{d}\tau_1 - \int_{-\infty}^{t_1} h_{nx}(t_1, \tau_1) m_n(\tau_1) \mathrm{d}\tau_1\right]\right. \\
&\quad \left. \cdot \left[\int_{-\infty}^{t_2} h_{nx}(t_2, \tau_2) n(\tau_2) \mathrm{d}\tau_2 - \int_{-\infty}^{t_2} h_{nx}(t_2, \tau_2) m_n(\tau_2) \mathrm{d}\tau_2\right]\right\} \\
&= M\left\{\left[\int_{-\infty}^{t_1} h_{nx}(t_1, \tau_1)[n(\tau_1) - m_n(\tau_1)] \mathrm{d}\tau_1\right] \cdot \left[\int_{-\infty}^{t_2} h_{nx}(t_2, \tau_2)[n(\tau_2) - m_n(\tau_2)] \mathrm{d}\tau_2\right]\right\} \\
&= \int_{-\infty}^{t_1} \int_{-\infty}^{t_2} h_{nx}(t_1, \tau_1) h_{nx}(t_2, \tau_2) M\{[n(\tau_1) - m_n(\tau_1)][n(\tau_1) - m_n(\tau_1)]\} \mathrm{d}\tau_1 \mathrm{d}\tau_2 \\
&= \int_{-\infty}^{t_1} \int_{-\infty}^{t_2} h_{nx}(t_1, \tau_1) h_{nx}(t_2, \tau_2) R_n(\tau_1, \tau_2) \mathrm{d}\tau_1 \mathrm{d}\tau_2
\end{aligned}$$

输出的方差为

$$\begin{aligned}
\sigma_{xn}^2 &= R_{xn}(t_f, t) = \int_{-\infty}^{t_f} h_{nx}(t, \tau_1) \mathrm{d}\tau_1 \int_{-\infty}^{t} h_{nx}(t, \tau_2) R_n(\tau_1, \tau_2) \mathrm{d}\tau_2 \\
&= M\{[X_n(t) - m_{xn}(t)]^2\} = M[X_n^2(t)] - m_{xn}^2(t)
\end{aligned}$$

对于讨论的系统，随机干扰均假设为白色噪声，即谱密度为 $\Phi_{输入}$，均值 $m_n(t) = 0$，相关函数 $R_n(t_1, t_2) = \Phi_{输入} \delta(t_1 - t_2)$，所以

$$M[X_n^2(t)] = m_{xn}^2(t) + \sigma_{xn}(t) = \sigma_{xn}^2(t)$$

$$= \int_{-\infty}^t h_{nx}(t,\tau_1)\mathrm{d}\tau_1 \int_{-\infty}^t h_{nx}(t,\tau_2)\varPhi_{\text{输入}}\delta(\tau_1-\tau_2)\mathrm{d}\tau_2$$

$$= \varPhi_{\text{输入}}\int_{-\infty}^t h_{nx}(t,\tau_1)h_{nx}(t,\tau_1)\mathrm{d}\tau_1$$

$$= \varPhi_{\text{输入}}\int_{-\infty}^t h_{nx}^2(t,\tau_1)\mathrm{d}\tau_1$$

令 $t = t_f$ ，可得到终止时刻的导弹–目标相对距离(脱靶距离)均方差：

$$\sigma_{xn}^2(t) = \varPhi_{\text{输入}}\int_{-\infty}^{t_f} h_{nx}^2(t_f,t_i)\mathrm{d}t_i \tag{11.20}$$

式中，$\varPhi_{\text{输入}}$ 是已知的；$h_{nx}(t_f,t_i)$ 的计算正如前面论述的，要对不同的 t_i 值重复计算，这是很繁琐的，但利用伴随模型的脉冲过渡函数，就可以通过一次运算获得 $h_{nx}^*(t_f-t_i,0) = h_{nx}(t_f,t_i)$ 。此时，式(11.20)变成：

$$\sigma_{xn}(t) = \sqrt{\varPhi_{\text{输入}}\int_0^{t_f} h_{nx}^{*2}(t_f-t_i,0)\mathrm{d}t_i}$$

$$= \sqrt{-\varPhi_{\text{输入}}\int_{t_f}^0 h_{nx}^{*2}(\tau,0)\mathrm{d}\tau} \tag{11.21}$$

$$= \sqrt{\varPhi_{\text{输入}}\int_0^{t_f} h_{nx}^{*2}(\tau,0)\mathrm{d}\tau}$$

这就是利用伴随系统的脉冲过渡函数，求原系统在白噪声输入下的输出均方根值的公式。

2) 具有随机输入的非线性制导系统的统计线性化伴随法分析计算步骤

(1) 制导系统的统计线性化，根据假定的输入信号的正态概率密度函数，将原系统中的每一个非线性环节用相应的随机输入描述函数代替，从而得到制导系统的拟线性模型；

(2) 对得到的拟线性模型用协方差分析法传播状态矢量的统计特性；

(3) 通过上述计算，把每个非线性环节的描述函数增益矩阵作为时间函数存储起来；

(4) 把所有系数(包括描述函数增益系数)的自变量时间 t 均以 t_f-t 替代，并将信号流通方向反过来，从而产生一个伴随模型；

(5) 利用伴随系统的脉冲过渡函数，求出脱靶量的均方值(包括总脱靶量和各随机干扰单独引起的脱靶量)。

显然，作为一种计算机分析计算方法，SLAM 是更为全面、有效的方法，它不但给出系统的总脱靶量，还能指出每种干扰对总脱靶量的影响程度。在 SLAM 计算中，CADET 程序和伴随部分程序的计算结果可以相互检验。

本 章 要 点

1. 制导系统的设计依据。

2. 制导系统的设计任务。

3. 制导系统设计的基本阶段。

4. 导引规律选择的基本要求。

5. 蒙特卡洛法的计算步骤。

习　题

1. 导弹制导系统设计的主要依据是什么?

2. 导弹制导系统的设计任务是什么?

3. 简述导弹制导系统设计的几个阶段。

4. 导弹制导系统主要分成哪几类? 并分别阐述各自的特点。

5. 时域近似分析法在制导系统分析中的作用是什么?

6. 频域近似分析法在制导系统分析中的作用是什么?

7. 系统仿真分析法在制导系统分析中的作用是什么?

8. 阐述蒙特卡洛法的计算步骤。

第 12 章

导弹自主制导系统分析

导弹自主制导是根据发射点和目标的位置，事先拟定一条弹道或确定弹道约束，制导中依靠导弹内部的制导设备测出导弹相对于预定弹道的飞行偏差，或根据弹道约束设计出导引律，形成控制信号，使导弹飞向目标。这种控制信号和制导信息由导弹自身生成的制导方式称为自主制导。根据采用的导航系统不同，可将自主制导分为惯性自主制导、惯性/卫星组合自主制导、惯性/地图匹配组合自主制导、惯性/天文导航组合自主制导等多种类型。

12.1 自主制导预定弹道的形成

狭义地理解，弹道是指导弹飞行的轨迹，即对位置的约束；广义地理解，弹道是指导弹飞行时所要满足的若干约束的集合，这些约束的目的是使导弹最终精确命中目标。对自主制导来说，生成制导控制指令首先需要确定预定弹道。预定弹道确定方法可分为如下两类。

1. 预定弹道离线形成法

预定弹道离线形成法是指预定弹道根据弹道约束提前确定，在飞行过程中不再改变。例如，典型舰舰飞航式导弹的爬升段与平飞段(图 12.1)，根据减阻增程的作战需要，在发

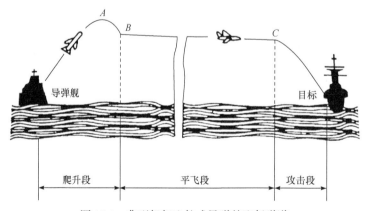

图 12.1 典型舰舰飞航式导弹的飞行弹道

射前提前规划好弹道，给出明确的位置约束(平飞段的飞行高度)或姿态角约束(如爬升段的姿态角指令)。

2. 预定弹道在线形成法

预定弹道在线形成法是指预定弹道对应的约束并不直接确定导弹飞行过程中的位置或姿态，而是通过视线角速度等条件提出间接约束，在这些间接约束下，弹道并不能提前确定。典型例子就是采用比例导引律的自主制导方案，此时比例导引律所需的视线角速度信息通过导航系统测得的导弹运动信息及提前装订的目标信息计算得到。显然，这种情况下，由于导弹自身的生产误差和飞行过程中的随机干扰，其弹道并不能提前确定，而是通过比例导引律在线生成，并满足视线角速度趋于 0 的约束。

12.2　自主制导控制信号的形成方法

对应于上面两类预定弹道形成法，自主制导控制信号的形成也可分为用于预定弹道离线形成法的开环方法和用于预定弹道在线形成法的闭环方法两类。

12.2.1　自主制导控制信号开环形成方法

绝对误差法下预定弹道是提前形成的，将其输入方案生成机构中(如弹载计算机)，结合传感器的测量信息，可以在线生成控制信号 u_c。这种方式由于控制指令的生成是开环的，因此可称为开环自主制导方案。其系统一般由方案机构和弹上控制系统两个基本部分组成，如图 12.2 所示。

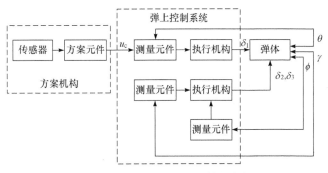

图 12.2　开环自主制导系统简化方框图

开环自主制导的核心是方案机构，它由传感器和方案元件组成。传感器是一种测量元件，可以是测量导弹飞行时间的计时机构，也可以是测量导弹飞行高度的高度表等。它按一定规律控制方案元件运动。方案元件可以是机械的、电气的、电磁的和电子的。方案元件的输出信号可以代表俯仰角随飞行时间变化的预定规律，也可以代表导弹倾角随导弹飞行高度变化的预定规律等。在制导中，方案机构按一定程序产生控制信号，并将该信号送入弹上控制系统。弹上控制系统中有俯仰、偏航、滚转三个通道的测量元件(陀螺仪)，不断测出导弹的俯仰角、偏航角和滚转角。当导弹受到外界干扰处于不正确姿态时，相应通道的测量元件就产生稳定信号，在和控制信号综合后，操纵相应的舵面偏转，使导弹按预定方案确定的弹道稳定地飞行。

12.2.2 自主制导控制信号闭环形成方法

相对约束法下，弹载计算机首先根据弹载导航系统得到的导弹运动信息和事先装订好的目标运动信息解算出视线角、视线角速度、相对距离、接近速度等相对运动信息。因为弹载计算机的这部分功能与导引头功能类似，所以也可称为"虚拟导引头"。虚拟导引头得到的相对运动信息经过导引律，即可得到控制信号 u_c(典型形式为过载指令)，将该信号送入弹上控制系统，即可实现对导弹的控制。这种方式下控制信号是闭环形成的，可称为闭环自主制导方案，其系统简化方框图如图 12.3 所示。

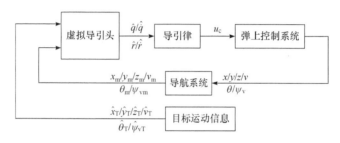

图 12.3　闭环自主制导系统简化方框图

12.3　惯性自主制导

惯性自主制导是指导弹运动信息由惯性导航系统测量得到。对远程导弹，这种自主制导方式可采用高精度的平台式惯性导航系统，对应战术使用的是对地导弹和制导弹药，可采用低成本捷联惯性导航系统(简称"捷联惯导系统")。当然，这种导航方式是一种自主导航，具有较强的抗干扰能力。

这里以美国的 227mm GMLRS XM30 火箭弹为例来介绍惯性自主制导方式在弹上的应用。

1. GMLRS XM30 火箭弹基本情况介绍

GMLRS XM30 火箭弹是美国多管火箭发射系统(MLRS)弹药家族中的一员，是对增程型 MLRS(ER-MLRS)无控火箭弹的升级，在其基础上集成了 GPS/INS 组合制导组件，火箭弹鼻部的小型鸭舵提供了基本的控制能力，以提高系统的精度。

制导与控制部件位于火箭弹的头部，其后依次为战斗部、火箭发动机和卷弧型自由旋转尾翼，GMLRS XM30 火箭弹结构如图 12.4 所示。

GMLRS XM30 火箭弹采用鸭式气动布局，有 4 片小型鸭式舵片和 4 片卷弧型自由旋转尾翼。据文献报道，GMLRS XM30 火箭弹在先进技术演示(advanced technical demonstration，ATD)阶段采用了将火箭弹弹体分成前后两段，前、后舱段之间采用滚动轴承连接以实现滚转解耦的方案。前舱段采取滚转稳定，制导与控制部件、弹上电源、

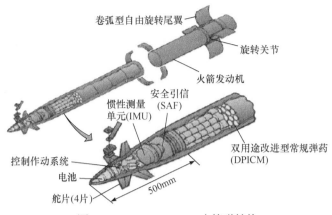

图 12.4 GMLRS XM30 火箭弹结构

战斗部等均安置在前舱段，后舱段(发动机和尾翼)可沿弹体纵轴连续旋转。火箭弹采用鸭式空气舵进行 3 通道控制。不过，从最新的资料来看，GMLRS XM30 火箭弹可能采用了卷弧型自由旋转尾翼来实现鸭式舵片和尾翼之间在滚转方向上的气动解耦，使得鸭式舵片也能够对火箭弹进行滚转操纵。

2. GMLRS XM30 火箭弹自主制导系统分析

GMLRS XM30 火箭弹虽然采用了惯性/卫星组合导航系统，但考虑到卫星易受干扰的特点，也支持纯惯性导航工作模式。在这种情况下，GMLRS XM30 火箭弹根据发射前装订的目标运动信息和惯性导航系统提供的自身运动信息，解算出制导指令。根据制导指令，由电动舵机驱动舵片偏转，分别进行俯仰和偏航控制，舵片的差动偏转还能进行滚转控制，从而引导火箭弹完成弹道修正，直至火箭弹命中目标。

12.4 惯性/卫星组合自主制导

惯性/卫星组合自主制导是指导弹运动信息由惯性导航系统与卫星导航系统构成的组合导航系统测量得到。由于卫星导航系统的引入，对惯性导航系统的精度要求有所降低，可采用精度相对较低的加速度计与速率陀螺仪构成捷联惯导系统，这大大节省了成本，缩小了体积和质量。

惯性/卫星组合自主制导常用于各种小型战术导弹及制导弹药中，这些应用场合对小型化和低成本有着较高的要求。例如，美国的小直径炸弹(small diameter bomb，SDB)就采用了这种方式。

1. SDB 基本情况介绍

SDB 是美国空军重点发展的空地精确制导武器之一，其主要目的是满足未来作战中美国空军提高空中平台挂载能力、减少武器附带损伤、缩短交战循环时间(搜索、跟踪、识别、目标分配、交战、评估与再打击)等一系列需求。经过多年的开发和研制，SDB 已经发展到第三代。第一代 SDB 已经在 2005 年正式交付并在实战中多次使用，第二代 SDB 已在 2014 年交付使用，第三代 SDB 的研制工作也已经全面展开。图 12.5 所示为展翼状态的 SDB-Ⅱ。其采用了折叠式弹翼，大大提高了炸弹的射程，实现了滑翔增程，总的特点是体积小(弹径 20cm 左右)、质量小(90kg 左右)、威力大、射程远。

图 12.5　展翼状态的 SDB-Ⅱ

SDB-Ⅱ结构如图 12.6 所示，可以看出，其采用了惯性/卫星组合导航系统。

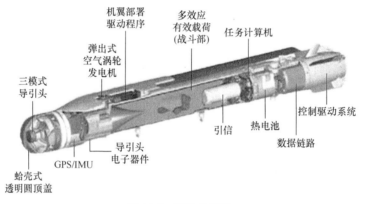

图 12.6　SDB-Ⅱ结构

2. SDB 自主制导系统分析

SDB 几乎适用于美国空军所有的飞机平台，主要的投弹方式包括水平投弹、俯冲投弹、俯冲甩投、上仰投弹等。作为一种无动力滑翔炸弹，SDB 的实际射程在很大程度上依赖于投放的高度和速度。为了获得更远的射程以避免载机遭到敌方防空系统的打击，高空、超声速和防区外投放可能成为 SDB 攻击的重要特点。

SDB 在投放后，整个攻击过程可以分为初始段(*AB*)、制导滑翔段(*BC*)和俯冲攻击段(*CD*)三个阶段，如图 12.7 所示。

这几个阶段中，惯性/卫星组合自主制导方式主要工作在制导滑翔段。在滑翔飞行阶段，SDB 既可以通过截获 GPS 卫星信号来校正惯性导航系统的积累误差，也能在 GPS 卫星信号被干扰的情况下由惯性导航系统单独引导来飞向目标。

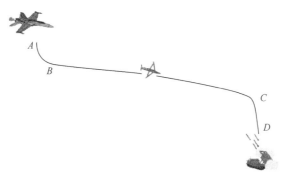

图 12.7　SDB 典型弹道

12.5　惯性/地图匹配组合自主制导

　　惯性/地图匹配组合自主制导是指导弹运动信息由惯性导航系统与地图匹配系统构成的组合导航系统测量得到。这种组合导航系统可利用地图匹配系统对 INS 提供位置校正信号，对常规的惯性导航系统误差进行连续校正，消除了 INS 随时间增长的误差，大幅度地提高了 INS 的精度。这种组合导航系统的最大优点是两种导航方式都是自主导航方式，不易受干扰影响。

　　惯性/地图匹配组合自主制导应用最多的场合是各种巡航导弹，如美国的"战斧"巡航导弹就采用了这种方式。

12.5.1　"战斧"巡航导弹基本情况介绍

　　BGM-109 海射型"战斧"巡航导弹是美国海军先进的全天候、亚声速、多用途巡航导弹，可以从水面舰艇或潜艇上发射，攻击海上或陆上目标，主要用于对严密设防区域的目标实施精确打击。该型号导弹于 1972 年开始研制，1976 年首次试飞，1983 年开始服役。

　　无论何种形式的"战斧"巡航导弹，它的外形尺寸、质量、助推器、发射平台都相同，不同之处主要是弹头、发动机和制导系统。因发射的母体不同，发射方式也有所区别，舰艇上用的是箱式发射器或垂直发射器。在潜艇上既可用鱼雷发射管发射，也可用垂直发射器发射，射程为 450～2500km，飞行马赫数为 0.50～0.75。据称，其命中精度可达到在 2000km 以内误差不超过 10m 的程度。"战斧"巡航导弹的巡航高度，海上为 7～15m，陆上平坦地区为 60m 以下，山地为 150m。

12.5.2　"战斧"巡航导弹自主制导系统分析

　　地图匹配包括地形匹配和景象匹配，其中地形匹配适用于地形地貌特征独特并易于进行地形匹配的区域，当地形较平坦无明显起伏时则不适用，此时景象匹配就可发挥其作用。因此，将二者与惯性导航系统相结合具有适应各种地形的优点，美国 BGM-109C "战斧"巡航导弹就使用了"惯性+地形匹配+景象匹配"的制导方式，可使巡航导弹的命中精度达到 10m 以内。

　　这种自主制导方式的本质是根据地形情况自主决定当前采样是地形匹配信息还是景

象匹配信息,从而修正惯性导航系统。下面分别介绍这两种方法修正惯性导航系统的工作原理。

1. 地形辅助导航系统工作原理

地形辅助导航系统是指利用地形匹配作为辅助去修正惯性导航系统误差,修正方法有很多,这里介绍其中的地形轮廓匹配修正法,其原理如图12.8所示。

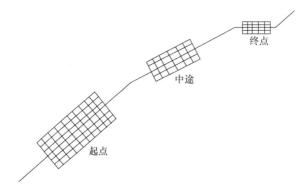

图 12.8　地形轮廓匹配修正法原理

巡航导弹沿带状地形飞行,在飞行过程中测量地形高度,再利用分批技术及平均绝对差(mean absolute difference,MAD)算法,将测量的地形高度数据与预先存储的高保真地形数据进行相关处理,提供导航修正信号,以提高导航定位精度。

2. 图像辅助导航系统工作原理

图像辅助导航系统是指利用景象匹配作为辅助去修正惯性导航系统误差。其基本原理是,利用弹载计算机(相关处理机)预存的地形图或景象图(基准图),与导弹飞行到预定位置时携带的传感器测量的地形图或景象图(实时图)进行相关处理,确定出导弹当前位置,以修正惯性导航误差。

先进的机载图像传感器可分为两类:一类是基于射频(RF)的传感器,有合成孔径雷达(synthetic aperture radar,SAR)、毫米波(millimeter wave,MMW)雷达;另一类是基于光学的电光(electro-optic,EO)传感器,有激光雷达、红外图像传感器。这些图像传感器正在被广泛用于战场监测和目标搜索、识别、瞄准、导引。由于在不同的使用环境中,各种图像传感器具有不同的优点,因此目前的发展方向是多传感器融合,以便获得可靠、稳定的图像。

机载高速度、大容量的动态随机存储器和光盘的发展,使得在飞机上存储一个由卫星或地面测量系统获得的全球数字地图数据库(digital map database,DMD)成为现实,DMD管理存储在光盘中的由卫星或地面测量系统获得的地形特征信息。

利用这些图像传感器获得的地形图像,通过DMD就可获得一种高精度、自主的图像辅助惯性导航系统,进一步基于修正误差后的惯性导航系统生成自主制导控制信号,通过飞行控制系统控制导弹飞向目标。

12.6 惯性/天文导航组合自主制导

惯性/天文导航组合自主制导是指导弹运动信息由惯性导航系统与天文导航系统构成的组合导航系统测量得到。由于天体目标的不可干扰性，并且天文导航系统可同时获得高精度的位置、航向数据，能全面校正惯性导航系统，因此惯性/天文导航组合自主制导在军事上有着重要意义。

国内外，利用天文导航校正惯性导航系统位置和航向数据的方法在包括远程弹道导弹、战略轰炸机在内的多种武器装备中获得广泛应用。

本节以美国的"三叉戟"远程弹道导弹为例来介绍惯性/天文导航组合自主制导方式在弹上的应用。

1. "三叉戟"远程弹道导弹基本情况介绍

"三叉戟"是美国远程潜地弹道导弹，于1971年9月开始预研，1979年10月开始部署，主承包商是洛克希德·马丁公司。"三叉戟"远程弹道导弹采用了惯性/天文组合导航，射程由上一个型号"海神"(采用纯惯性制导)的4600km提高到7400km，命中精度(CEP)可达230～500m。

2. "三叉戟"远程弹道导弹自主制导系统分析

"三叉戟"远程弹道导弹采用了MK-5惯性/天文导航组合制导系统（简称"MK-5制导系统"）。MK-5制导系统是在MK-4制导系统的基础上改进而成的。MK-4制导系统于1967年9月为"海神"研制，1969年因"海神"仍用MK-3制导系统而停止研制。MK-5制导系统仍采用平台–计算机制导方案，并加入了天文导航技术和末助推控制技术，还采用了先进的元器件，因而精度高、体积和质量小。MK-5制导系统包括制导、定时、环境控制等分系统，其核心是惯性测量装置和制导电子组件。惯性测量装置是一个密封的球体结构，为导弹提供相对于惯性空间的基准方位并测量导弹的速度，在其内部有4个框架平台、2个挠性陀螺、3个加速度计和1个用于校正飞行弹道的星光跟踪器。制导电子组件包括计算机等电子仪器。制导系统测得的信息通过飞行控制系统转换成控制推力矢量控制系统和末助推控制系统工作的操纵指令，控制导弹飞行。

本 章 要 点

1. 自主制导的概念及分类。
2. 预定弹道的形成方法。
3. 自主制导的典型应用场景。

习　　题

1. 什么是自主制导？主要包括哪几类？
2. 预定弹道的形成有哪些方法？
3. 列举自主制导典型的几种应用场景。

第 13 章

导弹遥控制导系统分析与设计

13.1 遥控制导导引方法

遥控制导是指在远距离上向导弹发出制导指令，将导弹引向目标或预定区域的一种导引技术。遥控制导(图 13.1)分为两大类：一类是遥控指令制导，另一类是驾束制导。遥控制导系统的主要组成部分：目标(导弹)观测跟踪装置、制导指令形成装置(计算机)、弹上控制系统(自动驾驶仪)和制导指令发送装置(驾束制导不设该装置)。

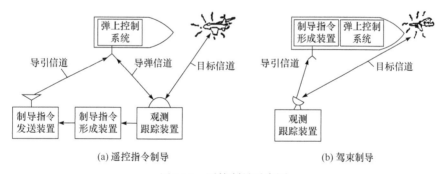

(a) 遥控指令制导   (b) 驾束制导

图 13.1 遥控制导示意图

通过研究遥控指令制导系统的示意图，可以得知它是一个闭合回路，运动目标的坐标变换成主要的外部控制信号。在测量目标和导弹坐标的基础上，作为解算器的制导指令形成装置计算出制导指令并将其传输到弹上。因为制导的目的是保证最终将导弹导向目标，所以形成制导指令所需的制导误差信号应以导弹相对于计算弹道的线偏差为基础。这种线偏差等于导弹和制导站之间的距离与角偏差的乘积，因而在线偏差控制情况下的制导指令形成装置，应当包含将角偏差折算为线偏差的装置。

在弹上进行驾束制导时，弹上接收设备输出端形成与导弹-波束轴线偏差成正比的信号。为保证在不同的控制距离上形成具有相同线偏差的信号波束，必须测量制导站和导弹之间的距离。当距离变化规律基本与制导条件和目标运动无关时，可以利用程序机构引入距离参量，并将其看成是给定时间的函数。

多种导引方法都可应用在遥控制导中。其中，三点法是最简单的一种；比例导引法在遥控制导中的实现方式是将半主动寻的制导的导引头分置，探测部分放在弹上，数据处理部分放在地面制导站上。

13.2　遥控制导误差信号的形成

为了建立遥控制导系统的结构图，必须首先研究制导误差信号的形成方法。下面讨论几种常用的遥控制导导弹制导误差信号的形成方法。

由飞行力学可知，三点法是一种最简单的遥控方法。这种方法由条件 $\varepsilon_M = \varepsilon_D$ 确定，那么，自然将 $\Delta\varepsilon = \varepsilon_M - \varepsilon_D$ 作为制导误差。这种误差信号的形成仅需测量目标和导弹角坐标的装置，图 13.2 为三点法制导误差信号形成示意图。然而，归根结底，制导精度由导弹与目标的最小距离——脱靶量表征确定，因此目标的制导误差应根据导弹与所需运动学弹道的线偏差确定。在这里，这个线偏差定义为

$$h_\varepsilon = r(\varepsilon_M - \varepsilon_D) \tag{13.1}$$

式中，ε_M 为目标高低角；ε_D 为导弹高低角；r 为导弹和制导站之间的距离。式(13.1)要求测量导弹与制导站之间的距离。在电子对抗环境或简化的制导系统中常根据式(13.2)确定制导线偏差：

$$h_\varepsilon = R(t)(\varepsilon_M - \varepsilon_D) \tag{13.2}$$

式中，$R(t)$ 为预先给定的时间函数，与制导站和导弹之间的距离近似对应。

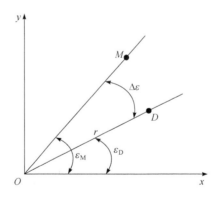

图 13.2　三点法制导误差信号形成示意图

当进行前置制导时，首先必须计算前置角 $\Delta\varepsilon_q$ 的当前值，然后按照式(13.3)计算运动学弹道的角度坐标：

$$\varepsilon_D = \varepsilon_M + \Delta\varepsilon_q \tag{13.3}$$

在这种情况下，制导角偏差为

$$\Delta\varepsilon = \varepsilon_M - \varepsilon_D + \Delta\varepsilon_q \tag{13.4}$$

可见，为了形成制导角偏差，除确定差值 $\varepsilon_M - \varepsilon_D$ 以外，还需要计算前置角。计算前置角通常需要知道目标和导弹的坐标以及这些坐标的导数。图 13.3 为前置法制导误差信

号形成示意图。

当进行驾束制导时，制导角偏差 $\Delta\varepsilon = -\varepsilon_{\mathrm{D}} + \varepsilon_{\mathrm{M}} + \Delta\varepsilon_{\mathrm{q}}$ 直接在弹上测量，它表明了导弹与波束轴的角偏差。为了确定线偏差，角偏差乘以制导站和导弹之间的距离即可获得，$h_{\varepsilon} = r\Delta\varepsilon$。为了避免测量 r，引入一个已知时间函数 $R(t)$。因此，当驾束制导时，为了形成误差信号，除弹上接收设备之外不需要其他测量装置。当然，为了确定给定导弹运动学弹道的波束方向，需要测量目标坐标；如果采用前置波束导引方法，还需测量导弹坐标，只是这些坐标的测量结果不直接用来确定制导误差。图 13.4 为驾束制导误差信号形成示意图。

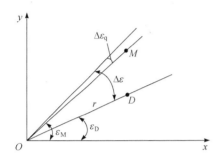 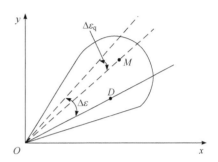

图 13.3　前置法制导误差信号形成示意图　　　图 13.4　驾束制导误差信号形成示意图

13.3　遥控制导系统基本装置及其动力学特性

在一般情况下，遥控制导系统由若干功能方块组成，其中每一个方块代表复杂的自动装置。组成遥控制导系统的基本装置是导弹/目标观测跟踪装置、指令形成装置、无线电遥控装置，以及弹上法向过载控制和稳定系统等。

13.3.1　导弹/目标观测跟踪装置及其动力学特性

要实现遥控制导，必须准确地测得导弹、目标相对于制导站的位置。这一任务，由制导设备中的观测跟踪装置完成。对观测跟踪装置的一般要求如下：

(1) 观测跟踪距离应满足要求；

(2) 获取的信息量应足够大，速度要快；

(3) 跟踪精度高，分辨能力强；

(4) 有良好的抗干扰能力；

(5) 设备要轻便、灵活等。

根据获取能量形式的不同，观测跟踪装置分为雷达观测跟踪器、光电观测跟踪器(光学、电视、红外、激光观测跟踪器)。下面只讨论雷达观测跟踪器的原理，其他类型的观测跟踪器具有类似的工作原理。

雷达观测跟踪器简化方框图如图 13.5 所示。由计算机给出发射信号的调制形式，经调制器、发射机和收发开关，以射频电磁波向空间定向发射。当天线光轴基本对准目标时，目标反射信号经天线、收发开关至接收机。接收机输出目标视频信号，经处理后送给计算机。计算机还接收天线角度运动信号和人工操作指令，输出目标的图形(符号)给显示记录装置，以便于操纵人员观察。计算机还输出天线角度运动指令，经天线伺服装置，控制天线光轴对准目标，从而完成对目标的跟踪。

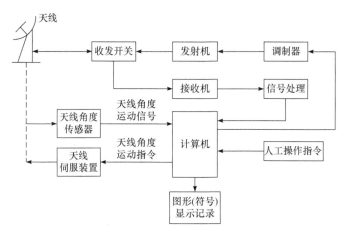

图 13.5　雷达观测跟踪器简化方框图(脉冲式)

利用无线电测量的手段可以直接测量出导弹和目标的球坐标，坐标点由斜距 r、高低角 ε 和方位角 σ 来表征，如图 13.6 所示。

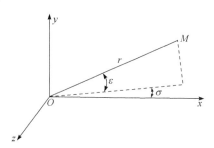

图 13.6　确定目标在空间中位置的坐标

根据被测坐标的特性，无线电测量设备应由测角系统和测距系统组成。测角系统和测距系统的动力学特性主要取决于其跟踪系统的动力学特性。这种动力学特性可以以足够的精度写成如下形式的传递函数(测角系统)：

$$\varphi(s) = \frac{K(\tau s + 1)}{(T_1^2 s^2 + 2\xi_1 T_1 s + 1)(T_2 s + 1)} \tag{13.5}$$

式中，K 为跟踪增益；τ 为一阶微分环节时间常数；T_1 为二阶惯性环节时间常数；ξ_1 为二阶惯性环节阻尼比；T_2 为一阶惯性环节时间常数。

这里假定将目标角坐标作为输入量，雷达天线的旋转角度作为输出量，则一组典型参数为

$$K = 1 ； \tau \approx 0.3\text{s} ； T_1 \approx 0.12\text{s} ； \xi_1 \approx 0.70 ； T_2 \approx 0.07\text{s}$$

导弹和目标坐标雷达测量装置的输出信号中混有噪声，这种噪声可以非常明显地影

响导弹的制导精度，所以在精度分析时必须考虑它的影响。为了提高导弹的坐标确定精度，可在弹上安装专门的应答机。在这种情况下，可以忽略噪声对确定导弹坐标精度的影响，这是因为应答机的信号具有远大于目标反射信号的功率。

不同类型的观测跟踪器由于系统对它的要求和工作模式不同，其应用范围和性能特点也有所不同。表 13.1 比较了不同观测跟踪器的性能。

表 13.1　不同观测跟踪器的性能比较

类别	优点	缺点
雷达观测跟踪器	有三维信息(r，ε，σ)，作用距离远，全天候，传播衰减小，使用较灵活	精度低于光电观测跟踪器，易暴露自己，易受干扰，(海)面及环境杂波大，低空性能差，体积较大
光学、电视观测跟踪器	隐蔽性好，抗干扰能力强，低空性能佳，直观，精度高，结构简单，易和其他观测跟踪器兼容	作用距离不如雷达观测跟踪器远，夜间或天气差时性能降低或无法使用
红外观测跟踪器	隐蔽性好，抗干扰能力强，低空性能佳，精度高于雷达观测跟踪器，结构简单，易和其他观测跟踪器兼容	传播衰减大，作用距离不如雷达观测跟踪器远
激光观测跟踪器	精度很高，分辨力很好，抗干扰能力极强，结构简单，质量小，易和其他观测跟踪器兼容	只有晴天能使用，传播衰减大，作用距离受限制

13.3.2　指令形成装置及其动力学特性

指令形成装置是一种解算器，它在输入目标和导弹坐标数据的基础上，计算出直接控制导弹运动的指令(遥控指令制导)或者制导波束运动指令(驾束制导)。

指令形成装置的结构图与所采用的制导方法密切相关。指令形成装置由如下几个功能模块组成：

(1) 导弹相对计算的运动学弹道的偏差解算模块；

(2) 利用使用的导引规律形式解算控制指令模块；

(3) 为保证制导系统稳定裕度和动态精度而引入的校正网络解算模块。

作为例子，研究按三点法制导导弹时指令形成装置的结构图。假定仪器的基本元件可以按线性研究，则它们的动力学特性可以用传递函数表示。

导弹与需用弹道的制导偏差可用式(13.6)表示：

$$h = R(t)(\varepsilon_M - \varepsilon_D) \tag{13.6}$$

式中，$R(t)$ 近似等于导弹与制导站之间距离 r 的预先给定函数。

通常，为了改善制导系统的动力学特性，提高系统的稳定裕度，在制导信号中引入一阶误差的导数。在这种情况下，制导指令信号可以用下列关系式确定：

$$U_c = K_c(h + T\dot{h}) \tag{13.7}$$

式中，K_c 为比例系数；T 为微分系数；h 为误差信号。

为了形成这种信号，不得不微分被噪声污染的误差信号 h，因此必须将微分运算与平滑运算相结合。

连续作用的指令形成装置结构图(单通道)如图 13.7 所示。显然，在此装置输入端加上了导弹和目标坐标测量装置的测量信号 ε_D 和 ε_M，这些信号从导弹和目标坐标测量装置输出端获得。

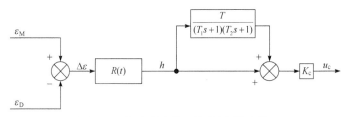

图 13.7　指令形成装置结构图(单通道)

T_1、T_2 为平滑运算的时间常数

当导弹采用前置法制导时，指令形成装置的结构图变得更复杂了。在这种情况下，除引入目标和导弹坐标外，还需引入从制导站至导弹和目标的距离信号。

13.3.3　无线电遥控装置及其动力学特性

在遥控系统中，为了确定目标和导弹的坐标，以及为了实现制导指令的传递，常利用无线电指令发送和接收装置，该装置的简化方框图如图 13.8 所示。

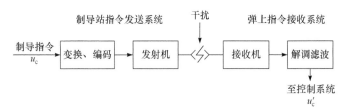

图 13.8　无线电指令发送和接收装置简化方框图

通常无线电遥控装置的动力学特性可以用传递函数描述：

$$W(s) = \frac{Ke^{-\tau s}}{Ts+1} \tag{13.8}$$

当按驾束制导时，弹上接收装置的特性可以利用类似的传递函数描述。

13.4　导弹−目标在遥控制导中的运动学关系

导弹与目标运动的几何关系如图 13.9 所示。

导弹速度矢量 v_D 与基准线之间的夹角为 θ，制导站和导弹之间的距离为 $R(t)$，导弹和目标的高低角分别为 ε_D 和 ε_M，导弹按三点法导引时的运动方程为

$$\frac{dR(t)}{dt} = v_D \cos(\theta - \varepsilon_D) \tag{13.9}$$

$$\frac{d\varepsilon_D}{dt} = \frac{v_D \sin(\theta - \varepsilon_D)}{R(t)} \tag{13.10}$$

因为 $\theta - \varepsilon_D$ 很小，一般小于 $20°$，所以有 $\sin(\theta - \varepsilon_D) \approx \theta - \varepsilon_D$，$\cos(\theta - \varepsilon_D) \approx 1$，式(13.9)和式(13.10)可近似写成

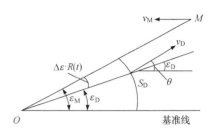

$$\dot{R}(t) = v_D \qquad (13.11)$$

$$\dot{\varepsilon}_D = \frac{v_D(\theta - \varepsilon_D)}{R(t)} \qquad (13.12)$$

图 13.9　导弹与目标运动的几何关系
v_M 为目标速度矢量；S_D 为导弹位置对应的弧长

由式(13.11)和式(13.12)得

$$R(t)\dot{\varepsilon}_D + \dot{R}(t)\varepsilon_D = v_D\theta \qquad (13.13)$$

即

$$\frac{\mathrm{d}(R(t)\varepsilon_D)}{\mathrm{d}t} = v_D\theta \qquad (13.14)$$

假定 v_D 为常数，对式(13.14)两边求导数，得

$$\frac{\mathrm{d}^2(R(t)\varepsilon_D)}{\mathrm{d}t^2} = v_D\dot{\theta} \qquad (13.15)$$

令 $R(t)\varepsilon_D = S_D$，导弹法向加速度 $a_y = v_D\dot{\theta}$，因而有

$$\frac{\mathrm{d}^2 S_D}{\mathrm{d}t^2} = a_y \qquad (13.16)$$

对式(13.16)进行拉普拉斯变换得

$$W_{sa}(s) = \frac{S_D(s)}{a_y(s)} = \frac{1}{s^2} \qquad (13.17)$$

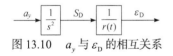

图 13.10　a_y 与 ε_D 的相互关系

式(13.17)表示的就是运动学环节的传递函数。

根据 S_D 与 ε_D 的相互关系，最终可获得 a_y 与 ε_D 的相互关系，如图 13.10 所示。

13.5　遥控制导系统动力学特性和精度分析

13.5.1　遥控指令制导系统结构图

遥控指令制导是指从制导站向导弹发出制导指令，把导弹引向目标的一种遥控制导技术。其制导设备通常包括制导站和弹上设备两大部分。制导站可能在地面，也可能在空中，可能是固定的，也可能是运动的。制导站一般包括目标和导弹观测跟踪装置、指令形成装置、指令发送装置等。弹上设备一般有指令接收装置和弹上控制系统(自动驾驶仪)。

图 13.11 为三点法制导指令遥控系统结构图。导弹和目标相应的角坐标差值代表制导系统的误差。在工程中，求取这种角坐标差值存在两条途径：一条途径是利用一种瞄准

器(如雷达站)直接测出角偏差；另一条途径是分别测量目标和导弹的角位置，角偏差信号在指令形成装置中解算求得。本书建立的系统结构图采用后一条技术途径获取角偏差信号。

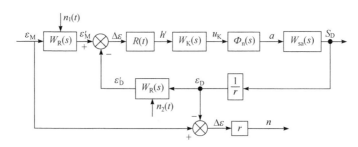

图 13.11　三点法制导指令遥控系统结构图

$n_1(t)$为雷达测量系统的目标测角噪声；$n_2(t)$为雷达测量系统的导弹测角噪声；

$W_R(s)$为雷达测量系统；$W_K(s)$为指令形成装置；$\Phi_n(s)$为稳定系统；$W_{sa}(s)$为运动学环节

应当注意，当采用三点法制导时，指令形成装置被引入闭环制导回路；在采用更复杂的导引律时，导弹制导误差不再是导弹角坐标和目标角坐标的差值，而是导弹角坐标和相应的运动学弹道角坐标的差值，其中运动学弹道角坐标在指令形成装置中预先计算出来，这时的指令形成装置结构图如图 13.12 所示。

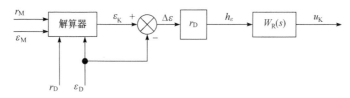

图 13.12　指令形成装置结构图

r_M为制导站与目标的距离；r_D为制导站与导弹的距离；ε_K为导弹的理想高低角

产生制导误差的主要原因是目标角坐标 ε_M 的改变以及目标和导弹测量装置引入的随机扰动。在结构图中用 $n_1(t)$ 和 $n_2(t)$ 表示这些干扰噪声。通常在导弹上安装有应答机或自动无线电发射装置，这时随机噪声对导弹坐标测量精度的影响大大弱于噪声对目标坐标测量精度的影响。因此，当研究遥控系统精度时，只考虑作用在目标测量装置输出端的噪声就可以了。

系统的不稳定性是所研究的制导回路的特点。这个特点对系统特性产生了本质的影响。前面已指出，运动学环节是具有变参数的环节。除此之外，导弹的运动学特性在飞行过程中可能有本质的变化，而这些变化往往导致得不到稳定系统的平衡。但是，因为导弹和运动学环节参数的变化相对缓慢，所以允许采用系数"冻结"法。此时必须讨论某些不同的弹道以及弹道特征点处的系统特性。特征点是指导弹最小和最大动压头处、起飞助推器抛掉瞬时，以及主要发动机的点火点和熄火点。

当设计制导系统时，系统主要元件和校正网络参数的选择是为了保证导弹制导回路在所有弹道特征点处都具有一定的稳定裕度。另外，在设计参数时还必须研究导弹的制导精度，因为系统元件参数的选择最终是为了完成基本任务——保证在给定杀伤区域内具有规定的制导精度。因为系统精度要求与系统稳定性要求是相互矛盾的，所以系统主要元件参数选择应折中考虑这些相互矛盾的要求。

制导系统的设计可以广泛利用自动控制理论的各种方法，特别是在进行制导系统精度初步分析的阶段，这是因为在初步设计阶段制导系统可以作为线性定常系统来研究。

13.5.2　分析结构图及其变换

当研究遥控系统时，应用系数"冻结"法是有充分理由的，尽管它会给计算带来一定的误差。分析结构图及其变换，可以减小这些误差。为了进行比较，下面将建立系统的结构图。遥控系统简化结构图如图 13.13 所示。

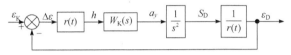

图 13.13　遥控系统简化结构图

采用系数"冻结"法分析系统精度时，变参数 $r(t)$ 和 $1/r(t)$ 相互抵消，这时研究本身可归结为线性定常系统的分析问题。引入系数"冻结"法后遥控系统简化结构图如图 13.14 所示。

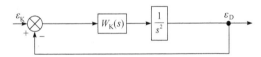

图 13.14　引入系数"冻结"法后遥控系统简化结构图

为了减小系数"冻结"法引入的误差，可以重新变换图 13.14 所示的遥控系统简化结构图。

图 13.15 给出了遥控系统结构图必要的变换。在这里，将导弹与所需运动学弹道的线偏差 $h(t)$ 作为输出量来研究，这是因为制导系统精度就是由这个量来描述。

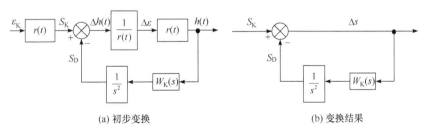

(a) 初步变换　　　　　　　　　　　　　　(b) 变换结果

图 13.15　遥控系统结构图必要的变换

S_K 为导弹的理想位置；$\Delta h(t)$ 为线偏差的误差；Δs 为导弹的位置偏差

当导弹按照运动学弹道精确运动时，导弹的法向加速度与位置存在如下关系：

$$S_K(s) = \frac{a_K}{s^2} \tag{13.18}$$

对图 13.15 进行进一步变换可以得到最后的结构图，如图 13.16 所示。

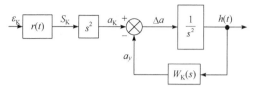

图 13.16　遥控系统的变换结构图

Δa 为加速度的误差

当以运动学弹道法向加速度作为遥控指令制导系统闭合回路的输入量，以导弹相对运动学弹道的线偏差 $h(t)$ 作为输出量时，闭合回路系统可以用线性定常系统理论来研究。

13.5.3　动态误差的计算

利用图 13.16，并考虑到 $W_1(s)/s^2$ 实质上是制导开环回路的传递函数，在这个传递函数中允许省略参数 $r(t)$ 和 $1/r(t)$，进行如下定义：

$$h(s) = \frac{W_{\text{sa}}(s)}{1 + G(s)} a_{\text{K}}(s) \tag{13.19}$$

式中，$G(s) = W_1(s)W_{\text{sa}}(s)$。式(13.19)把制导误差 $h(s)$ 与导弹按照运动学弹道运动时的加速度 $a_{\text{K}}(s)$ 联系起来，对任何制导方法都是正确的。必须注意，$a_{\text{K}}(s)$ 由目标运动规律和所采用的制导方法确定。在系统设计的初步阶段就要计算导弹按运动学弹道飞行的法向加速度，所以在分析系统精度时加速度值 $a_{\text{K}}(s)$ 是已知的。

下面研究当输入信号 $a_{\text{K}}(s)$ 是时间的缓变函数时，利用误差系数的概念来计算动态制导误差。将式(13.19)写成下列形式：

$$h(s) = (C_0 + C_1 s + \cdots) a_{\text{K}}(s) \tag{13.20}$$

在时域内有

$$h(t) = C_0 a_{\text{K}}(t) + C_1 \dot{a}_{\text{K}}(t) + \cdots \tag{13.21}$$

误差系数 C_0、C_1、$\cdots$ 按下列传递函数确定：

$$\varphi(s) = \frac{W_{\text{sa}}(s)}{1 + G(s)} \tag{13.22}$$

$$C_0 = \varphi(s)|_{s=0} \tag{13.23}$$

$$C_1 = \frac{\mathrm{d}\varphi(s)}{\mathrm{d}s}\bigg|_{s=0} \tag{13.24}$$

$$\cdots\cdots$$

当利用误差系数计算动态制导误差时，需注意这种计算方法只计算系统动态过程结束后的动态误差稳态值。此外，如果在所研究系统过渡过程时间间隔内，输入信号没有明显变化(变化小于 10%)，则这种计算方法也是可行的。通常导弹沿运动学弹道运动时其法向加速度变化缓慢，目标不做机动飞行时更是如此。这时，在研究动态制导误差时，只考虑级数的第一项就足够了，即

$$h(t) \approx C_0 a_{\mathrm{K}}(t) \tag{13.25}$$

因为

$$\varphi(s) = \frac{W_{\mathrm{sa}}(s)}{1 + G(s)} = \frac{1}{s^2 + W_1(s)} \tag{13.26}$$

所以

$$C_0 = 1 / W_1(0) \tag{13.27}$$

在一般情况下，传递函数 $W_1(s)$ 不包含积分环节，若 $W_1(s)$ 的稳态增益为 K_0，有

$$W_1(0) = K_0 \tag{13.28}$$

因此

$$C_0 = 1 / K_0 \tag{13.29}$$

并且

$$h(t) \approx a_{\mathrm{K}}(t) / K_0 \tag{13.30}$$

也就是，系统对输入信号 $a_{\mathrm{K}}(t)$ 是有静差的。

从前面的推导可以推断出，若在指令形成规律中引入积分环节，则传递函数 $W_1(s)$ 可以写成式(13.31)：

$$W_1(s) = \frac{W_1'(s)}{s} \tag{13.31}$$

此时，系统对 $a_{\mathrm{K}}(t)$ 无静差。

13.5.4　制导指令的形成及动态制导误差的减小方法

由前面的论述可知，制导回路无静差阶次的提高可以促使制导系统动态制导误差大大减小。然而，这个方法在实际中没有得到应用，这是因为制导回路无静差阶次的提高使系统的稳定问题变得复杂和困难了。实际上，即使制导回路指令形成规律内没有引入积分环节，而仅保持对应于运动学环节的二次积分环节，也已经使稳定性条件的实现复杂化了。鉴于这个原因，为减小误差系数 C_0 而选择足够大的传递函数稳态增益 K_0，不总是有效的。

当然，为了减小动态制导误差，可以采用具有不大曲率的弹道，即采用具有不大的需用过载的制导方法，这要求更复杂的制导设备。补偿动态制导误差的一种简单方法是在系统中引入前馈信号，下面讨论其补偿原理。

为了分析所研究的动态制导误差补偿方法，利用如图 13.13 所示的结构图。前面已经指出，研究制导系统的动态制导误差时，可以方便地将运动学弹道的法向加速度 $a_{\mathrm{K}}(t)$ 作为输入量，而将导弹相对运动学弹道的线偏差 $h(t)$ 作为输出量。后一个量是制导系统的基本误差信号，借助这个误差信号变换求得制导指令。为了补偿动态制导误差，将加速度信号 $a_{\mathrm{K}}(t)$（或信号 $\varepsilon_{\mathrm{K}}(t)$）变换后附加到信号 $h(t)$ 中。假定信号变换通过传递函数 $W_0(s)$ 实现，由此获得具有动态制导误差补偿的制导系统结构图，如图 13.17 所示。

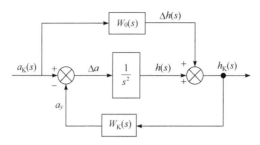

图 13.17　具有动态制导误差补偿的制导系统结构图

考虑补偿环节的影响，线偏差 $h(s)$ 与加速度 $a_K(s)$ 的关系为

$$h(s) = \frac{1 - W_0(s)W_1(s)}{s^2 + W_K(s)} a_K(s) \tag{13.32}$$

不难看出，对于动态制导误差完全补偿来说，必须满足下列关系式：

$$W_0(s) = 1 / W_K(s) \tag{13.33}$$

为了借助指令形成装置中不复杂的组件实现传递函数 $W_0(s)$，可以不力求完全的动态制导误差补偿，而仅仅补偿动态制导误差的基本分量。当目标不做机动飞行时，动态制导误差的基本分量由相应级数的第一项确定，即

$$h(t) = a_K(t) / K_0 \tag{13.34}$$

可见，如果为了提高制导精度，仅仅补偿这个分量就足够了。取

$$W_0(s) = \frac{1}{K_0} \tag{13.35}$$

显然，为了得到补偿信号，必须在指令形成装置中引入计算法向加速度 $a_K(t)$ 的组件。当采用三点法制导时，这种法向加速度由目标和导弹坐标来确定。如果目标机动法向加速度很小，可用式(13.36)近似计算法向加速度 $a_K(t)$：

$$a_K(t) \approx F(t)\dot{\varepsilon}_M \tag{13.36}$$

式中，$F(t) = 2\dot{v}_D - r_D\dot{v}_D / v_D$。

因此，根据下列近似关系式可计算动态制导误差信号基本分量的补偿信号：

$$\Delta h = \frac{F(t)}{K_0}\dot{\varepsilon}_M \tag{13.37}$$

为了实现关系式(13.37)，必须确定目标角坐标 ε_M 的一阶导数，并且引入变系数 $F(t)$。为了更准确地补偿动态制导误差需要确定目标角坐标高阶导数，建立相应复杂的补偿信号计算装置将十分必要。

实际上，为了确定目标角坐标的导数，需要微分噪声污染的信号，这样自然就增大了制导指令形成电路中的噪声电平，从而使制导的随机误差增大。因此，当设计这些系统时，必须找到保证动态制导误差和随机误差可以接受的折中解决方法。这个问题可以利用随机控制理论加以解决。

13.5.5　重力对动态制导误差的影响

在某些情况下，评价制导精度时，必须考虑重力的影响。重力是一种力图使导弹偏离需要的运动弹道的外力。因此，为了补偿重力的影响，需要某种附加的法向过载 $\Delta n_y = \cos\theta$，它由相应的升降舵偏转产生。

前面已指出，遥控制导系统对以法向加速度形式输入的信号将产生相对给定弹道的静态线偏差，因而重力加速度将引起相对给定弹道的附加线偏差。为了计算重力对制导精度的影响，将重力作为作用在弹上的附加干扰来研究。在这里，不加推导地给出以重力为输入、以导弹坐标为输出的传递函数：

$$W_{\mathrm{g}}^{\vartheta}(s) = \frac{K_{\mathrm{g}}^{\vartheta}}{T_{\mathrm{d}}^2 s^2 + 2\xi_{\mathrm{d}} T_{\mathrm{d}} s + 1} \tag{13.38}$$

式中，$K_{\mathrm{g}}^{\vartheta}$ 为重力到俯仰角的传递增益；T_{d} 为弹体时间常数；ξ_{d} 为弹体阻尼比。

$$W_{\mathrm{g}}^{\theta}(s) = \frac{K_{\mathrm{g}}^{\theta}(\tau^2 s^2 + 2\xi\tau s + 1)}{T_{\mathrm{d}}^2 s^2 + 2\xi_{\mathrm{d}} T_{\mathrm{d}} s + 1} \tag{13.39}$$

式中，ξ 为二阶微分环节阻尼比；τ 为二阶微分环节时间常数；K_{g}^{θ} 为重力到弹道倾角的传递增益。

如果在稳定系统中加入了测量角速度 $\dot{\vartheta}$ 的传感器和测量法向加速度 a 的加速度计，那么分析重力对稳定系统动力学制导精度的影响时，利用图 13.18 是十分方便的。

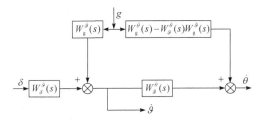

图 13.18　计算重力对制导精度影响的结构图

13.5.6　随机制导误差

计算由目标坐标测量值的起伏误差引起的随机制导误差时，通常在系统定常假设下研究问题，这可以在很大程度上简化分析和计算工作。因此，建立在定常随机过程理论基础上的随机制导误差计算方法应当作为一次近似方法来研究。考虑随机过程的非定常性、非线性的影响和控制通道相互作用等因素时，只能借助仿真技术来完成随机制导误差的计算。

利用制导回路计算结构图(参见图 13.11)，可以较简单地计算制导误差随机分量的均方差值。

13.6　驾束制导系统分析与设计

13.6.1　计算结构图

驾束制导时,制导站与导弹之间没有指令线,由制导站发出导引波束,导弹在导引波束中飞行,靠弹上制导系统感受其在波束中的位置并形成制导指令,最终将导弹引向目标。驾束制导是一种遥控制导技术。

驾束制导系统与遥控指令制导系统的主要区别在于指令形成装置的位置。在遥控指令制导系统中,制导指令的形成是在制导站上实现的。利用无线电遥控装置将制导指令传送到弹上,因此指令形成装置位于制导回路内。当采用驾束制导系统时,指令形成装置仅仅执行运动学弹道角坐标的计算,并利用计算结果引导波束,在这种情况下指令形成装置在制导回路之外。

在驾束制导系统中,误差信号直接在弹上形成,它表征导弹相对波束轴的角偏差(或线偏差)。因此,在遥控指令制导系统中由指令形成装置完成的回路校正功能,在驾束制导系统中是由导弹的弹上仪器完成的。

上述驾束制导系统的特点清楚地表现在结构图(图 13.19)上。图中 $W_{BG}(s)$ 是驾束制导装置,这种装置在最简单的情况下可以是使指令形成装置的信号变换为波束转动角的普通跟踪系统。为了确定导弹与波束轴之间的角偏差,弹上装有传递函数为 $W_{\Delta\varepsilon}(s)$ 的信号处理部件。为了获得导弹相对运动学弹道的线偏差,与遥控指令制导系统类似,引入一个时间函数 $R(t)$ 代替实际的 $r(t)$,有

$$h = R(t)\Delta\varepsilon \tag{13.40}$$

这种运算可以利用最简单的解算装置来完成。

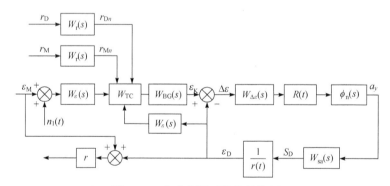

图 13.19　驾束制导系统的结构图

$W_r(s)$ 为导弹及目标测距装置;$W_\varepsilon(s)$ 为导弹及目标测角装置;W_{TC} 为运动学弹道解算装置

图 13.19 所示结构图可用于采用任意制导方法的情况,这时利用目标和导弹的角坐标和倾斜距离计算运动学弹道。

在没有动态制导误差补偿的情况下,采用三点法制导可以没有指令形成装置,这是因为运动学弹道的角坐标与目标角坐标重合。在这种情况下,制导波束可以是测量目标角坐标的雷达站波束,此时得到的制导系统被称为单波束系统。图 13.20 所示为三点法单

驾束制导系统部分结构图。

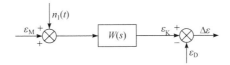

图 13.20　三点法单驾束制导系统部分结构图

13.6.2　动力学特性校正

在遥控指令制导系统中，必要的制导回路校正可以应用指令形成装置中的校正网络来实现。这个校正网络是制导站的元件之一，也是闭合制导回路的组成部分。然而，在驾束制导系统中，制导站的元件及指令形成装置不被包含在闭合制导回路内。因此，为了校正闭合制导回路的动力学特性，尤其是为了保证系统具有足够的稳定裕度，只能在弹上装置中引入必要的校正网络。

形成制导回路的各个环节，如二阶积分运动环节、稳定系统等，都产生负相移，引入校正网络的目的是引入正相移，以保证制导回路的稳定。

对制导回路进行校正的一条途径是用串联校正装置，即在偏差信号接收装置的输出端引入一个超前校正网络。但是这样做会得到非常不好的结果，因为偏差信号接收装置的输出信号通常被噪声污染，超前校正网络呈现的微分特性会大大地增加噪声电平。这种"强化"的噪声，可以剧烈地破坏制导系统的正常工作，并且大大地使制导精度变差，所以此时最好在稳定系统反馈通道上引入并联校正装置。

并联校正装置一般接在微分陀螺仪或线加速度计的输出端。为了得到前向通道相位超前效应，应当在反馈通道中引入引起相位延迟的滞后滤波器。典型做法是在加速度计之后引入如下形式的校正网络：

$$W_\varphi = \frac{T_0 s}{(T_0 s + 1)(T_1 s + 1)(T_2 s + 1)} \tag{13.41}$$

由此可见，在驾束制导中，利用稳定系统的校正网络来实现对制导回路动力学特性的辅助校正，使制导回路进行串联校正时选取具有较弱微分效应的网络成为可能，这样大大改善了系统的制导精度。

13.6.3　动态制导误差和随机制导误差

和遥控指令制导系统一样，利用计算结构图可以研究动态制导误差和随机制导误差的计算方法。分析任意制导方法情况下的制导误差是一项十分复杂的任务。这里只讨论三点法制导情况下制导误差的计算方法。

采用三点法制导时，线性制导误差由式(13.42)确定：

$$h = r(t)(\varepsilon_M - \varepsilon_D) \tag{13.42}$$

当导弹斜距与目标斜距相等时，式(13.42)确定了脱靶量。

根据图 13.19 和图 13.20，计算出单波束系统制导误差的传递函数(忽略目标坐标测量装置的惯性)为

$$\frac{h(s)}{\varepsilon_{\mathrm{M}}(s)} = \frac{r(s)}{1+G(s)} \tag{13.43}$$

式中，$G(s)$ 为制导系统开环传递函数。这种情况下，在分析遥控指令制导系统时所得到的系数"冻结"法的一切结论仍然有效。与遥控指令制导系统类似，也可写出另一种形式的制导误差形式：

$$h(s) = \frac{W_{\mathrm{sa}}(s)}{1+G(s)} a_{\mathrm{K}}(s) \tag{13.44}$$

计算动态制导误差的方法与遥控指令制导系统完全相同。

计算随机制导误差时，如果认为随机干扰 $n_1(t)$ 附加在控制信号 $\varepsilon_{\mathrm{K}}(t)$ 同一点上，则应当利用以下的传递函数：

$$\frac{h(s)}{n_1(s)} = r(t)W_{\varepsilon}(s)\frac{G(s)}{1+G(s)} \tag{13.45}$$

利用这个传递函数，可以确定随机制导误差的频谱密度 $S_{\mathrm{h}}(\omega)$ ，并计算出此误差的均方差值。

本 章 要 点

1. 遥控制导的概念及分类。
2. 遥控制导误差信号的形成方法。
3. 遥控制导的运动学环节、方程和传递函数。

习　　题

1. 什么是遥控制导？其主要包括哪几类？
2. 遥控制导中对观测跟踪装置的一般要求是什么？
3. 简述减小遥控制导系统动态误差的方法。

第 14 章

"萨姆-2"防空导弹制导控制系统分析

14.1 "萨姆-2"防空导弹简介

"萨姆-2"防空导弹是苏联制造的第一代全天候中程、高空地空防空导弹武器，主要用于拦截敌轰炸机，执行要地防空。

"萨姆-2"防空导弹采用两级发动机，第一级是固体燃料助推段，工作 4~5s，弹径 0.645m；第二级是发烟硝酸–煤油液体发动机，工作 22s，弹径 0.5m。战斗部重 195kg，内装 135kg 炸药，低空杀伤半径 65m，高空杀伤半径 250m，平均精度 75m。

载车为"吉尔"ZIL-157 半拖车，最大速度为 35km/h。

雷达站组成："匙架"预警/搜索雷达，作用距离 275km；"边网"测高雷达；"刀架"指示/跟踪制导雷达，作用距离 65km；"扇歌"制导雷达，发现目标距离达 70km 以上，自动跟踪距离 55km，采用机械双天线双波束扫描方式，能够同时跟踪 6 批目标和制导 3 发导弹攻击 1 个目标。

14.2 制导控制系统各部分的传递函数

为了对制导控制系统进行分析，必须知道其传递函数。下面给出适当简化后的制导控制系统回路方框图。

从图 14.1 可看出，系统的输入量是目标的高低角 ε_M，输出量是导弹的高低角 ε_D。目标是运动的，一般地空导弹都是迎面攻击目标，因此 ε_M 是不断增大的，要求导弹的高低角 ε_D 也不断增大，使 ε_D 跟上 ε_M 的变化。也就是说，要求导弹在任何时刻都处于目标线上。当导弹偏离目标线之后，雷达测角系统测出角偏差 $\Delta\varepsilon = \varepsilon_M - \varepsilon_D$。根据 $\Delta\varepsilon$ 的大小和方向形成控制信号，以操纵导弹飞行。

通过结构图变换得到输入量为弧长 S_M、输出量为弧长 S_D 和线偏差为 h_ε 的遥控指令制导系统方框图(图 14.2)。在导弹与目标遭遇时刻，h_ε 就表示导弹偏离目标的距离，即表示脱靶量。

设置制导控制系统的目的就是使导弹准确命中目标，即要求脱靶量越小越好，因此对自动驾驶仪回路和制导回路提出一系列要求。舵回路的主要作用是使舵系统的参数稳定和提高舵系统的快速性。阻尼回路使弹体有较好的人为阻尼系数，它与弹体所构成的回路可以看作一个"新的弹体"，可比较准确地用一个二阶振荡环节来描述。加速度反馈回路的作用是使过载 n_y 与控制电压 U''_K 的比值保持稳定，以便实现比例控制。

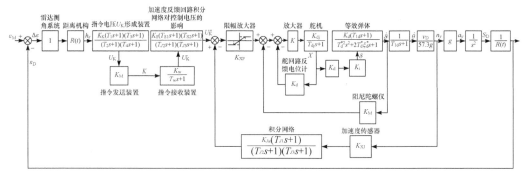

图 14.1　遥控指令制导系统闭合回路方框图

T_{1d} 为等效弹体气动时间常数；T_d^* 为等效弹体时间常数；K_M 为指令发送装置增益；T_{dj} 为舵机时间常数；X 为舵轴位移；δ 为舵偏；K_{XF} 为限幅放大器增益；K_{dj} 为舵机增益；K_i 为舵控制增益；ξ_d^* 为等效弹体阻尼比；g 为重力常数；K_w 为指令接收装置增益；T_w 为指令接收装置一阶时间常数

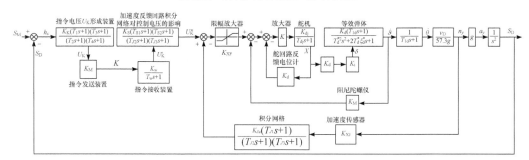

图 14.2　以弧长 s_M 为输入量、s_D 为输出量的遥控指令制导系统方框图

为了讨论加速度反馈回路某些环节的作用，对其进行深入研究。图 14.3 为加速度反馈回路方框图。

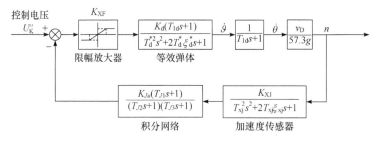

图 14.3　加速度反馈回路方框图

加速度反馈回路中的积分网络，对加速度反馈回路本身来说并不需要，是为了制导回路的需要。加速度反馈回路中的积分网络反映在制导回路上起着微分网络的作用。由

于加速度传感器的时间常数 T_{xj} 很小，可以忽略不计，因此加速度传感器的传递函数为 K_{XJ}。加速度反馈回路的闭环传递函数为

$$\phi_n(s) = \frac{\dfrac{K_{XF}K_d^* v_d}{57.3g}(T_{J2}s+1)(T_{J3}s+1)}{\left(T_d^{*2}s^2 + 2T_d^*\xi_d^*s + 1\right)(T_{J2}s+1)(T_{J3}s+1) + \dfrac{K_{XF}K_d^* v_d K_{XJ}K_{Ju}}{57.3g}(T_{J1}s+1)} \tag{14.1}$$

从式(14.1)可以看出，在加速度反馈回路闭环传递函数的分子中有 $(T_{J2}s+1)(T_{J3}s+1)$，因此加速度反馈回路的积分网络反映在制导回路上为微分网络，使制导回路的相位超前，提高了制导回路的稳定裕度。加速度反馈回路积分网络的选择应与地面制导站校正网络的选择相配合，不能由弹上回路单独选择。计算表明，积分网络时间常数的变化对稳定回路本身的影响不大，因此积分网络的选择应根据制导回路的要求而定。

整个弹上制导回路的传递函数可用式(14.2)来表示：

$$\phi_n(s) = \frac{K_{uk}^n (T_{J2}s+1)(T_{J3}s+1)}{As^4 + Bs^3 + Cs^2 + Ds + 1} \tag{14.2}$$

式中，

$$\begin{cases}
K_{uk}^n = \dfrac{K_{XF}K_d^* \dfrac{v_D}{57.3g}}{1 + K_{XF}K_d^* K_{XJ}K_{Ju} \dfrac{v_D}{57.3g}} \\[4mm]
A = \dfrac{T_d^{*2}T_{J2}T_{J3}}{1 + K_{XF}K_d^* K_{XJ}K_{Ju} \dfrac{v_D}{57.3g}} \\[4mm]
B = \dfrac{2T_d^*\xi_d^* T_{J2}T_{J3} + T_d^{*2}(T_{J2} + T_{J3})}{1 + K_{XF}K_d^* K_{XJ}K_{Ju} \dfrac{v_D}{57.3g}} \\[4mm]
C = \dfrac{T_{J2}T_{J3} + 2T_d^*\xi_d^*(T_{J2} + T_{J3}) + T_d^{*2}}{1 + K_{XF}K_d^* K_{XJ}K_{Ju} \dfrac{v_D}{57.3g}} \\[4mm]
D = \dfrac{T_{J2} + T_{J3} + 2T_d^*\xi_d^* + K_{XF}K_d^* K_{XJ}K_{Ju} \dfrac{v_D}{57.3g}T_{J1}}{1 + K_{XF}K_d^* K_{XJ}K_{Ju} \dfrac{v_D}{57.3g}}
\end{cases} \tag{14.3}$$

在上面的讨论中，假定限幅放大器为放大环节。下面讨论限幅放大器的作用问题。

导弹的运动除受控制电压 U_K' 的控制外，不可避免地还要受到各种干扰的作用。阻尼回路的作用是使弹体受扰动后所引起的振荡很快地消失，因此必须保证在任何时候阻尼回路都处于正常工作状态。为了做到这一点，必须保证阻尼陀螺仪的反馈信号在任何时

候都能通过舵系统。因此，在较大的控制电压 U'_K 的作用下，要求舵偏角永不达到饱和值，留有适当的舵偏角余量，让阻尼陀螺仪反馈信号能顺利通过，使阻尼回路在任何情况下都能正常工作。为此，地空导弹在阻尼回路之前设置有限幅放大器 XF，限幅放大器的输入输出特性如图 14.4 所示。

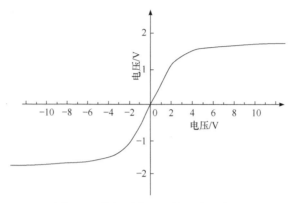

图 14.4   限幅放大器的输入输出特性

对一些地空导弹，最大舵偏角为 $\delta_{\max}$，限幅放大器输出电流达到饱和时，舵偏角 $\delta < \delta_{\max}$，留有余量。这一余量是专门留给阻尼陀螺仪反馈信号的，因此在限幅放大器饱和时，阻尼陀螺仪的反馈信号仍能通过舵系统，这样就保证了阻尼回路在任何时候都能正常工作。

如果用式(14.2)来代替图 14.2 中的飞行控制系统部分，则可得简化后的制导回路方框图，如图 14.5 所示。

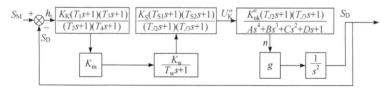

图 14.5   简化后的制导回路方框图

因为 K^n_{uk} 和 A、B、C、D 等系数都是随着导弹的飞行高度和飞行速度而变化的，所以制导控制系统是变系数系统，研究这样复杂的系统一定要用计算机来计算，在进行初步分析和设计的时候，可以应用自动控制原理的方法来确定各种制导控制回路的形式和基本参数。

14.3   导弹稳定控制系统

为了完成控制和稳定导弹运动的任务，"萨姆-2"导弹自动驾驶仪设立了互相独立的俯仰通道、偏航通道和滚转通道三个通道。其中，滚转通道的姿态角控制系统即倾斜运动稳定系统。操纵副翼，使副翼舵偏转，可消除导弹绕弹体纵轴的滚转角。

14.3.1　自动驾驶仪工作过程

"萨姆-2"导弹整个飞行过程分为两个阶段,即带助推器时的"起飞"阶段和抛掉助推器后的"抛掉"阶段。根据导弹的这两种飞行阶段,自动驾驶仪相应地也有两种工作状态,即"起飞"和"抛掉"两种工作状态。

1. "起飞"工作状态自动驾驶仪的工作过程

自动驾驶仪只有滚转通道电路工作,用来消除导弹绕纵轴的滚转角,为导弹进入"抛掉"工作状态接收地面指令并实施正确控制动作而准备条件。俯仰、偏航通道电路在此阶段都不工作,制导站不对导弹进行控制。"起飞"工作状态的滚转控制回路框图如图 14.6 所示。

当导弹受干扰作用绕纵轴滚转而产生滚转角 γ 时,自由陀螺仪就测出该滚转角 γ 并将其转换成电信号 U_K 输出,此信号经过微分网络后,不仅输出与导弹滚转角成正比的电信号,而且输出与滚转角速度成正比的电信号,以提高系统的快速性。经微分后的电信号 I_m 输送至放大器放大,再送到舵机,使活塞移动 X_m,活塞又带动副翼反向偏转 δ_m,在空气动力作用下,产生滚转操纵力矩,在此力矩作用下导弹滚转角减小。这时,自由陀螺仪的输出信号也减小,相应副翼偏转角减小,产生的操纵力矩也减小,但导弹仍在往回滚转,一直到导弹消除了滚转角,自由陀螺仪没有了输出,副翼回到中立位置。这就是"起飞"工作状态滚转通道电路的自动稳定工作过程。

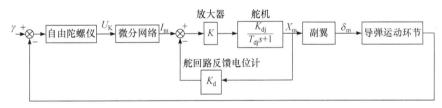

图 14.6　"起飞"工作状态的滚转控制回路框图

2. "抛掉"工作状态自动驾驶仪的工作过程

当导弹助推器被抛掉之后,导弹就进入"抛掉"飞行阶段,此阶段一直到命中目标为止,相应的自动驾驶仪也进入"抛掉"工作状态。

导弹抛掉助推器之后,由于稳定尾翼和助推器一起被抛掉了,因此其固有稳定性削弱了,绕 Oy_1 轴及 Oz_1 轴的振荡加剧,同时制导站开始对导弹制导,所以除滚转通道电路工作外,俯仰、偏航通道电路也在工作。"抛掉"工作状态自动驾驶仪框图如图 14.7 所示。

在"起飞"工作状态,滚转通道电路的任务是消除导弹绕纵轴的滚转角。导弹在抛掉助推器之后,滚转通道电路的任务仍然是消除导弹绕纵轴的滚转角,其工作情况也与"起飞"工作状态时基本相同,不同之处如下:

(1) 以另一套舵机代替与助推器一起被抛掉的舵机;

(2) 动压传感器参与了滚转通道电路的工作;

(3) 以副翼舵的反向偏转代替稳定尾翼上两副翼的反向偏转。

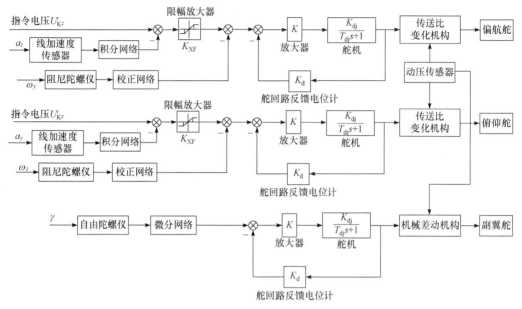

图 14.7   "抛掉"工作状态自动驾驶仪框图

14.3.2   自动驾驶仪回路分析

1. 舵系统回路

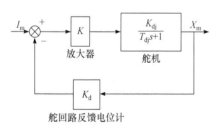

图 14.8   舵系统回路框图

舵系统回路框图如图 14.8 所示。其中,舵机的功能是根据控制信号的作用,利用其动力来克服施于舵面的负载,使舵面偏转。

1) 舵机

"萨姆-2"导弹采用气压舵机,该舵机由控制活门和作动筒两大部分组成。

2) 舵回路反馈电位计

由于舵机参数随飞行状态变化很大,为了保证舵面偏转角与输入控制信号成正比,设立了舵回路,引入负反馈,同时在舵回路中增加了反馈电位计。

舵回路的作用如下所述。

(1) 提高了系统的快速性:

$$\Phi(s) = \frac{K'_{dj}}{T'^2_{dj} s^2 + 2T'_{dj} \xi'_{dj} s + 1}$$

增加负反馈组成舵回路后,闭环时间常数减小了,而且其在导弹飞行过程中几乎保持不变。

(2) 稳定了回路的传递系数。

原来舵机的传递系数变化很大(受负载影响很大)，而增加负反馈组成舵回路后，闭环传递系数的变化很小，在导弹飞行过程中几乎保持不变。

2. 阻尼回路

"萨姆-2"导弹采用阻尼陀螺仪来测量弹体的俯仰角速度 $\dot{\vartheta}$，输出与 $\dot{\vartheta}$ 成正比的电信号。阻尼陀螺仪主要由二自由度陀螺仪(陀螺马达转子和内环)、反作用弹簧、空气阻尼器和电位计式传感器(电位计和电刷)组成，如图 14.9 所示。

由于阻尼陀螺仪有一个反作用弹簧和空气阻尼器，因此它是一个二阶振荡环节，其传递函数为

$$\frac{U_{NT}(s)}{\omega(s)} = \frac{K_{NT}}{T_{NT}^2 s^2 + 2T_{NT}\xi_{NT}s + 1}$$

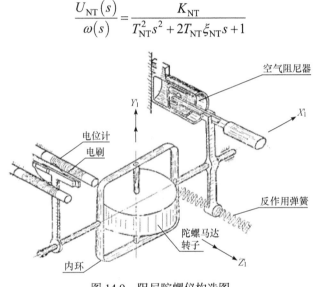

图 14.9　阻尼陀螺仪构造图

将阻尼陀螺仪输出的与 $\dot{\vartheta}$ 成正比的电信号作为负反馈信号输送给舵回路，产生附加舵偏角 $\delta_{附}$，继而产生附加力矩 $M_{附}$。此附加力矩的方向与 $\dot{\vartheta}$ 的方向相反，因此起到阻止弹体摆动的作用，增大了弹体的阻尼，即人为地增大弹体的阻尼系数，满足设计要求。

3. 微分网络

在阻尼陀螺仪的输出端引入了微分网络，从系统工作情况来看，在大偏差控制时(如引入段)，往往输送到弹上的指令电压使直流限幅放大器处于非线性饱和工作状态，此时弹上回路的线加速度传感器反馈信号不起作用。因此，阻尼陀螺仪与弹体等构成一个独立工作回路，显然应当保证回路稳定工作，满足设计要求。因此，有必要采取措施来提高系统的稳定裕度，在加入微分网络后，系统的稳定裕度明显提高了，可满足设计要求。

4. 加速度反馈回路

"萨姆-2"导弹采用了重锤式线加速度传感器,以测量导弹的横向过载(法向加速度),并将其转换成相应的电信号输出。

14.4   导弹制导控制系统

14.4.1   串联微积分校正网络的作用

对于"萨姆-2"地空导弹来说,若最小倾斜距离 $D_{\min}$ 约为 10 km,则从导弹受控开始,过渡过程时间应在 15s 内。从缩短 $D_{\min}$ 来说,过渡过程时间越短越好。但是,过渡过程时间太短也不好。在研究过渡过程时间与系统频带的关系时,发现系统的过渡过程时间长时,系统的频带就窄,对抑制随机干扰有利。如果系统过渡过程时间短,系统的频带就宽,随机干扰容易通过,增大了系统的随机误差,在遭遇距离比较大时,制导精度很差,所以过渡过程时间太短也不好。因此,"萨姆-2"地空导弹过渡过程时间为 10~15s(严格地说,应该是引入段时间)。

1. 串联微分校正网络的作用

为了便于说明串联微分校正网络的作用,对系统做一些简化。假定弹上加速度反馈回路没有积分网络,即

$$T_{J1}=0 \ , \ T_{J2}=0 \ , \ T_{J3}=0$$

同时,

$$T_{S1}=0 \ , \ T_{S2}=0$$

弹上回路可用一个二阶振荡环节来表示,在式(14.2)和式(14.3)中 $A=0$, $B=0$,

$$C=\frac{T_{\mathrm{d}}^{*2}}{1+K_{\mathrm{XF}}K_{\mathrm{d}}^{*}K_{\mathrm{XJ}}K_{Ju}\dfrac{v_{\mathrm{D}}}{57.3}}$$

$$D=\frac{2T_{\mathrm{d}}^{*}\xi_{\mathrm{d}}^{*}+K_{\mathrm{XF}}K_{\mathrm{d}}^{*}K_{\mathrm{XJ}}K_{Ju}\dfrac{v_{\mathrm{D}}}{57.3g}}{1+K_{\mathrm{XF}}K_{\mathrm{d}}^{*}K_{\mathrm{XJ}}K_{Ju}\dfrac{v_{\mathrm{D}}}{57.3g}}$$

令 $T_{\mathrm{d}}'^{2}=C$, $2T_{\mathrm{d}}'\xi_{\mathrm{d}}'=D$,则式(14.2)变成

$$\phi_{\mathrm{n}}\left(s\right)=\frac{K_{\mathrm{uk}}^{n}}{T_{\mathrm{d}}'^{2}s^{2}+2T_{\mathrm{d}}'\xi_{\mathrm{d}}'s+1}$$

假定忽略弹上指令接收装置的惯性,即令 $\dfrac{K_{\mathrm{w}}}{T_{\mathrm{w}}s+1}$ 中的 $T_{\mathrm{w}}=0$ 。

首先讨论制导站没有串联微分校正网络的情况,即 $T_1=T_2=T_3=T_4=0$ 。

根据以上的简化结果,方框图 14.5 变成图 14.10。

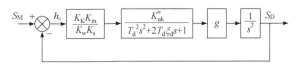

图 14.10 没有串联微分校正网络的制导回路方框图

从方框图 14.10 可看出，在没有串联微分校正网络时，系统的开环传递函数由一个二次振荡环节和两个积分环节串联而成。如果给出开环传递函数的对数频率特性，相角都在 $-180°$ 线以下，不论如何改变开环放大系数，系统都是不稳定的，这种系统称为结构不稳定系统。

如果在指令形成装置中，除产生与线偏差 h_ε 成正比的信号外，还产生与线偏差变化速度 $\dot{h}_\varepsilon$ 成比例的信号，即在系统中引入串联微分校正网络 $(1+Ts)$，则方框图 14.10 变成方框图 14.11，如果 T 比 T_d' 大得多，则系统在结构上就是稳定的。

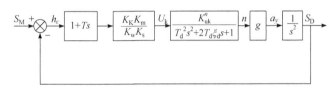

图 14.11 有串联微分校正网络的制导回路方框图

串联了微分校正网络之后，一个结构上不稳定的系统变为一个结构上稳定的系统，或一个稳定性较差的系统变为一个稳定性和品质指标较好的系统。

"萨姆-2"地空导弹串联微分校正网络的传递函数形式为 $\dfrac{T_1 s+1}{T_2 s+1}(T_1 > T_2)$。为了进一步加强制导回路的微分作用，在其加速度反馈回路中串入一个积分网络。加速度反馈回路中的积分网络反映在制导回路上为微分网络，加强了制导回路的微分作用。串联微分校正网络起主要作用，加速度反馈回路积分网络对制导回路所起的微分作用是辅助性的。

2. 串联积分校正网络的作用

串联微分校正网络会加宽系统频带，随机干扰的作用也加剧，因而影响系统的制导精度。因此，系统频带的宽度应有限制，必须适当地选择截止频率 ω_C。另外，如果只用串联微分网络校正，当开环放大系数 K_0 增大时，对数幅频特性曲线向上移，ω_C 增大，即系统的频带加宽，这样一来，随机干扰的影响增大，降低了制导精度。

为了不使频带加宽，又要保证一定的开环放大系数 K_0，必须再串联一个积分网络 $\dfrac{T_3 s+1}{T_4 s+1}(T_4 > T_3)$，加入串联积分校正网络之后，会降低系统的稳定裕度，但是经过适当选择，可在尽量少影响稳定性的前提下，大大提高系统的开环放大系数 K_0。

根据上面分析，可在某些地空导弹制导回路中采用串联微积分校正网络。串联微分校正网络的作用在于提高系统的稳定性和加快系统的反应速度。串联积分校正网络的作用是，在尽量不影响系统稳定性的前提下，提高系统的开环放大系数，以减小稳态误差。串联微积分校正网络是根据给定的过渡过程时间和开环放大系数来选择的，这是一项比较复杂的工作。为了使制导回路的过渡过程时间比较合理，对制导回路的相位稳定裕度和幅值稳定裕度都有一定的要求。在低空段弹体时间常数比较小，稳定裕度大；在高空，由于弹体时间常数比较大，所以稳定裕度小。为了使制导回路过渡过程时间比较合理，一般在低空段相位稳定裕度大约为 40°，幅值稳定裕度大于 10dB；在高空段相位稳定裕度大约只有 30°，幅值稳定裕度大于 6dB。如果相位稳定裕度和幅值稳定裕度都在上述范围内，则制导回路的品质指标能满足要求。

14.4.2 半前置点法的工程实现

因为三点法的理论弹道曲率大，为保证理论弹道比较平直，在工程上通常优先采用半前置点法制导。然而，在整个制导过程中要实现半前置点法是有困难的。因为雷达天线的扫描范围是有限制的，有的地空导弹的制导雷达天线的扫描范围为目标线左右各 5°，所以最大的前置角应限制在 ±5°。如果超过这个范围，导弹就可能在雷达天线扫描范围之外，这样导弹就会失去控制。因此，对前置角必须进行一定的限制，一般来说 $\dot{\varepsilon}_{\mathrm{M}}$ 的变化范围比较小，ΔR 和 $\Delta \dot{R}$ 的变化范围比较大。为了保证 $\eta^* < 5°$，必须对 ΔR 的最大值和 $\Delta \dot{R}$ 的最小值进行限制。

对"萨姆-2"地空导弹，$2\Delta \dot{R}$ 的最小值限制规律为

$$\underline{2\Delta \dot{R}} = \begin{cases} -v, & \left|2\Delta \dot{R}\right| \leqslant v \\ 2\Delta \dot{R}, & \left|2\Delta \dot{R}\right| > v \end{cases} \tag{14.4}$$

$\underline{2\Delta \dot{R}}$ 与 $2\Delta \dot{R}$ 的关系如图 14.12 所示。

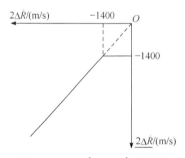

图 14.12 $\underline{2\Delta \dot{R}}$ 与 $2\Delta \dot{R}$ 的关系

在选择 ΔR 的最大值限制规律时，应考虑两个限制因素：①在遭遇点附近要保证实现半前置点法制导；②在导弹刚进入雷达波束范围时，应避免导弹飞出波束范围，所以在导弹飞行初始段要求接近于三点法制导。考虑了这两个限制因素之后，ΔR 的最大值限制规律确定如下：

$$\overline{\Delta R} = \Delta R \left(1 - \frac{\Delta R}{R_0}\right) \tag{14.5}$$

式中，R_0 为最大距离。

$\overline{\Delta R}$ 与 ΔR 的关系如图 14.13 所示。

考虑了限制因素后半前置角为

$$\eta^* = \frac{\overline{\Delta R}}{2\Delta \dot{R}} \dot{\varepsilon}_{M}$$ (14.6)

因此,"萨姆-2"地空导弹的制导方法介于三点法和半前置点法之间。在前半段接近于三点法,在后半段接近于半前置点法。图 14.14 为前置点法、半前置点法、实际半前置点法和三点法这几种制导方法的弹道示意图。从图中可看出,实际半前置点法弹道的曲率比三点法的要小。

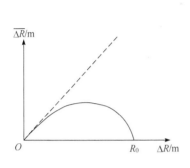

图 14.13　$\overline{\Delta R}$ 与 ΔR 的关系

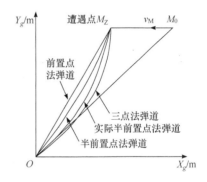

图 14.14　几种制导方法的弹道示意图

按半前置点法制导时,要给出半前置角(η^*)信号。在实际系统中,半前置角不是用角度的形式给出,而是把 η^* 表示成导弹至目标线 OM 的线偏差 $h_{\varepsilon q}$。$h_{\varepsilon q}$ 可用式(14.7)表示:

$$h_{\varepsilon q} = \eta^* \cdot R(t) = \frac{\overline{\Delta R}}{2\Delta \dot{R}} \dot{\varepsilon}_{M} R(t)$$ (14.7)

式中,$R(t)$ 为导弹斜距;$h_{\varepsilon q}$ 为半前置角信号。

按半前置点法制导时,制导回路的方框图如图 14.15 所示。

根据图 14.15 可得

$$h_{\varepsilon} = S_{M} + h_{\varepsilon q} - S_{D}$$

当 $h_{\varepsilon} = 0$ 时,$S_{D} = S_{M} + h_{\varepsilon q}$,导弹沿着实际半前置点法弹道飞行。

按半前置点法制导时,动态误差补偿应按半前置点法弹道弯曲情况来计算。对"萨姆-2"地空导弹,半前置点法的动态误差补偿 $h_{\varepsilon D}$ 可用式(14.8)表示:

$$h_{\varepsilon D} = K'(t)\varepsilon_{M}$$ (14.8)

式中,$K'(t) = k_2 X(t)$,$X(t) = b + ct$,k_2 为动态误差补偿项的增益斜率。

半前置点法弹道比三点法弹道平直,所以半前置点法的动态误差较小。

考虑动态误差补偿和重量误差补偿,按半前置点法制导的制导回路方框图如图 14.16 所示。

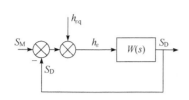
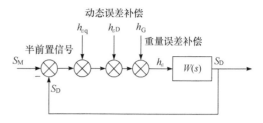

图 14.15   按半前置点法制导时制导回路的方框图   图 14.16   考虑了补偿信号和半前置信号的制导回
路方框图

必须指出，当导弹沿着半前置点法弹道飞行时 $S_D = S_M + h_{\varepsilon q}$，而按三点法弹道飞行时 $S_D = S_M$。

在上面的讨论中，假定系统各元件都是线性的，没有考虑系统中的许多非线性因素。下面简单讨论制导回路非线性元件的作用。

14.4.3   制导回路非线性元件的作用

在地面制导站指令形成系统中引入线偏差限幅放大器。这里主要讨论在微分网络中对线偏差 h_ε 的限制问题。

h_ε 的限制规律如下：

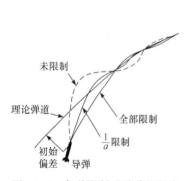

图 14.17   各种限制对弹道的影响

$$h_\varepsilon = \begin{cases} h_\varepsilon, & |h_\varepsilon| \leqslant 175 \\ 175 + \dfrac{1}{6}(h_\varepsilon - 175), & h_\varepsilon > 175 \\ -175 + \dfrac{1}{6}(h_\varepsilon + 175), & h_\varepsilon < -175 \end{cases}$$

如果对 h_ε 超过 h_0 部分采取全部限制，则形成的指令电压 U_k 较小，导弹进入理论弹道的时间也比较长。如果对 h_ε 超过 h_0 部分采取部分限制，则弹道的摆幅不大，导弹进入理论弹道的时间也比较短。根据仿真计算结果，对某些地空导弹采用 1/6 限制比较合适。各种限制对弹道的影响如图 14.17 所示。

本 章 要 点

1. 遥控指令制导系统闭合回路方框图。
2. "萨姆-2"导弹自动驾驶仪工作过程与各回路的作用。
3. 串联微积分校正网络的作用以及半前置点法的工程实现方法。

习　题

1. 画出"萨姆-2"导弹的遥控指令制导系统闭合回路方框图。
2. 简述"萨姆-2"导弹自动驾驶仪工作过程。
3. 简述"萨姆-2"导弹自动驾驶仪中舵系统回路、阻尼回路、微分网络和加速度反馈回路的作用。
4. 制导回路中串联微积分校正网络的作用是什么？
5. 半前置点法在工程实现中如何实现对前置角的约束？
6. 在微分网络中为什么要对线偏差 h_ε 进行限制？

第 15 章

导弹自动寻的制导系统分析与设计

15.1 自动寻的制导导引方法

15.1.1 自动寻的制导系统组成原理

自动寻的制导又称自导引,是用弹上制导设备接收目标辐射或反射的信息,实现对目标的跟踪并形成制导指令,从而引导导弹飞向目标的一种制导技术。以雷达制导为例,根据初始电波能源的位置,雷达自导引分为主动式、半主动式和被动式三种。主动式雷达自导引的初始电波能源(雷达发射机)装在导弹上。半主动式雷达自导引,照射目标的初始电波能源不是装在导弹上,而是装在制导站内。被动式雷达自导引是利用目标发出的无线电辐射来实现的。雷达自导引的分类如图 15.1 所示。

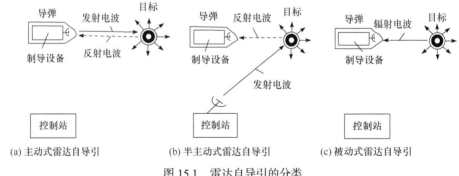

(a) 主动式雷达自导引　　　(b) 半主动式雷达自导引　　　(c) 被动式雷达自导引

图 15.1　雷达自导引的分类

由图 15.1 可见,主动式、半主动式和被动式雷达自导引系统观测目标,所需无线电波的来源不同。但是,它们在制导过程中,都利用目标投射来的无线电波确定目标的方位,并观测、跟踪目标,形成制导指令来操纵导弹飞行,这些都是由弹上制导设备完成的。因此,它们的基本工作原理和组成大体相同。

自动寻的制导导弹制导系统的作用是自动截获和跟踪目标,并以某种自动寻的方法控制导弹产生机动,最终以一定精度(小脱靶量)击毁目标。它的组成部分如下所述。

(1) 导引头。导引头分红外型、雷达型和激光型等多种,它的功用是根据来自目标的能流(热辐射、激光反射波、无线电波等)自动跟踪目标,并给导弹自动驾驶仪提供导引控制指令，给导弹引信和发射架提供必要的信息。

(2) 稳定回路。稳定回路由自动驾驶仪和导弹弹体空气动力学环节组成，用来稳定导弹的角运动，并根据制导信号产生适当的导弹横向机动力，保证导弹在任何飞行条件下按制导规律逼近目标。

(3) 运动学环节。运动学环节是一组运动方程，描述导弹和目标之间的运动关系。根据这组方程，将导弹和目标质心运动的有关信息反馈到导引头的输入端，从而形成闭合的自动寻的制导系统。图 15.2 为自动寻的制导系统基本组成示意图。

图 15.2　自动寻的制导系统基本组成示意图

15.1.2　自动寻的制导导引方法的分类与弹道特性

1. 自动寻的制导导引方法的分类

用来建立任何自动寻的制导系统的基本信息是导弹和目标的相对位置，这一位置由目标视线在空间的方向所确定。为了给出自动寻的方法，必须确定所要求的目标视线相对于某个基准坐标系的位置。图 15.3 给出了自动寻的几何关系，根据图中坐标系的选择方法可以将自动寻的制导导引方法分为三类。

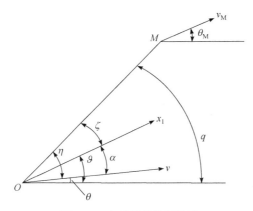

图 15.3　自动寻的几何关系

对第一类导引方法，要求导弹向目标运动时，目标视线相对导弹纵轴有一个确定的位置。换句话说，这里给方位角 ζ 的变化增加了一个约束。最简单的情形是要求 $\zeta = 0$，即目标的视线与导弹的纵轴重合(直接导引法)。一般情况下，方位角可按某个复杂的规律进行变化。

对第二类导引方法，要求在导弹的运动过程中，目标视线相对导弹的速度矢量有一个完全确定的位置。在这种情形下，给前置角 η 的变化增加了一个约束。最简单的情形是要求 $\eta = 0$。这时，导弹的速度矢量总是指向目标(追踪导引法)。或者，前置角始终是常值，且不等于零(具有前置量的追踪导引法)。在一般情况下，前置角可以是变量，按一定的时间规律或者某一个运动学参数而变化(如比例导引法)。

对第三类导引方法,在控制导弹的运动时要求保证目标视线方向相对空间某个确定的方向是一定的。显然,在这种情况下,必须要求目标视线与水平轴之间的夹角 q 按某种规律变化。最简单的情形是 $q = \text{const}$(平行接近法)。

所列举的三种导引方法不可能包括所有可能的情况(如还可以提出一种导引方法,其同时对 ζ、η 和 q 等变量增加约束),但是上述分类包含了最感兴趣的情形。同时,所列的每一种导引方法对应有代表性的导弹运动弹道的特征。

2. 各种自动寻的制导导引方法的弹道特性

这里只引用飞行力学得出的结论,涉及最常见的几种导引方法,如直接导引法、追踪导引法、比例导引法和平行接近法。

直接导引法要求导弹向目标运动时,目标的视线与导弹的纵轴重合。该方法的基本特点是,当目标不动时,随着导弹和目标斜距的减小,导弹的攻角是发散的,在命中点处将趋于无穷大。因为导弹的攻角是有限的,在到达目标之前导弹已经偏离了理想弹道,所以该制导规律不可能理想地实现。不过,只要在偏离理想弹道时刻导弹与目标的斜距足够小,还是可以接受的。因此,只有在目标速度较慢,导弹速度也很慢,并且初始距离足够大的情况下才适用。

追踪导引法要求导弹向目标运动时,目标的视线与导弹的速度矢量重合。该方法的基本特点是,当导弹做准确的迎头或尾追目标运动时,导弹的弹道是直线。除工程中不能实现的前半球攻击外,要求导弹的速度必须高于目标的速度。当导弹速度与目标速度之比小于等于 2 时,在整个飞行过程中导弹的法向过载将是有限值,导弹将直接命中目标。当导弹速度与目标速度之比大于 2 时,导弹的法向过载将趋于无穷大,导弹将不能直接命中目标,这是因为导弹在还未到达目标时就偏离了理想弹道。但是,这并不意味着追踪导引法不能应用,只要在偏离理想弹道时刻导弹与目标的斜距足够小,还是可以接受的。因此,通常只有在进行后半球攻击且目标速度较慢或静止、导弹偏离理想弹道时刻,以及导弹与目标的斜距足够小的情况下才适用。

比例导引法要求导弹速度矢量的转动角速度与目标线的转动角速度成正比。比例导引法可以得到较为平直的弹道。在导航系数满足一定条件时,弹道前段导弹能充分利用机动能力;弹道后段则较为平直,导弹具有较富裕的机动能力。只要发射条件及导航参数组合适当,就可以使全弹道上的需用过载小于可用过载,从而实现全向攻击。另外,比例导引法对瞄准发射时的初始条件要求不严。在技术上实现比例导引法也是可行的,因为只需测量目标视线角速度和导弹的弹道倾斜角速度。因此,比例导引法得到了广泛的应用。

平行接近法是要求导弹在攻击目标的过程中,目标视线在空间保持平行移动的一种导引方法。该方法的基本特点:当目标机动时,按平行接近法导引的弹道的需用过载小于目标的机动过载。进一步的分析结果表明,与其他导引方法相比,用平行接近法导引的弹道最平直,还可实现全向攻击。然而,虽然平行接近法的弹道特性较优,但到目前为止其并未得到广泛应用。这是因为,它要求制导系统在每一瞬时都要精确测量目标及导弹的速度和前置角,并严格保持平行接近法的导引关系。实际上,由于发射偏差或干扰的存在,不可能绝对保证相对速度矢量始终指向目标。因此,这种导引方法对制导系统提出了很高的要求,使制导系统复杂化,甚至很难付诸实施。

15.1.3　自动寻的过程的基本特性

自动寻的过程可分为三个阶段,各阶段之间界限的划分可能很粗略。为了明显起见,图 15.4 给出了自动寻的过程中目标视线角速度随时间变化的特征。

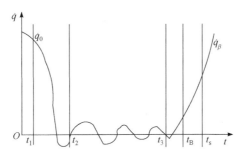

图 15.4　自动寻的过程中目标视线角速度随时间变化的特征
t_1 为导引头与系统接通时刻;　t_2 为初始失调消除时刻;
t_3 为导弹控制系统失稳时刻;　t_B 为导引头停止工作时刻;　t_s 为遭遇目标时刻(战斗部引爆)

导弹运动的第一阶段是初始失调的补偿阶段。一般情况下,目标位标器输出的信号在导弹发射之后不是立刻加入制导系统中的,而是一段时间之后加入,在图 15.4 中用 t_1 表示该加入时刻。在目标位标器输出信号供给稳定系统输入端的时候存在某个初始的目标视线角速度 $\dot{q}_0$,这意味着导弹速度矢量不指向瞬时遭遇点。这个初始误差与采用何种瞄准方法及瞄准误差有关。因为用比例导引法时系统力图使视线角速度趋向于零,所以经过若干时间 T(过渡过程时间)后,这个初始失调就消失了。

导弹运动第二阶段开始跟踪瞬时遭遇点,这个遭遇点会随着目标的机动和导弹速度的变化而移动。当然,在这个"跟踪"过程中,伴随着系统中动态延迟和起伏噪声的干扰作用的影响。

最后,导弹在弹道的某个点(其位置只能大概设定)失去稳定性,表现形式为目标视线角速度剧烈增加,具有单调的可振荡的特征,这个"不稳定性"表现为自动寻的运动学特征。随着与目标的接近,导弹速度矢量与瞬时遭遇点方向的小偏差引起大的、一直增长的目标视线角速度 $\dot{q}_\beta$,从这个时刻开始导弹运动第三阶段,即"不稳定"运动阶段,此阶段目标视线角速度无限地增加。导弹运动第三阶段将在自动寻的过程被破坏的时刻结束。

15.2　制导误差信号的形成方法

为了构造制导信号,必须首先选择制导误差信号的形成方法。误差信号应该表征出导弹运动与所采用导引方法的理论运动之间的偏差。

接下来研究几种可应用于不同导引方法的典型的制导误差信号形成方法。因为任何自动寻的制导系统进行工作所需的最基本信息是导弹和目标的相对位置。目标位标器测得的信息是目标视线在空间相对目标位标器固联坐标系且与角坐标成正比的信号。此外，在目标位标器输出端有时也可得到与接近速度和距离成正比的信号。

形成制导误差信号的途径取决于如何利用目标位标器信号和如何在空间确定目标位标器固联坐标系的方向。确定目标位标器固联坐标系的方向有以下几种不同的基本方法：

(1) 与弹体固联的坐标系；

(2) 按来流定向的坐标系；

(3) 惯性空间定向的坐标系；

(4) 由目标视线定向的坐标系(按目标距离矢量)。

下面介绍目标位标器定向的基本方法以及制导误差信号形成的可能方案。

第一种方法是目标位标器及其敏感元件(雷达的天线、热能头的光学系统等)与弹体固联。这时，在目标位标器输出端可得到正比于目标方位角的信号。为了减小导弹绕重心振荡时产生大的方位角和目标机动时丢失目标的危险性，通常需要比较大的视场角。为实现直接导引法，必须使目标的方位角满足 $\zeta = 0$ 的条件，从而误差应该由关系式 $\varepsilon = \zeta$ 确定。因此，为了形成误差信号，需要测量方位角的位标器，即与弹体固联或跟踪目标的位标器。

第二种方法按来流定向目标位标器，其敏感元件的轴跟踪导弹的速度矢量。为了实现这种方案，需要利用动力的风标，目标位标器的敏感元件直接与风标相连。当风标精确工作时，目标位标器的轴与导弹速度矢量的方向重合，在目标位标器输出端可得到正比于前置角的信号。误差信号 u^* 是把目标位标器的信号与给定的前置角 η^* 相比较而得出的。

第三种目标位标器定位的方法中，目标位标器的轴稳定在空间。为了实现这个方案，目标位标器的敏感元件应该机械地与动力陀螺稳定器或由固定在空间某方向上的自由陀螺信号控制的随动装置相连。该方法通常用于平行接近法的实现方案中，因为平行接近法在工程中很少使用，这里不做进一步讨论。

目标位标器在弹上安装的最后一个方案是目标位标器轴指向目标视线方向，换句话说，指向距离方向。显然，目标位标器敏感元件应该具有相对于弹体旋转的可能性和自动跟踪目标的传动装置。如果目标位标器采用通常的随动系统，则借助任何角位置传感器都可以测量导弹纵轴与目标位标器轴之间的夹角，在理想状态下，该夹角等于目标方位角。在角位置传感器的输出端将得到正比于目标方位角的信号。利用陀螺仪的进动性，在不引入任何其他测量设备的情况下，在稳定陀螺仪的输出端可以近似得到目标视线角速度信号。直接从比例导引法的关系式出发，可以确定误差信号为

$$\varepsilon = \dot{q} - \dot{\theta} / k \tag{15.1}$$

为形成误差信号，除需要视线角速度 $\dot{q}$ 外，还需要测量角速度 $\dot{\theta}$。这时，基本的测量装置可以采用带有跟踪陀螺稳定器的目标位标器，以及测量与 $\dot{\theta}$ 成正比的法向加速度的线加速度传感器。

在讨论实现各种可能的自动寻的制导方法之后，可以指出，具有大量各不相同的方案，

或是选取不同的必要的测量装置，或是在弹体上用不同的方法安装目标位标器。因此，当研究自动寻的制导系统时，不仅必须选择导引方法，还要选择实现它的最合理的方案。

研究自动寻的制导系统时，总是力图采用利用最简单的技术即可实现的导引方法，要求应用最少数量的简单测量装置。只有当战术技术指标要求使得采用简单的导引方法不能解决问题时(如由于很大的需用过载要求)才转向采用更为复杂的导引方法，以便能够在给定的条件下得到曲率较小的弹道和提高制导精度。

15.3 运动学环节、方程和传递函数

导弹和目标的运动学关系如图 15.5 所示。

导弹和目标的运动学关系可用如下微分方程组描述：

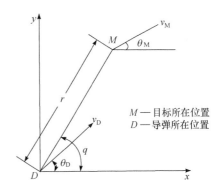

$$\begin{cases} \dot{r} = -v_{\mathrm{D}}\cos\eta + v_{\mathrm{M}}\cos\eta_{\mathrm{M}} \\ r\dot{q} = v_{\mathrm{D}}\sin\eta - v_{\mathrm{M}}\sin\eta_{\mathrm{M}} \end{cases} \tag{15.2}$$

式中，$\eta = q - \theta_{\mathrm{D}}$，$\eta_{\mathrm{M}} = q - \theta_{\mathrm{M}}$。

下面给出运动学环节的线性化模型及其传递函数。根据计算的基准弹道，可知沿基准弹道的各参数为 q_0、θ_{D0}、r_0、v_{D0}、θ_{M0}，其随时间的变化规律已知，在小扰动条件下，运动学方程可沿基准弹道线性化，用线性化运动学方程来描述运动学关系。线性化时，代入如下关系：

M——目标所在位置
D——导弹所在位置

图 15.5 导弹和目标的运动学关系

$$r = r_0 + \Delta r，\quad q = q_0 + \Delta q，\quad \theta_{\mathrm{D}} = \theta_{\mathrm{D0}} + \Delta\theta_{\mathrm{D}}，\quad \theta_{\mathrm{M}} = \theta_{\mathrm{M0}} + \Delta\theta_{\mathrm{M}}$$

式中，下角"0"表示基准弹道参数；Δ 表示对基准弹道的微小偏离。另外，做如下假定。

(1) 目标做等速直线飞行且机动性不大，即

$$v_{\mathrm{M}} = 常数，\quad \eta_{\mathrm{M}} = 常数，\quad \Delta\theta_{\mathrm{M}} \approx 0$$

(2) 导弹和目标之间的距离 r 缓慢变化，即 $\Delta r \approx 0$, $r \approx$ 常数。

(3) 导弹速度变化缓慢，即 $\Delta v_{\mathrm{D}} \approx 0$, $v_{\mathrm{D}} \approx$ 常数。

(4) 比例导引法弹道比较平直，接近直线，前置角 η 变化不大，可以认为 $\eta = q - \theta_{\mathrm{D}} \approx$ 常数。

因此，有

$$\dot{r} = -v_{\mathrm{D}}\cos\eta + v_{\mathrm{M}}\cos\eta_{\mathrm{M}} = 常数 \tag{15.3}$$

对运动学方程，有

$$r\dot{q} = v_{\mathrm{D}}\sin\eta - v_{\mathrm{M}}\sin\eta_{\mathrm{M}} \tag{15.4}$$

进行线性化，可得

$$\begin{aligned}(r_0 + \Delta r)(\dot{q}_0 + \Delta\dot{q}) &= v_{\mathrm{D}}\sin(q_0 + \Delta q - \theta_{\mathrm{D0}} - \Delta\theta_{\mathrm{D}}) \\ &\quad - v_{\mathrm{M}}\sin(q_0 + \Delta q - \theta_{\mathrm{M0}} - \Delta\theta_{\mathrm{M}})\end{aligned} \tag{15.5}$$

考虑基准弹道满足如下关系:

$$r_0 \dot{q}_0 = v_D \sin(q_0 - \theta_{D0}) - v_M \sin(q_0 - \theta_{M0}) \tag{15.6}$$

运用上述假定可得

$$\Delta r \dot{q}_0 \to 0, \quad \Delta r \Delta \dot{q}_0 \to 0$$

$$\cos(\Delta q - \Delta \theta_D) \approx 1, \quad \sin(\Delta q - \Delta \theta_D) \approx \Delta q - \Delta \theta_D$$

$$\cos(\Delta q - \Delta \theta_M) \approx 1, \quad \sin(\Delta q - \Delta \theta_M) \approx \Delta q - \Delta \theta_M$$

从而得

$$r_0 \Delta \dot{q}_0 = v_D \cos(q_0 - \theta_{D0})(\Delta q - \Delta \theta_D) - v_M \cos(q_0 - \theta_{M0})(\Delta q - \Delta \theta_M) \tag{15.7}$$

令

$$\bar{v}_D = v_D \cos(q_0 - \theta_{D0}), \quad \bar{v}_M = v_M \cos(q_0 - \theta_{M0})$$

在基准弹道上满足如下关系:

$$\dot{r}_0 = \bar{v}_M - \bar{v}_D \tag{15.8}$$

则有

$$r_0 \Delta \dot{q} + \dot{r}_0 \Delta q = -\bar{v}_D \Delta \theta_D + \bar{v}_M \Delta \theta_M \tag{15.9}$$

式(15.9)就是线性化运动学方程,其系数 r_0、$\dot{r}_0$、$\bar{v}_D$、$\bar{v}_M$ 沿基准弹道是变化的,因此该方程是线性时变方程。

当利用定常系统理论(如频域方法)研究时变系统时,可把时间分成很多区间,在每一个区间中认为系数变化不大(不超过10%),则可以用该区间内系数的平均值来代替变系数,将一个时变系统问题当成多个问题来解决。根据这个思想,利用线性化运动学方程可推得相应的传递函数。

以 $\Delta \theta_D(s)$ 为输入、$\Delta q(s)$ 为输出的运动学传递函数为

$$\frac{\Delta q(s)}{\Delta \theta_D(s)} = \frac{K_K(t)}{T_K(t)s + 1} \tag{15.10}$$

式中, $T_K(t) = \dfrac{r_0(t)}{\dot{r}_0(t)}$; $K_K(t) = -\dfrac{\bar{v}_D}{\dot{r}_0(t)} = \dfrac{\bar{v}_D}{\bar{v}_D - \bar{v}_M}$。

因为 $\dot{r}_0(t) < 0$,所以 $T_K(t) < 0$,运动学传递函数是一个不稳定的非周期环节,$T_K(t)$ 从起控时刻的最大值 $|r_0 / \dot{r}_0|$ 逐渐变化至零,$K_K(t)$ 也随时间剧烈变化。

在距离很远处, $|T_K(t)| \gg 1$,近似有

$$\frac{\Delta q(s)}{\Delta \theta_D(s)} = \frac{-v_D / r_0(t)}{s} \tag{15.11}$$

$$\frac{\Delta q(s)}{\Delta \theta_M(s)} = \frac{v_M / r_0(t)}{s} \tag{15.12}$$

15.4 制导信号的形成

前面讨论了在不同导引方法下形成误差信号的各种方案。利用误差信号形成制导信号，制导信号通过法向过载控制系统最终对导弹的质心运动起作用。因此，输给稳定系统输入端的制导信号就是误差信号的函数。

利用误差信号来构造制导信号，首先应使系统满足精度要求。在工程研究的不同阶段，以导弹制导系统精度为依据，使用理论分析、仿真模拟以及飞行试验等手段来解决制导信号的构造问题。在这里，只介绍制导信号形成的一般设计原则。

当控制系统的稳定性和动态品质与精度要求相矛盾时，通常可以通过在控制信号中引入误差信号的导数来解决。然而，自动寻的制导系统常常利用最简单的方法来形成制导信号，就是直接使用与制导误差成正比的信号，这是因为绝大多数自动寻的制导系统采用了比例导引律，用来形成误差信号的目标位标器的输出信号通常夹杂着噪声，因此在制导信号中引入误差信号的导数时，制导信号噪声电平激烈增加。考虑自动寻的制导系统的许多元件有饱和静态特性，这会使系统的动力学特性急剧变差。

为了在目标位标器的输出信号中减少噪声污染的量，以及从总体上校正自动寻的制导系统的动力学特性，在目标位标器的输出端可以设置低频滤波器。这个滤波器的参数选择只能在分析了自动寻的制导系统动力学特性的基础上进行。

因为采用低频滤波器只能给出校正制导系统动力学特性的有限可能性，所以制导系统动力学特性的必要校正可以通过校正稳定系统的特性来完成。借助不同的反馈可以在较大范围内改变稳定系统的动力学特性。因此，稳定系统的参数选择不仅应该满足对稳定系统的特殊要求，而且应该满足对整个自动寻的制导系统所提出的要求。因此，稳定系统的设计问题不能与自动寻的制导系统的设计问题分开孤立地解决。

对于不采用比例导引律的制导系统，当其制导误差信号为角度信息时，噪声电平不高，可以使用制导误差信号的导数来校正制导回路。然而，理论与实践结果表明，这种方法的校正效果比校正稳定系统特性的方法差得多。

本 章 要 点

1. 自动寻的制导的概念及分类。
2. 自动寻的制导误差信号的形成方法。
3. 自动寻的过程的基本特性。
4. 自动寻的制导的运动学环节、方程和传递函数。

习 题

1. 画出自动寻的制导系统的基本组成框图并叙述其工作原理。

2. 自动寻的方法有哪几类?

3. 简述自动寻的制导系统的设计步骤。

4. 简述自动寻的过程的基本特性。

第 16 章

"响尾蛇"空空导弹制导控制系统分析

16.1 "响尾蛇"空空导弹发展史

"响尾蛇"空空导弹(AIM-9)是目前世界上装备使用最广泛的一个近距空空导弹系列。

迄今为止，以 AIM-9B 为基本型，"响尾蛇"空空导弹经历了四代改进发展，形成了一个多达十几种型号的"响尾蛇"空空导弹系列，还改进扩展为地空/空地导弹，如"小槲树"MIM-72 地空导弹、"红眼睛"FIM-43 单兵肩射防空导弹、AGM-122A 空地导弹。图 16.1 为"响尾蛇"空空导弹几种典型型号。

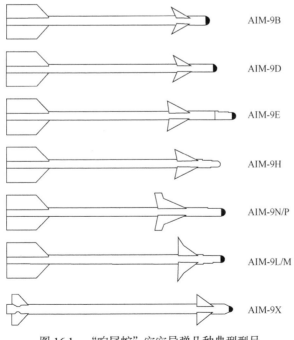

图 16.1   "响尾蛇"空空导弹几种典型型号

16.2　AIM-9B 空空导弹简介

原型导弹 AIM-9A 未能投入批生产，大量投产的是第 2 个型号 AIM-9B。AIM-9B 的弹体外部，两对后掠三角形舵面位于舵机舱所在的圆柱体弹体外侧，两对后掠梯形弹翼位于发动机舱所在的圆柱体弹体尾部，两者呈 X-X 形配置。

16.2.1　AIM-9B 空空导弹的独特技术

1. 红外导引技术

AIM-9 是世界上第一款红外制导导弹，其导引头由一组硫化铅热感电池和聚焦光学部件构成，其结构酷似人眼的结构：使用了一个矩形透镜，该透镜安装在导弹头部，其对角线交点被垂直固定在导弹轴线上，透镜可以围绕这个交点水平转动，红外探测器则被安装在透镜的后方。当透镜平面的长轴、导弹的中轴线、从目标通过透镜折射到红外探测器的红外线处于同一个平面时，目标发射的红外线就可能被红外探测器感知。因此，透镜折射目标热辐射到达红外探测器的连线和导弹中轴线之间的夹角可以引导导弹飞向目标所在位置。早期 AIM-9 导弹导引头工作原理如图 16.2 所示。

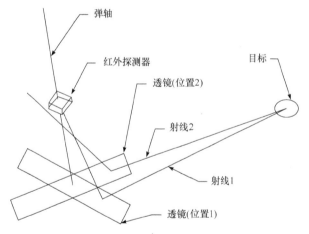

图 16.2　早期 AIM-9 导弹导引头工作原理

2. 陀螺舵技术

AIM-9B 的两对后掠梯形弹翼后缘各装有一个陀螺舵，其轴线与弹轴成 90°，用于导弹飞行时的横滚稳定，使导弹的俯仰通道和偏航通道能互不干扰而正常工作。驱动该陀螺舵的能源来自导弹飞行时的迎面气流，这是 AIM-9 空空导弹首次应用的新技术。

3. 力矩平衡式舵机技术

美国 AIM-9 导弹从第一代 AIM-9B 到第三代 AIM-9L/M 经历了几十年的发展和改型。这些型号都采用铰链力矩反馈的力矩平衡式舵机(图 16.3)来实现比例导引和自动补偿弹体参数变化。

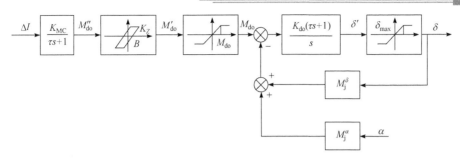

图 16.3 力矩平衡式舵机

K_Z 为间隙特性斜率；B 为力矩迟滞回环宽度；M_{do} 为舵机操纵舵面的力矩；K_{MC} 为舵机控制特性的斜率；K_{do} 为舵机机械特性斜率；M_j^δ 为铰链力矩对舵偏角的导数；M_j^α 为铰链力矩对攻角的导数

16.2.2 AIM-9B 空空导弹模块化舱段结构

模块化舱段结构是 AIM-9B 空空导弹的显著结构特点。基本型 AIM-9B 的结构，从弹头到弹尾依次为导引头舱、舵机舱、战斗部舱、光学引信舱和发动机舱，共有五个舱段。

(1) 导引头舱。

导引头舱由光学系统、调制盘、光敏元件、万向环架、信号放大器、位标器锁定和驱动机构组成。

(2) 舵机舱。

舵机舱内除装有误差信号处理放大线路和燃气驱动双控制通道舵机外，还装有驱动舵机和涡轮发电机的燃气发生器，以及供给导弹单相交流电的电磁感应涡轮发电机。

(3) 战斗部舱。

战斗部舱内装有 MK-8 破片杀伤式战斗部。

(4) 光学引信舱。

光学引信舱内装有 MK-303 红外近炸引信。

(5) 发动机舱。

发动机舱内装有 1 台单级推力固体火箭发动机。

16.3 制导控制系统组成原理

AIM-9B 制导控制系统由动力陀螺型红外导引头、磁放大器、力矩平衡式舵系统、弹体动力学环节以及相对运动学环节组成，如图 16.4 所示。

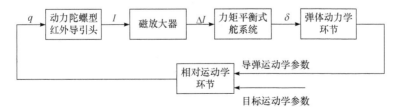

图 16.4 AIM-9B 制导控制系统组成原理图

(1) 动力陀螺型红外导引头。

AIM-9B采用动力陀螺型红外导引头。红外探测器测量出跟踪失调角后，经信号处理放大后形成电压，此电压经功率放大后加到力矩线圈上，形成作用在转子上的力矩，陀螺在外力矩作用下产生进动跟踪目标并消除失调角。

(2) 磁放大器。

磁放大器的目的是放大导引头输出的电流，用于驱动舵系统。磁放大器输出电流与输入电流的比值，称为磁放大器的电流放大系数。

(3) 力矩平衡式舵系统。

AIM-9B采用力矩平衡式舵系统，这种舵系统通过铰链力矩反馈来抑制动压变化对稳定控制回路传递系数的影响，也就是使舵偏角反比于动压变化，使动压增大时舵偏角减小。

(4) 弹体动力学环节。

弹体动力学环节刻画弹体在力与力矩作用下的动力学特性和运动学特性。

(5) 相对运动学环节。

相对运动学环节刻画导弹与目标相对运动的几何关系，主要通过视线角和视线角速度来描述导弹与目标之间的相对运动关系。

16.4 飞行控制系统分析

16.4.1 陀螺舵倾斜稳定系统

1. 陀螺舵工作原理

陀螺舵主要由壳体、转子、转轴和舵轴等组成，是一个二自由度陀螺仪，其第一个自由度是转子绕转轴旋转，第二个自由度是壳体和转子一起绕舵轴转动，是一个利用陀螺进动原理进行偏转的控制面。图16.5为陀螺舵典型结构示意图。

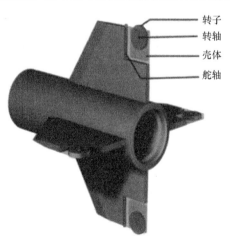

图 16.5　陀螺舵典型结构示意图

由于陀螺力矩的作用,陀螺舵壳体和转子一起绕舵轴进动,进动使滚转舵发生偏转,同一平面内的一对滚转舵进动方向相反,即一对滚转舵偏转角实现差动,产生了与导弹滚转方向相反的滚转力矩,从而限制导弹滚转角速度。陀螺舵工作原理如图 16.6 所示。

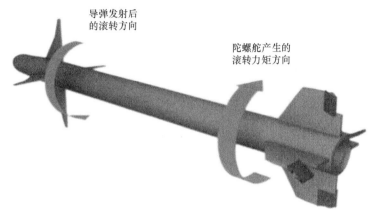

图 16.6　陀螺舵工作原理

下面假定导弹在干扰力矩 $M_{\delta\text{B}}$ 的作用下发生了角速度为 $\dot{\gamma}$ 的顺时针滚转(从导弹尾部向头部观看),进一步定量分析陀螺舵的工作原理,其中陀螺副翼稳定系统的力学原理如图 16.7 所示。

导弹飞行时,迎面气流使陀螺转子以大约 20000r/min 的速度旋转,角动量矢量 $H = J \cdot \Omega$。同时,上面舵面的角动量方向指向纸面内,下面舵面的角动量方向指向纸面外。

在导弹顺时针滚转作用下,陀螺进动引起的陀螺力矩矢量 $M_{舵}$ 沿滚转舵的舵轴,大小为 $H\dot{\gamma}$,在动态过程中,它与陀螺舵的惯性力矩、黏性摩擦力矩及铰链力矩相平衡;稳态时,它与滚转舵铰链力矩相平衡,即 $H\dot{\gamma} = M_{\text{j}}^{\delta}\delta_x$。

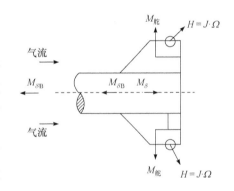

图 16.7　陀螺副翼稳定系统的力学原理

副翼舵偏转角 δ_x 的存在,使弹体上形成了滚转操纵力矩 M_δ,其方向恰好与干扰力矩方向相反,使弹体在 $M_{\delta\text{B}}-M_\delta$ 作用下滚转,从而使滚转角速度变小。

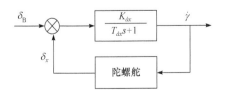

图 16.8　陀螺舵倾斜稳定系统结构图

2. 陀螺舵倾斜稳定系统分析

陀螺舵倾斜稳定系统属于滚转角速度稳定系统,其结构图如图 16.8 所示。

弹体滚转传递函数为

$$G_\delta^{\dot\gamma} = \frac{K_{dx}}{T_{dx}s+1}$$

陀螺滚转舵传递函数为

$$G_T(s) = \frac{\delta_x(s)}{\dot\gamma(s)} = \frac{H}{M_j^\delta} = \frac{J\Omega}{M_j^\delta} = K_T$$

因此,闭环系统传递函数为

$$\frac{\dot\gamma(s)}{\delta_B(s)} = \frac{K'_{dx}}{T'_{dx}s+1}$$

式中, $K'_{dx} = K_{dx}/(1+K_{dx}K_T)$; $T'_{dx} = T_{dx}/(1+K_{dx}K_T)$ 。

由上面的分析可知,在常值干扰力矩作用下,稳态时导弹以常值 $K'_{dx}\delta_B$ 滚转,为无陀螺副翼时稳态转速的 $1/(1+K_{dx}K_T)$,在给定干扰上界和最大允许滚转角速度的情况下,通过选择合适的参数来满足设计要求。

陀螺滚转舵应用在飞行中允许滚转的导弹上,优点是结构简单,缺点是对滚转角速度的限制性能受飞行高度、速度的影响很大,因为 M_j^δ 和 Ω 均随高度、速度变化而变化。

16.4.2　斜置陀螺舵俯仰/偏航通道增稳作用分析

AIM-9B 导弹的弹体自然阻尼不大,为了尽量使系统简单而不增加阻尼设备,通过选择舵机的参数,使舵机的频带比弹体的频带窄得多,以抑制弹体的振荡。这样做后,AIM-9B 导弹在高空仍感阻尼不足,稳定性较差;对于 AIM-9D 导弹,如果不考虑斜轴陀螺舵的阻尼,其稳定性也是较差的。由于 AIM-9D 导弹尾翼上陀螺舵的舵轴与弹轴的夹角为 45°,增加了陀螺的动量矩,对弹体的俯仰/偏航通道阻尼较大,即增加了陀螺舵的阻尼,从而使 AIM-9D 导弹的高空稳定性得到明显改善。

16.5　制导系统分析与设计

AIM-9B 导弹整体制导控制回路是由自动寻的导引头、自动驾驶仪、弹体动力学环节及运动学环节组成的闭合回路,如图 16.9 所示。

AIM-9B 导弹的稳定控制回路采用铰链力矩反馈平衡式舵机,不需要法向加速度计,使得稳定控制回路传递系数不随飞行高度、速度变化而剧烈变化。

控制电压 U_c 到 $\dot\theta_D$ 的开环传递函数为

$$W_{U_c}^{\dot\theta_D}(s) = \frac{K_1 K_{MC} K_{M_{do}}^{\dot\theta_D}}{(T_1 s+1)(T_p s+1)(T_d'^2 s^2 + 2\xi_d' T_d' s+1)}$$

式中, $K_{M_{do}}^{\dot\theta_D}$ 为 M_{do} 与 $\dot\theta_D$ 之间的传递系数, $K_{M_{do}}^{\dot\theta_D} = \dfrac{K_d}{K_3}$, $\dfrac{1}{K_3}$ 为 M_{do} 与 δ 之间的传递系数。

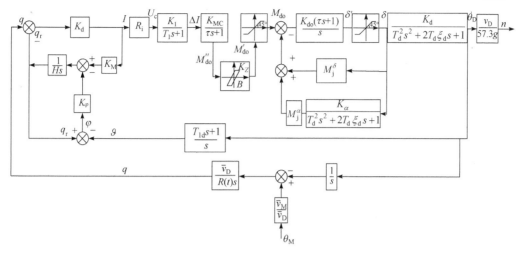

图 16.9 AIM-9B 导弹整体制导控制回路结构图

通过对参数进行计算可以知道，稳定控制回路含有一个阻尼系数很小（$\xi_d' = 0.011 \sim 0.062$、$\omega_d' = (11 \sim 44)(1/s)$）的振荡环节，且 ξ_d' 和 ω_d' 随高度增大而减小；同时，稳定控制回路含有一个 $T_p = (0.15 \sim 1.01)s$ 的惯性环节，T_p 远比 T_d' 大，也比 T_l 大，且随飞行高度增大而增大。这样，在复平面上，$1/T_p$ 成为稳定控制回路的主导极点。弹体原为一个阻尼性能很差的振荡环节，后被改造成一个呈惯性环节特性的弹体，所以不需要采用通常的速率陀螺反馈方法来提高弹体的阻尼。

当 $K_\varphi = 0$，即不考虑导引头–弹体耦合情况时，制导回路通过简化可以看作以 n_M 为输入、n_D 为输出，n_D 跟随 n_M 变化的随动系统。

制导回路开环传递函数为

$$W(s) = \frac{\dfrac{1}{r} 57.3 g K_{\dot{q}}^n}{s(T_r s + 1)(T_l s + 1)(T_p s + 1)(T_d'^2 s^2 + 2\xi_d' T_d' s + 1)}$$

式中，$T_r = \dfrac{H}{K_M K_\alpha}$，开环传递系数为 $\dfrac{v_D K_{\dot{q}}^{\dot{\theta}_D}}{r}$，$K_{\dot{q}}^{\dot{\theta}_D}$ 为目标视线角速率 $\dot{q}$ 与导弹弹道倾角角速率 $\dot{\theta}_D$ 之间的传递系数。

当 $K_\varphi > 0$，即考虑导引头–弹体耦合情况时，制导回路开环传递函数为

$$W(s) = \frac{\dfrac{1}{r} 57.3 g K_{\dot{\theta}_D}^n (T_\varphi s + 1)}{s(T_r' s + 1)(T^2 s^2 + 2\xi T s + 1)(T_d''^2 s^2 + 2\xi_d'' T_d'' s + 1)(T_d s + 1)}$$

式中，$K_{\dot{\theta}_D}^n$ 为导弹弹道倾角角速率 $\dot{\theta}_D$ 与过载 n 之间的传递系数，开环传递系数近似为 $\dfrac{v_D}{r}$。

制导回路的稳定性指沿基准弹道导向目标的飞行轨迹的稳定性，或指稳定目标线(视线)的性能。从制导系统开环传递函数可知，制导系统是个剧烈的变参数系统，从导弹发射到遭遇目标，对应开环传递系数由较小值趋于无穷大。导弹接近目标时，一般遭遇目标前 0.5～1.0s，开环传递系数增大至某值，制导回路必丧失稳定。稳定性要求失稳前整个导引过程都应稳定，一般取相位裕度大于 30°，幅值裕度大于 6dB，通过选择开环传递系数或引入校正满足此要求。

稳定性分析时，仍采用系数"冻结"法，即将制导回路中的可变参数用典型弹道的特征点参数来表示，就是变参数系统化或多个线性定常系统来进行分析。判断稳定性时，可从遭遇目标前 0.5～1.0s 的那些弹道点开始判断，对空空导弹来说，若此时刻是稳定的，以前各时刻一定稳定，这样可简化分析计算工作。

当 r 达到 r_D 时，制导回路处于临界稳定，r_D 成为失稳距离。表 16.1 为不同条件下的失稳距离。

表 16.1　不同条件下的失稳距离

H/km	Ma	K_{do} /((°)/(s·kg·m))	K_{φ} /(1/s)	r_D /m
10	2	10	0	177
10	2	10	0.06	155
10	2	40	0	152
10	2	40	0.06	130
15	2	10	0	207
15	2	10	0.06	170
21	3	10	0	247

由表 16.1 可以看出，r_D 基本上随高度的增大而增大，随 K_{φ} 的增大而减小，随 K_{do} 的增大而减小。

失稳后 $\dot{q}$ 发散失控。为了不致过早失控，造成脱靶量太大，则要求 r_D 不能太大，一般认为 r_D 为 200m 以下比较合适，或失稳时刻为遭遇时刻前 0.5～1.0s 为宜。

脱靶量不仅和 r_D 有关，还与制导系统精度和抑制噪声能力有关，因为它们决定了失稳时刻，若失稳早，则表示导弹速度矢量基本指向瞬时命中点，那么在失稳后的很短时间内，发散不会过大，脱靶量能满足要求。

本 章 要 点

1. "响尾蛇"空空导弹发展史。
2. AIM-9B 空空导弹的独特技术及基本原理。

习　题

1. "响尾蛇"空空导弹系列经历了几代？目前有多少种型号？
2. AIM-9B 空空导弹有哪些独特技术？
3. AIM-9B 空空导弹由哪几个舱段组成？
4. 简述陀螺舵的基本工作原理。
5. 简述力矩平衡式舵系统的工作原理。

第 17 章

导弹复合制导系统分析与设计

17.1 复合制导的基本概念

对于近距战术导弹而言，因为其作用距离较近，一般采用直接末制导方式，或经过较短时间无控或程控飞行之后进入末制导方式。然而，中远程战术导弹有完全不同的要求，其发射距离达到 60km 以上，这种"超视距"的工作条件要求必须引入中制导段。中制导段与末制导段有以下明显不同的性能特点。

(1) 发射时导引头不可能也不需要对目标进行截获，控制信息也不从导引头取得。

(2) 中制导段一般不以脱靶量作为性能指标，而只把导弹引导到能保证末制导可靠截获目标的一定"篮框"内，因此不需要很准确的位置终点。

(3) 为了改善中制导及末制导飞行条件，一个平缓的中制导弹道是需要的，同时必须使末制导开始时的航向误差不超过一定值。

(4) 导弹的飞行控制可以分为两部分：一是实现特定的飞行弹道，二是必须对目标可能的航向改变做出反应。后者取决于来自载机对目标位置、速度或加速度信息的适时修正，这种修正在射程足够大时是必需的。

(5) 当采用自主形式的中制导时，误差将随时间积累，这决定了必须把飞行时间最短作为一个基本的性能指标，以减少载机受攻击的机会，同时扩大载机执行其他任务的灵活性；此外，由于发动机和其他技术水平的限制，要做到使小而轻的导弹具有长射程，必须考虑在长时间的中制导段确保导弹能量损耗尽量小，这等效于使导弹在末制导开始前具有最大的飞行速度和高度，这一点对于提高末制导精度是非常必要的。

(6) 两个制导段的存在使得中制导段到末制导段之间的交接问题变得至关重要，这也是中远程战术导弹的一个技术关键，为保证交接段的可靠截获，必须综合采取各种措施。

(7) 中制导段惯导和指令修正技术的采用，使得大量的导弹和目标运动状态信息可以被获得，从而为中远程导弹采用各种先进的导引律提供了有利条件；同时，由于中制导阶段飞行时间长，导弹状态变量的时间尺度划分与近程末制导飞行阶段相比有很大不同，这就为采用简化方法求解最优问题提供了可能，如采用奇异摄动方法。

(8) 尽管可以得到导弹和目标的运动状态信息，但由此形成的导引控制规律仍不能用于末制导，这主要是因为估值误差的存在会使脱靶量超出允许值，当中制导与末制导采用不同的导引律时，对交接段的平稳过渡应给予足够的重视。

中制导段的这些不同的特点，导致中制导系统在工程实现和中制导律的设计上可能与末制导完全不同。

17.2　制　导　模　式

1. 中制导模式

中制导可能采取以下几种模式。

(1) 半主动制导。这种模式不存在角截获问题，因此只要满足速度截获的条件即可，其缺点是载机仍须一直照射目标，不具有"发射后不管"的能力，同时需有大功率雷达和照射器系统。美国的"麻雀"中距空空导弹就采用了该方案。

(2) 平台式惯导。早期的海防导弹通常以此作为导航基准，技术较为成熟，但一般因工作角度受限的问题而不能全姿态使用，故适用于对付小机动目标，如舰艇等。其缺点是体积、质量较大，成本较高。意、法联合研制的"奥托马特"反舰导弹就采用了该方案。

(3) 捷联式惯导。由于传感器和计算机技术的发展，捷联式惯导已日趋在战术导弹上实际使用。这种制导方式设备简单，易于实现重复度技术，可靠性高，成本、体积均小。新近装备的多种空空导弹、反舰导弹和巡航导弹等都采用了该方案。

(4) 自动驾驶仪导航。在中制导距离不大的情况下，这是一种实际可行的方案，具有技术继承性强、成本低的优点，同时能使导弹具有"发射后不管"的能力，当然，要比通常的自动驾驶仪具有更高的要求。以色列研制的"迦伯列"反舰导弹采用了该方案。

与末制导律一样，中制导也存在导引律的选择问题。上面提到的几种模式提供了必要的导航基准信息。将该信息传输到弹上的目标运动参量综合，形成各种最优或次优导引律，以控制导弹的飞行轨迹。

2. 末制导模式

末制导段的工作应在末制导导引头最大可能的作用距离上开始，这一点对提高角截获的概率是必要的，这个距离为 10～20km。在到达该距离之前，导引头位标器应根据解算出的目标方位进行预定偏转，使目标落入其综合视场之内。末制导应采用主动式或被动式雷达及红外导引头。为保证目标截获，应对导引头瞬时视场、扫描范围、截获时间，以及位标器指向角误差等做出分析和鉴定。导引律的形成应尽量采用各种滤波、补偿和优化技术，如考虑导弹系统的实际限制条件、目标机动、闪烁噪声抑制、雷达瞄准误差的补偿，以及采用高性能自动驾驶仪和其他末制导修正技术。高性能自动驾驶仪的采用能显著改善末制导的性能，使脱靶量明显减小。除此之外，末制导系统应具有跟踪干扰源的能力。

3. 典型的复合制导模式

中制导和末制导构成了复合制导的基本制导分段。除此之外，有时还需要导弹在离轴后做一定程度的上仰机动，这种初始机动对避开主波束和使导弹爬升到阻力更小的高度上飞行都是有利的。以上三个制导段不一定每次发射都具备，可能只有一个或两个，而且每段内的制导模式也可能不同。这些要基于发射导弹的距离、方位，目标机动及有无干扰等情况，由载机火控系统根据确定的判断逻辑进行选择并装订给导弹。可能的复合制导模式如下：

    (1) 指令+惯导+末制导；

    (2) 惯导+末制导；

    (3) 自动驾驶仪+末制导；

    (4) 直接末制导；

    (5) 跟踪干扰源。

17.3　交接段的误差与截获

复合制导的关键技术之一是保证中制导段到末制导段的可靠转接，就是末制导导引头在进入末制导段时能可靠地截获目标。对目标的截获包括距离截获、速度截获和角度截获三个方面。

当导弹被导引至末制导导引头的作用距离时，即认为实现了距离截获，这时导弹的导引头将进入目标搜索状态。

速度截获是指当采用脉冲多普勒或连续波雷达体制时，应确定末制导开始时导弹与目标间雷达信号传输的多普勒频移，以便为速度跟踪系统的滤波器进行频率定位，保证目标回波信号落入滤波器通带。这是因为，此多普勒频移是根据解算出的导弹—目标接近速度而得到的，其与实际频移之间存在误差，可能使目标回波信号逸出滤波器通带而不被截获。为此，在主动末制导开始之前，必须在多普勒频率预定的基础上加上必要的频率搜索。

角度截获问题在所有的复合制导模式下都是存在的，其根源在于末制导导引头总有一个有限的视场，目标可能落在此视场之外而不能被截获。为了保证目标截获，必须把位标器预定到计算出的目标视线方向上。然而，工程中存在理论上无法确定的各种误差因素，会造成位标器指向与实际的目标方向之间的不一致，这种不一致被称为导引头指向角误差。构成这种误差的主要因素有目标位置测量误差、导弹位置测量误差、预偏信号形成误差、位标器伺服机构误差、整流罩瞄准误差和弹体运动耦合误差等。合理的设计应要求末制导导引头的瞬时视场角略大于误差角。如果不行，则应在交接段给位标器加上一定的扫描程序。

17.4　中远程空空导弹中制导技术

17.4.1　中制导导引律概述

为满足中远程导弹制导精度的要求，导引律的选择有极为重要的影响。对中制导的影响主要可以概括如下：

(1) 中制导段的能量最省(末速度最大，或时间最短)；

(2) 中制导至末制导交接段的航向误差最小；

(3) 中制导至末制导交接段的指向角误差不超过给定值；

(4) 中制导至末制导交接段的目标视线与弹轴的夹角小于给定值；

(5) 中制导的弹道平缓，攻角、侧滑角较小。

由于中制导不是以脱靶量为指标，因此通常的比例导引律及其变化形式可能不适用，采用基于最优控制理论的导引律可以大大改善中制导段的性能。几种典型的中制导导引律：奇异摄动(singular perturbation，SP)导引律、弹道形成(trajectory shaping，TS)导引律、比例(proportional navigation，PN)导引律、G 偏置+航向修正(GB)导引律和航向修正(EB)导引律。奇异摄动导引律以末速最大或时间最短为性能指标，采用对变量进行时间尺度分割的办法使系统降阶以简化和近似最优算法；弹道形成导引律则以末速最大为性能指标，直接对系统状态方程进行变换简化，以便解出最优控制指令。这两种导引律都得到了令人满意的结果：发射区扩大，末速提高，弹道平滑，航向误差很小，在更短的飞行时间内达到很高的制导精度。G 偏置+航向修正导引律是一种类似程序指令方式的弹道控制规律，它的工作原理是根据导弹发射距离、高度以及发射仰角等参数选择一种初始上仰机动，使导弹爬升到阻力较小的适宜高度上，然后保持水平巡航飞行，当接近末制导距离时引入航向修正指令，把导弹航向强行控制到末制导要求的理论碰撞航向上。作为比较，比例导引律也可在中制导段采用。最简单的中制导律是航向修正导引律，它在整个中制导飞行期间不施加任何控制，导弹只按发射时选择的航向做直线飞行，在末制导开始前的交接段期间引入航向修正指令，把导弹航向控制到末制导要求的理论碰撞航向上。

17.4.2 几种中制导导引律的性能比较

为了评价中制导导引律的优劣，对几种中制导导引律进行仿真分析，因为涉及能量问题，所以仿真在垂直平面内进行。仿真时使用了一种典型的中程拦截空空导弹的气动力参数和自动驾驶仪数学模型。仿真中，对导弹比能、中制导飞行时间，以及脱靶量等进行了全面比较，其结果如下所述。

(1) 导弹比能：从导弹能量消耗指标来看，GB 导引律明显地提高了中制导的性能，SP 导引律与其情况类似，按性能优劣顺序排列依次是 TS 导引律、EB 导引律和 PN 导引律。例如，GB 导引律和 EB 导引律相比，整个飞行期间导弹比能节省 5%～20%。

(2) 中制导飞行时间：所有导引律下中制导飞行时间相差很小，其中 TS、PN 和 EB 导引律弹道很接近，均比较平直，因而飞行时间短，GB 和 SP 导引律因有爬高过程而时间较长，不过，最坏情况下飞行时间相差也小于 10%。

(3) 脱靶量：在仿真中为了比较导弹的脱靶量，末制导均采用比例导引律，由于能量的节省及飞行速度的提高，GB、TS 和 SP 等导引律的采用均使得脱靶量降低，也就是说，脱靶量的大小与能量损耗的多少是成正比的。

(4) 中制导弹道：从弹道弯曲程度看，似乎 GB 和 SP 导引律比较弯曲，但应指出，这种弯曲并未导致明显恶劣的动态环境，对惯导系统也不会构成特别威胁。例如，导弹过载仅有 10g 左右，且持续时间很短，最大的导弹俯仰角速度也是很小的。

(5) 航向误差：在交接段引入航向修正指令，使末制导开始时的航向误差均很小，因此能够满足所有导引律对航向误差的要求。

(6) 目标视线与弹轴的夹角：这一夹角的大小与导弹发射投影比，以及导弹与目标速度比有关，只要按允许攻击条件使发射前置角不超过允许值，交接段的目标视线与弹轴的夹角就不会超出允许值。

(7) 交接段指向角误差：前文已经概述了对指向角误差的要求，这里仅指出，以现有的各分系统所能达到的精度而言，指向角误差是不大的，导引头综合视场的范围是足够用的。

(8) 发射边界：采用 SP 和 GB 导引律后，飞行能量的节省使得允许发射边界约扩大了 20%。

(9) 导引律与发射条件的关系：导引律的选择与发射条件有密切的关系。例如，在较短距离发射条件下，简单的导引律已经足够，无须采用复杂的最优导引律，现以 G 偏置导引律的效果和使用条件为例做以下说明。

①发射距离。当发射距离 R_1 较小时，引入 G 偏置后，性能反而被破坏，相反，随着 R_1 的增大 G 偏置指令的值也应增大。这种距离关系很容易理解，在短的发射距离上，高空飞行的低阻力效应将被机动导致的诱阻的增加所抵消。②发射高度。随着高度的降低 G 偏置效果增强。这是因为导弹在高空飞行时，阻力梯度较低空飞行时小。③发射仰角。一般规律是，上射角增加时 G 偏置效果减弱，反之，下射角增加时，G 偏置效果增强。这种变化是因为上射攻击时导弹弹道已经是一种爬升弹道，再加上 G 偏置将是多余的。

可见，G 偏置导引律中的 G 偏置量存在一个与发射条件诸元有关的函数关系。如前所述，任何优化导引律均需要相当复杂的计算，因此，对于一个给定的战术导弹系统，应把这种函数关系制成表格，发射时以查表方式调用。对其他形式的导引律，也存在类似的特点。

17.4.3　结论

中远程导弹的超视距要求必须引入中制导段。中制导段与通常采用的末制导段有着不同的性能指标，因此也就应采用不同的导引律。确保中制导段的性能是中远程导弹制导的一个关键技术问题。不同制导导引律的采用对这些性能有重要的影响。本章列举的 5 种不同的导引律各有其不同的适用场合，但先进的中制导导引律，如奇异摄动导引律、G 偏置+航向修正导引律和航向修正导引律等，明显地显示出其性能潜力，无疑将是中远程导弹制导技术中的最佳选择。

17.5　巡航导弹地形跟随技术与地形规避技术

地形跟随(terrain following, TF)思想来源于飞机的超低空飞行，而超低空飞行是随着地形防御系统的不断进步而发展起来的。随着现代电子技术的发展，防空系统用的地面雷达和地空导弹日臻完善，使得高空突防成功的概率不断下降，对作战飞机和巡航导弹的突防造成了极大的威胁。

超低空突防是利用地球曲率、地形起伏形成防御系统盲区和地面杂波的影响使雷达不易发现目标，从而快速隐蔽地突入敌区进行突然袭击，甚至可能在敌方防空武器系统做出反应之前就完成了袭击任务，这样大大降低了被击落的概率，提高了突防飞机和巡航导弹的生存率。因此，超低空突防技术已成为现代空军的一种新的技术战略手段。超低空突防技术一般包括地形跟随、地形防撞和地形回避，但在低空飞行控制系统设计中，首先要解决地形跟随控制问题。

17.5.1　地形跟随技术

地形跟随(TF)控制是巡航导弹低空突防时普遍采用的一种方式，可以保持导弹的航向不变，利用纵向机动能力随地形起伏改变飞行高度，使导弹贴近地表飞行，从而增强突防能力。图 17.1 为巡航导弹的地形跟随系统框图。

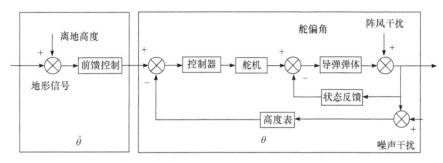

图 17.1　巡航导弹的地形跟随系统框图

地形跟随控制方法主要有以下几种。

1. 过载 n 方法

过载 n 方法几何关系如图 17.2 所示。

这种方法为地形跟随控制早期的一种设想，主要思想是飞行器若以一定的过载 n 爬升，则飞行器沿圆弧航迹上升。其中地形信息来自预前视雷达提供的远方障碍点的视角与斜距。TF 计算机按一个公式连续计算过载系数 n，并将所计算出的 n 值与预定的 n 值进行比较，从而控制飞行器爬升或俯冲。计算 n 的公式如下：

$$n-1=\frac{2V^2\cos\theta\sin\sigma}{gR}$$

但是，由于这种方法没有考虑飞行器的其他飞行性能，再加上当时的计算机技术不成熟，所以没有得到具体的实施。

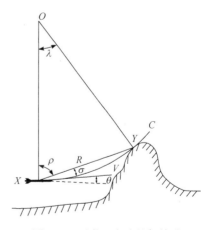

图 17.2　过载 n 方法几何关系

λ 为等腰三角形 OXY 的顶角；ρ 为等腰三角形 OXY 的底角；R 为等腰三角形 OXY 的底边，表示斜距；σ 为 Y 点相对于速度矢量 V 的仰角；V 为飞行器的速度矢量；θ 为弹道倾角

2. 样板法(雪橇法)

雪橇法的基本思想是设想在飞行器的前下方安装一个假想的样板(一般采用雪橇形的样板)随飞行器前进,只要不让样板戳进前方地形,飞行器就不会撞山。早期的雪橇形样板如图17.3所示,假想在飞行器下面有一条雪橇形曲线,它处于与飞行器的距离为设定间隙 H_0 处。

在样板法中,样板和地形的关系是通过检查斜距(R)来确定的。样板法就是根据在同一视角上,飞行器到样板的斜距和飞行器到地形的斜距之间的差值 ΔR 来进行导弹控制,图17.4可清楚地说明这一点。当飞行器在点1处俯冲时,样板 T_1 不与地形相交,$R_1 - R_2 < 0$,故继续俯冲;俯冲到点2处时,样板 T_2 与地形相切,$R_1' - R_2' = 0$,机动信号为0;若继续向下俯冲,则 ΔR 将大于0,此时控制信号将反号,飞行器爬高。

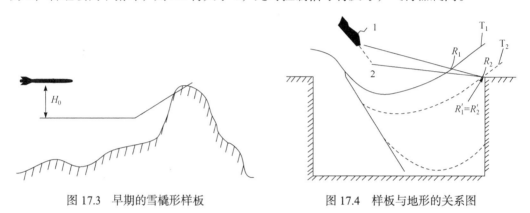

图17.3　早期的雪橇形样板　　　　图17.4　样板与地形的关系图

样板法引起了众多学者的兴趣,对于样板的形状提出了数种方案,并在工程上得到应用。由于样板与地形的关系是近似的,它不可能使飞行器紧贴地面飞行,所以不能实现理想的地形跟随飞行航迹,以此为理论基础形成了可变样板法,在工程应用中也取得了较好的效果。

3. 适应角法

适应角法的本质是对角指令法的一种改进,对于任意雷达测量的斜距 R,都给出一个固定的间隙 H_0,根据 H_0 与 R 的比值和飞行器当前的航迹倾斜角,以及雷达相对于机体的安装角度等数据,依据一定的算法得到爬升角指令并输送给飞行控制系统,这本质上就是早期的角指令法的思想。后来在对适应角法的进一步研究中,加入了抑制函数的概念。抑制函数主要是雷达扫描距离的函数,在生成爬升角指令的算法中加入这一项,可以更好地控制飞行器拉起和下滑的时间,实现对山体背面轮廓的跟踪,实现更好的低空突防。图17.5为适应角法的几何关系图。

利用适应角法设计的地形跟随控制系统是早期最完善,也是应用最广的一种方案,其指导思想在今天仍然发挥着重要作用。

除以上所介绍的几种典型地形跟随方法以外,还有闭环升力加速度法、高度表法和最优控制法等。目前,地形跟随控制系统控制律设计广泛使用的算法主要有两种:适应

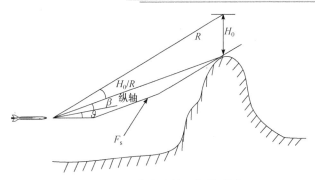

图 17.5　适应角法的几何关系图

ϑ 为俯仰角；H_0 为设定间隙；β 为扫描线相对于纵轴的扫描角；R 为斜距；F_s 为抑制函数

角法(如美国的蓝盾吊舱)和雪橇法(如欧洲"狂风"战斗机的导航吊舱)。其中适应角法的应用更广泛。适应角法的零指令线可以看作雪橇法的雪橇板，雪橇法可以看作广义适应角法的一种。

17.5.2　地形规避技术

地形规避的工作原理与地形跟随相似，不同的是其波束要进行方位上的扫描，以便获取飞行路线左右的地形信息，并确定和选择方位上飞行路线。地形跟随指保持飞行器的航向不变，靠纵向机动能力随地形起伏改变飞行高度，使其尽量贴近地面飞行；地形规避则是指保持飞行器离地高度不变，通过改变航向，使其绕过山峰等地面障碍。现代雷达技术已将这两种功能实现了一体化。

17.6　精确制导弹道导弹制导技术

精确制导弹道导弹，是一种全新概念的导弹武器，在继承弹道导弹基本特性的基础上增加了以下两项功能。

(1) 弹道中段变轨功能。

弹道中段变轨功能指增加变轨发动机，在外层弹道中段可改变导弹飞行轨迹，使导弹具有机动再入能力。

(2) 末端精确制导功能。

末端精确制导功能指增加导弹末制导。进入末制导段，末制导系统开始搜索目标，锁定跟踪目标后，以数马赫数飞向目标。

精确制导弹道导弹具有以下特点。

1) 用途广泛

采用不同的战斗部和制导方式，用不同的平台发射，可以对敌岸上重要的军事目标和海上机动目标实施精确打击。

2) 可发展多种类型

对地型，有地地型、舰岸型、潜岸型；反舰型，有岸舰型、舰舰型、潜舰型。

3) 速度快

弹道导弹主要在外层空间飞行,马赫数可达十几。

4) 射程远

可以打击几百至几千千米的各种海上及岸上目标。

5) 突防概率和毁伤概率高

采用分导弹头技术和隐身技术,突防概率和毁伤概率大大提高。

6) 效费比高

末制导系统具有以下特点:

(1) 可以使机动弹头对其弹道误差进行末端修正,这种修正是在弹头机动过程中进行的;

(2) 采用雷达区域相关器和高度表来修正惯导位置误差;

(3) 制导精度高,允许采用较小 TNT 当量的核装置。

本 章 要 点

1. 战术导弹中制导段性能特点。
2. 制导模式。
3. 交接段截获条件。
4. 地形跟随方法。

习 题

1. 中制导有哪几种模式?
2. 给出五种典型的复合制导模式。
3. 精确制导弹道导弹的特点有哪些?

第 18 章

工程设计中的制导问题

18.1 红外导引头-弹体运动耦合分析

在红外制导导弹中，红外导引头与导弹弹体运动之间存在耦合，这种耦合会给导弹稳定回路带来不良的后果。本节以某型空空导弹为例，通过对其制导系统局部小回路进行初步分析，进一步了解和认识这种耦合对系统特性的影响。

18.1.1 制导系统局部小回路数学模型

制导系统局部小回路由导引头回路和稳定回路组成，其方框图如图 18.1 所示。从图中可以看出，导引头回路和稳定回路之间存在耦合，这是由导引头的结构特点决定的。

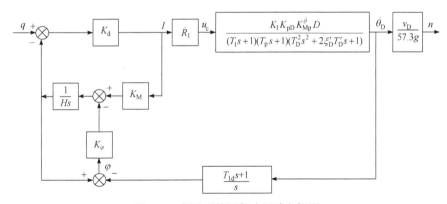

图 18.1 制导系统局部小回路方框图

K_d 为信号处理器放大系数；K_M 为力矩变换器传递系数；K_φ 为框架角修正系数；$K_{Mp}^{\dot\theta}$ 为舵机操纵力矩到弹道倾斜角速度的传递系数；T_p 为舵系统时间常数；T_{1d} 为弹体气动时间常数

18.1.2 小回路临界稳定状态分析

回路的开环传递函数为

$$\frac{\theta(s)}{\Delta(s)} = \frac{K_\varphi K_q^{\dot\theta_D}(Ts+1)}{s(T_r s+1)(T_1 s+1)(T_p s+1)(T_D'^2 s^2 + 2\xi_D' T_D' s+1)} \tag{18.1}$$

根据奈奎斯特稳定性判据，确定系统处于临界稳定状态所对应的开环增益。表 18.1 给出了不同飞行条件下系统的临界稳定开环增益和 K_φ 值。

表 18.1　不同飞行条件下系统的临界稳定开环增益和 K_φ 值

H/km	Ma	$K_\varphi K_q^{\dot\theta_{\mathrm{D}}}$	K_φ
10	2.0	1.794	0.351
15	2.5	0.378	0.086
21	3.0	0.082	0.021

从以上临界稳定状态的分析可获得以下回路稳定性分析的定性结论。

(1) 开环增益增大，回路稳定性下降，随着高度增加，开环增益临界值降低，即回路稳定性随着高度增加而降低。

(2) K_φ 值增大，对回路稳定性存在不利影响：随着高度增加，开环增益临界值降低，所以必须限制 K_φ 值。当 $K_\varphi < 0.02$ 时，回路在全高度上稳定；当 $K_\varphi > 0.02$ 时，在 21km 高度回路将丧失稳定性。

18.1.3　K_φ 对其他控制性能的影响

这里分别用回路对数频率特性曲线和阶跃过渡过程曲线来进行研究。回路闭环传递函数为

$$\frac{\dot\theta_{\mathrm{D}}(s)}{\dot q(s)} = \frac{s}{B_6 s^6 + B_5 s^5 + B_4 s^4 + B_3 s^3 + B_2 s^2 + B_1 s + 1} \tag{18.2}$$

局部回路系统方框图如图 18.2 所示。

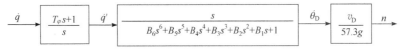

$$\dot q \rightarrow \boxed{\frac{T_\varphi s + 1}{s}} \xrightarrow{\dot q'} \boxed{\frac{s}{B_6 s^6 + B_5 s^5 + B_4 s^4 + B_3 s^3 + B_2 s^2 + B_1 s + 1}} \xrightarrow{\dot\theta_{\mathrm{D}}} \boxed{\frac{v_{\mathrm{D}}}{57.3g}} \xrightarrow{n}$$

图 18.2　局部回路系统方框图

图 18.2 中，$\dot q$-n 的传递函数为

$$\frac{n(s)}{\dot q(s)} = \frac{K_{\dot\theta_{\mathrm{D}}}^n (T_\varphi s + 1)}{B_6 s^6 + B_5 s^5 + B_4 s^4 + B_3 s^3 + B_2 s^2 + B_1 s + 1} \tag{18.3}$$

式中，$K_{\dot\theta_{\mathrm{D}}}^n$ 为 $\dot\theta_{\mathrm{D}}$ 到 n 的传递系数；T_φ 为一阶微分环节时间常数。

根据局部回路的开环零点、极点分布，可以绘制 $K_\varphi K_q^{\dot\theta_{\mathrm{D}}}$ 由零变至无穷大的根轨迹。局部回路根轨迹如图 18.3 所示。

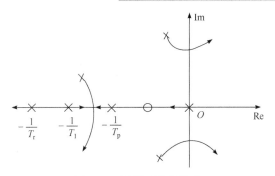

图 18.3 局部回路根轨迹

若 $-\dfrac{1}{T_p}$、$-\dfrac{1}{T_1}$ 两条根轨迹位于实轴上，则传递函数为

$$W_{\dot{q}}^n(s) = \frac{K_{\dot{\theta}_D}^n(T_\varphi s + 1)}{(T_r's + 1)(T_1's + 1)(T_p's + 1)(T_D''s^2 + 2\xi_D''T_D''s + 1)(T_0 s + 1)} \tag{18.4}$$

式中，$W_{\dot{q}}^n(s)$ 为 $\dot{q}$ 到 n 的传递函数。

若 $-\dfrac{1}{T_p}$、$-\dfrac{1}{T_1}$ 两条根轨迹不位于实轴上，则传递函数为

$$W_{\dot{q}}^n(s) = \frac{K_{\dot{\theta}_D}^n(T_\varphi s + 1)}{(T_r's + 1)(T_1^2 s^2 + 2\xi_1 T_1 s + 1)(T_D''s^2 + 2\xi_D''T_D''s + 1)(T_0 s + 1)} \tag{18.5}$$

若 $K = 0$，则传递函数为

$$W_{\dot{q}}^n(s) = \frac{W_q^n}{(T_r s + 1)(T_1 s + 1)(T_p s + 1)(T_D's^2 + 2\varepsilon_D'T_D's + 1)(T_0 s + 1)} \tag{18.6}$$

至此，便可以根据不同高度、速度绘制对数频率特性曲线和研究单位阶跃响应。表 18.2 所示为不同 K_φ 值的传递函数系数值（$H = 10$km，$Ma = 2.5$）。

表 18.2 不同 K_φ 值的传递函数系数值

序号	K_φ	K_q	T_1	T_p	T_D'	ξ_D'
1	0.0	4.86	0.08	0.234	0.0392	0.04

序号	K_φ	$K_{\dot{\theta}_b}^n$	T_φ	T_1'	T_p'	T_0	T_D''	ε_D''
2	0.06	1.364	16.6	0.0906	0.182	0.14	0.0395	0.036

绘制对数频率特性曲线，如图 18.4 所示。

从对数频率特性曲线可以看出：

(1) $K_\varphi = 0.06$ 与 $K_\varphi = 0.0$ 相比，低频幅值降低，说明系统增益降低了，即降低了复现控制信号的稳定精度；

(2) $K_\varphi = 0.06$ 与 $K_\varphi = 0.0$ 相比，带宽略有增大，谐振峰值略有增高，对噪声的抑制能力有所降低。

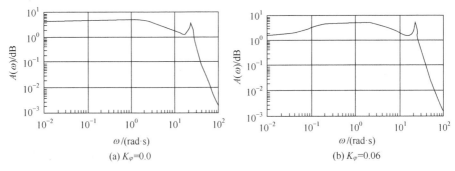

图 18.4　对数频率特性曲线

由 $W_{\dot{q}}^{n}(s)$ 可绘制系统单位阶跃响应曲线，如图 18.5 所示。

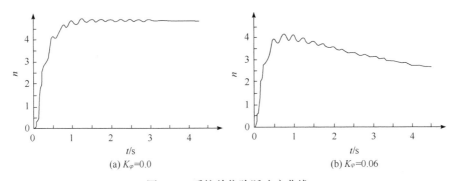

图 18.5　系统单位阶跃响应曲线

由图 18.5 可知，当 $K_{\varphi}=0.0$ 时，单位阶跃响应的稳态值为 $K_{\dot{q}}^{n}$，且过渡过程很快结束；当 $K_{\varphi}>0$ 时，单位阶跃响应的稳态值 $K_{\dot{q}}^{n}$ 明显降低，且过渡过程时间明显变长，约15s 以上。

综上所述，$K_{\varphi}>0$ 使导弹稳态法向过载 n 减小。随着 K_{φ} 增大，导弹法向过载减小，控制系统的控制精度下降。

18.2　雷达导引头天线罩瞄准误差分析

从射频能量的传输效率考虑，雷达天线前面不应该有任何遮挡物。然而，为避免雷达天线系统在恶劣的环境条件下遭受损失，通常在天线的前面安装塑料或者陶瓷天线罩。对一般的雷达天线，为了减小射频能量的传输损耗和天线罩的瞄准误差，天线罩可采用低损耗的介质材料制造，其形状可做成球形的。

导弹武器系统的雷达寻的导引头，其天线罩不仅需要考虑本身的电气性能，还需要考虑弹体外形的气动特性，如气动阻力、气动加热等。因此，导引头天线罩的性能不仅与弹体的结构外形，本身的厚度、材料，制造公差，飞行期间的表面腐蚀、抗振能力有关，而且与导引头接收信号的频率、极化等电气特性有关，设计中考虑的因素较多，比一般雷达天线罩要复杂得多。

　　在寻的导弹制导系统的分析与设计中，感兴趣的是天线罩的瞄准误差和瞄准误差斜率，因为它们直接影响系统的制导精度。下面从系统的角度来研究天线罩产生的原因以及它对系统性能的影响，最后讨论天线罩瞄准误差补偿的可能途径。

18.2.1　天线罩瞄准误差产生的原因

　　天线罩和天线系统的瞄准误差可以定义为实际目标方向和天线波束指向之差。它主要由射频波以不同的入射角通过天线罩到达天线以后，天线口径场的相位和幅度发生改变所致。出现这种现象是因为天线罩曲率半径非均匀，如图 18.6 所示。当两条平行射线 A 和 B 同时通过天线罩时，由于天线罩曲率半径的非均匀性，射线 A 通过天线罩的入射角大于射线 B 的入射角，从而每条射线因通过天线罩的路径长度不同而引入相位滞后或相差，这种相差称为插入相位。显然，插入相位将引起天线方向图的变化，从而改变天线波束指向，即出现瞄准误差。

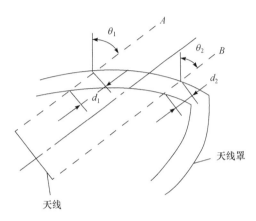

图 18.6　天线罩引起的相位滞后

18.2.2　天线罩瞄准误差斜率影响分析

　　假定导弹系统动力学用五阶二项表达式表示，其方框图如图 18.7 所示。假如没有天线罩的影响，则导弹系统动力学传递函数为

$$\frac{n_y(s)}{\varepsilon_s(s)} = \frac{K_R \left| \Delta \dot{R} \right|}{\left(1 + \dfrac{T_M}{5} s \right)^5} \tag{18.7}$$

式中，K_R 为比例导航系数；$\left| \Delta \dot{R} \right|$ 为接近速度；T_M 为导弹系统动力学无天线罩耦合时的近似时间常数。

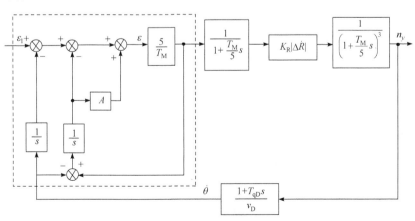

图 18.7　导弹系统动力学方框图

ε_1 为失调角；A 为天线；T_{qD} 为天线罩折射率引起的耦合系数弹体气动时间常数

当考虑天线罩的影响时，导弹系统动力学传递函数变成

$$\frac{n_y(s)}{\varepsilon_s(s)} = \frac{K_R\left|\Delta\dot{R}\right|}{\left(1+\dfrac{T_M}{5}s\right)^5 + \dfrac{K_R\left|\Delta\dot{R}\right|A}{v_D}(1+T_{qD}s)} \tag{18.8}$$

利用赫尔维茨判据判断系统的稳定性。以 T_{qD}/T_M 的比值为纵坐标、$\left(K_R\left|\Delta\dot{R}\right|A\right)/v_D$ 的比值为横坐标，存在天线罩耦合时导弹系统动力学稳定性区域如图18.8所示。

从图18.8清楚可见，T_{qD}/T_M 的比值越大，$\left(K_R\left|\Delta\dot{R}\right|A\right)/v_D$ 的稳定范围就越小。从图18.8可以确定任意给定条件下参数的限制值。描述系统稳定性的一个近似公式为

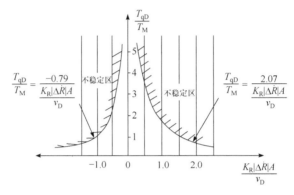

图18.8　存在天线罩耦合时导弹系统动力学稳定性区域

$$-0.79 < \frac{K_R\left|\Delta\dot{R}\right|AT_{qD}}{v_DT_M} < 2.07 \tag{18.9}$$

式(18.9)的左边建立了负的天线罩瞄准误差斜率限制边界，右边建立了正的天线罩瞄准误差斜率限制边界。

上面讨论了天线罩瞄准误差斜率对系统稳定性的影响，下面讨论对系统等效时间常数和有效导航比的影响。

考虑天线罩瞄准误差斜率以后的导弹系统动力学等效时间常数可以认为是式(18.9)分母中的一次项系数，即

$$T = T_M + \frac{K\left|\Delta\dot{R}\right|AT_{qD}}{v_D} = T_M\left(1+\frac{K\left|\Delta\dot{R}\right|AT_{qD}}{v_DT_M}\right) \tag{18.10}$$

式(18.10)清楚地表明，天线罩瞄准误差斜率和弹体气动时间常数对导弹系统动力学等效时间常数有明显的影响。图18.9说明了天线罩瞄准误差斜率对导弹系统动力学等效时间常数的影响。

式(18.10)的增益是

$$\left.\frac{n_y}{\varepsilon_s}\right|_{t\to\infty} = \frac{K_R\left|\Delta\dot{R}\right|}{1+\dfrac{K_R\left|\Delta\dot{R}\right|A}{v_D}} \tag{18.11}$$

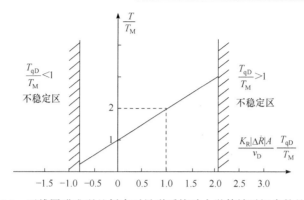

图 18.9　天线罩瞄准误差斜率对导弹系统动力学等效时间常数的影响

由式(18.11)知，有效导航比 N 与式(18.12)中的导引系数 N_1 成正比。

$$N_1 = \frac{K_R}{1 + \dfrac{K_R \left| \Delta \dot{R} \right| A}{v_D}} \tag{18.12}$$

因此，可以根据天线罩瞄准误差斜率对有效导航比进行修正。图 18.10 说明了天线罩瞄准误差斜率对有效导航比的影响。由图可知，负的天线罩瞄准误差斜率使有效导航比增大，正的天线罩瞄准误差斜率使其减小。

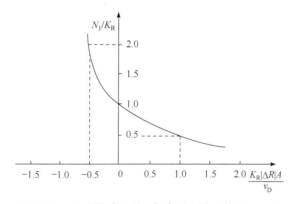

图 18.10　天线罩瞄准误差斜率对有效导航比的影响

综上所述，导弹系统动力学的稳定性区域、等效时间常数、有效导航比都受导航系数、接近速度、导弹速度、天线罩瞄准误差斜率、气动时间常数和无耦合时导弹系统动力学时间常数的影响。如果气动时间常数与无耦合时导弹系统动力学时间常数的比值很小，接近速度与导弹速度的比值很小，天线罩瞄准误差斜率很小，那么就能获得较大的稳定区域。

18.2.3　天线罩瞄准误差补偿的可能途径

从前面的分析可知，在雷达寻的导弹制导系统中，天线罩瞄准误差是一个不应忽视的重要参数之一。它不仅直接影响系统的制导精度，而且在系统中引入了一种有害反馈——弹体姿态角速度耦合效应，因此有必要对天线罩瞄准误差进行补偿。目前对这一种误差的补偿主要有两条途径：一是采用变壁厚的天线罩；二是采用微处理机进行数字补偿。下面简要介绍一下这两种方法的补偿原理。

1) 采用结合式天线罩透镜模型

在天线罩–天线系统中，天线罩瞄准误差主要由天线辐射波各平行射线以不同的入射角通过天线罩时，到达天线的路径不一样引起相位滞后所致。如果在设计天线罩时，通过改变天线罩壁厚使各平行射线通过天线罩的路径相等，就可以减小或者消除这一相位滞后，达到补偿的目的。变壁厚设计将以结合式天线罩透镜模型为基础。在工程中，这种方法十分有效。

2) 采用数字补偿方法

从前面的分析知，采用结合式天线罩透镜模型能够改善天线罩的电气性质，并能获得满意的补偿效果，但也存在许多不足之处。该方法需要改变天线罩的壁厚，使天线罩的设计、生产和检验变得相当麻烦。数字计算机的飞速发展使天线罩的数字补偿成为可能。数字补偿方法的主要思想是在导引头分系统中引入微处理机来补偿天线罩的瞄准误差或者瞄准误差斜率。天线罩可以采用普通的廉价材料，恒定壁厚。目前数字补偿方法已在工程中得到了应用。

本 章 要 点

1. 红外导引头寄生耦合基本原理。
2. 雷达导引头寄生耦合基本原理。

习　　题

1. 红外导引头–弹体运动耦合对导弹制导系统产生什么影响？
2. 雷达导引头天线罩瞄准误差产生的原因是什么？

第 19 章

导弹制导系统干扰环境与抗干扰技术

19.1　导弹制导系统干扰环境

导弹制导系统面临的干扰环境按照波段可分为电磁干扰和光电干扰两大类，其中电磁干扰主要针对雷达制导体制导弹，光电干扰主要针对光学制导体制导弹(如红外制导和激光制导)。

19.1.1　电磁干扰环境

按产生的原因，电磁干扰分为自然干扰和人为干扰。自然干扰是指大自然产生的干扰(雷电、雨、雪等)，人为干扰是指由辐射电磁波的装置产生的干扰。

人为干扰又分为无意干扰和有意干扰两大类，如表 19.1 所示。

表 19.1　人为干扰分类

人为干扰	无意干扰			友邻雷达干扰	
				敌方雷达干扰	
				其他无线电电子设备干扰	
				工交用电设备干扰	
				导弹本身发动机喷焰干扰	
				目标涡轮喷气发动机反射干扰	
				电磁脉冲干扰	
	有意干扰	有源干扰	压制式干扰	连续波干扰	
				调频连续波干扰	
				噪声干扰	瞄准式噪声干扰
					分离阻塞式噪声干扰
					窄带阻塞式噪声干扰

续表

人为干扰	有意干扰	有源干扰	欺骗式干扰	模拟脉冲干扰		
				角度欺骗干扰	倒相式角跟踪欺骗干扰	
					交叉极化干扰	
					双点源相干干扰或极化调制干扰	
				距离欺骗干扰		
				速度欺骗干扰		
			扰乱式干扰	多重同步脉冲干扰		
				杂乱脉冲干扰		
		无源干扰	箔条干扰			
			角反射体或龙勃透镜反射体干扰			
			假目标干扰			

无意干扰包括友邻雷达、敌方雷达、其他无线电电子设备和非专职电子干扰无线电电子设备的辐射干扰。事实上，飞行器的发动机喷焰和涡轮喷气发动机叶片都能产生电磁干扰，它们也是导弹制导系统设计中需要考虑的问题，然而，飞行器的这一特殊电磁辐射特征也可作为识别目标的有用信号。

有意干扰可分为有源干扰和无源干扰两种。有源干扰又分为压制式干扰、欺骗式干扰、扰乱式干扰，还可以进一步细分，表19.1中是具有代表性的人为干扰分类方法。有意干扰还有其他分类方法。例如，按机载干扰系统分为四类：远距电子支援干扰(SOJ)、随行电子干扰(ESJ)、自卫电子干扰(SSJ)和相互支援电子干扰。它们在电子干扰的战术使用中，分别起不同的作用。再如，按干扰方式分为无源干扰、噪声干扰、回答式干扰，以及有源/无源组合式干扰，这种干扰分类方法有利于干扰设备的设计。

19.1.2　光电干扰环境

光电干扰是利用各种手段破坏或干扰对方光电武器装备，使之失效。根据干扰方式和干扰手段，光电干扰的分类如表19.2所示。

表 19.2　光电干扰的分类

光电干扰	有源干扰	压制式干扰	致盲式干扰(如干扰光电器件)		
			摧毁式干扰(如使用高能激光武器)		
		欺骗式干扰	应答式干扰		
			诱饵式干扰	激光诱饵	
				红外诱饵	红外诱饵弹
					红外干扰机
			大气散射干扰		

		烟幕
光电 干扰	无源干扰	涂料
		伪装
		箔条
		改变目标光学特性
		其他

19.2　导弹制导系统抗干扰技术

本节以空空导弹为例，分别针对电磁干扰和光电干扰来介绍导弹制导系统抗干扰技术。

19.2.1　针对电磁干扰的抗干扰技术

1. 综合抗干扰措施

综合利用载机武器系统给出的目标和环境信息，以及导弹飞行控制装置给出的导弹运动信息，可以有效辅助雷达导引系统进行抗干扰和目标识别。在干扰对抗过程中，载机武器系统和导弹飞行控制装置可以在两个方面发挥重要作用，一是载机武器系统为导弹提供被攻击目标的特定信息——目标机动和速度特征、雷达反射特性，这些信息可被导引头用于与接收信号进行对比，以识别出干扰；导弹飞行控制装置探测导弹自身的运动状态，形成导弹的运动数据，这些数据可用来与来自导引系统的欺骗干扰产生的假信号进行对比，从而识别出干扰。二是载机武器系统给出目标初始指示，以减小导引系统对目标进行速度和角度搜索的范围，使所有在此多普勒频率范围和角度范围之外的信号得到抑制。同时，短的搜索时间和小的搜索区域可使敌方难以事先侦察出导引系统的发射电波频率和组织实施有效的干扰；导弹飞行控制装置对来自导引系统的目标信息(速度、角度、角速度等)进行最佳滤波，形成对目标运动参数的估值并实时地传送给导引系统，以便导引系统在受到干扰而丢失目标时能尽快地重新捕获目标。

2. 硬件措施

在硬件方面，通过增设辅助天线和辅助通道，采用旁瓣对消、旁瓣消隐技术来对抗支援式干扰；采用自适应极化接收、交叉极化接收和交叉极化对消技术来对抗交叉极化干扰；采用频率捷变技术和大范围跳频技术来对抗应答式干扰、交叉眼干扰和噪声干扰；采用前/后沿跟踪技术来对抗平台外干扰；完善单脉冲技术、平面波导裂缝阵天线技术、镜频抑制技术，以提高雷达系统的固有抗干扰能力。

导引系统一般采用平面波导裂缝阵天线。这种天线具有较低的旁瓣(低于−30dB)和较窄的主波束宽度。这就使得导引系统具有较强的抗支援式干扰和地面反射干扰的能力，因为这些干扰通常都是从天线旁瓣进入接收机的。由于收发共用一根天线，低旁瓣天线降低了电波被敌方侦察到的概率。平面波导裂缝阵天线还具有很高的极化隔离度，能够比较有效地对抗交叉极化干扰。

随着支援式干扰机干扰功率的增大，−30dB 的旁瓣电平不足以抑制大功率的干扰。从导引系统天线旁瓣注入的干扰信号会在偏离目标的方向上产生一个虚假的目标信号，使导引头角跟踪通道无法锁定目标。即使对于支援式噪声干扰，导引系统的跟踪干扰源(homing on jamming，HOJ)模式也会失去功效，因为角跟踪通道无法给出正确的目标角度信息。这就迫使雷达导引系统的设计者寻求超低旁瓣天线。

超低旁瓣天线指的是旁瓣低于主瓣 50dB 的天线。满足这种要求的关键是提高天线设计和加工精度，控制设计和加工过程的系统误差和随机误差。另外，应尽可能增大天线口径与波长的比值。这是因为随机误差引起的旁瓣电平是固定的，与工作频率无关，而天线的增益和方向性与频率的平方成正比。提高工作频率便可提高天线主瓣的峰值，相对降低旁瓣的电平。然而，通常采用以上两种途径降低天线的旁瓣是昂贵的，有时甚至是不可能的。提高工作频率会使整个射频部分成本增大。过高的设计精度要求给加工装配带来了太大的困难，以至于最终无法完成。

一种比较适用的技术是旁瓣对消技术。它通常可将通过天线旁瓣波束进来的噪声干扰电平降低 20～30dB。旁瓣对消技术要求在主天线周围加设辅助天线。对辅助天线的要求是在干扰方向上其主瓣电平应大于主天线的旁瓣电平。由于增添了辅助天线，主天线的运动自由度受到了一定的限制。要达到较佳的对消效果，辅助天线的数量应当等于主天线旁瓣的数量。当考虑到主天线交叉极化的响应时，则应增加辅助天线的数量。通常辅助天线超过 4 个后实现起来将非常困难。

导引系统的目标探测通道采用宽限窄电路结构。这种电路的信号通频带按"宽带—限幅—窄带"的形式排布。在数字梳状滤波器的输入端对信号进行硬限幅，使每个频率通道对于任意频谱的噪声输入(如支援式噪声干扰、自卫式噪声干扰、间断式噪声干扰、地面反射干扰等)都有固定的最大输出噪声电平。这使得探测通道在各种干扰环境下具有固定的和足够低的检测门限。在梳状滤波器的输入端设计若干高选择性滤波器，将梳状滤波器分成若干个子频段，以便在存在强干扰信号的条件下仍能够检测到微弱的目标信号。同时，设计专门的幅度检波器，对探测通道频率范围内的输入信号的包络进行分析。当发现具有明显的噪声特征时，便可启动跟踪干扰源工作逻辑。

单脉冲测角系统可以利用一个脉冲获取全部角度信息。导引头测角系统将多次的角度测量值积累起来，进行运算分析。根据这些大量测量值的离散程度，可以确定所接收的辐射点源是干扰还是目标。如果探测到两组或两组以上的角度值，便可认定是角度闪烁干扰。处理办法是将一组角度测量值选出来，将天线指向这一目标进行干扰源的自动跟踪。

在接收通道中设置鉴频器，将鉴频器的输出与来自角通道的角度信息、来自检测滤波器的频率信息和来自幅度检波器的能量信息一起进行分析处理，找出它们之间的相互关系，利用这个相互关系可以识别出干扰。例如，当鉴频器测量值集中在两个或两个以上的数值时，可以断定是多普勒闪烁干扰。

比相单脉冲测角方式易受到镜像频率(简称"镜频")的干扰。两个镜频信号在中频上的相位角是相反的，如果镜频干扰的电平超过了目标信号的电平，中频信号的相位角将会反相，从而驱动天线向着偏离目标更远的方向偏转，造成目标在角度上的丢失。可以在微波前端设置镜像抑制混频器，以抑制镜像干扰的作用。

3. 软件措施

计算机的采用使得导引系统智能化抗干扰成为可能。导引系统计算机可以对输入的测量数据进行实时的数字和逻辑分析，发现干扰的存在后，确定干扰的类型，选择相应的抗干扰逻辑。当新干扰形式出现时，针对新干扰形式设计出的对抗方法可以落实到抗干扰程序中，通过在线加载的方式，对导引系统内的工作程序进行扩充、完善或更新，以改善和提高导弹抗干扰性能。

导引系统抗干扰的软件措施是与硬件措施配合工作的，硬件措施是软件措施的基础。归纳起来，在导引系统抗干扰算法中一般采取以下几种抗干扰措施：

(1) 通过导引系统硬件提供的有关测量值，对导引系统所在的电磁环境进行分析，识别出作用在导引系统上的干扰性质，启动相应的抗干扰算法；

(2) 对来自导引系统测角和测速通道的信息与来自机载火控系统和导弹飞行控制装置的目标的速度与角度信息进行连续不断的比较，以识别和对抗假目标和欺骗式干扰；

(3) 当速度通道、距离通道和角度通道的信号中断时，进行速度、距离和角度的目标位置外插，以保证快速重新截获目标信号。

对抗宽带阻塞式噪声干扰的算法：当晶体滤波器输入端由幅度检波器构成的功率指示器的输出噪声电平高于接收机内部噪声电平时，便构成了噪声干扰存在的第一个条件。此时，导引系统计算机检查测角通道角度测量值的方差，如果角度测量值的方差小于某一门限值，则构成了噪声干扰存在的第二个条件。当这两个条件都满足时，抗干扰算法便产生发现噪声干扰的标志，将干扰机的方位信息提供给飞行控制装置用于制导导弹。此方法也适用于对抗窄带瞄准式噪声干扰。

对抗速度拖引干扰的算法：对抗速度拖引干扰分为两个阶段，一是判别速度拖引干扰的存在，二是甩掉干扰重新搜索并截获目标。具体方法是，将导引系统测得的目标运动参数(速度、加速度、目标视线角速度)与飞行控制装置中计算的这些参数的估计值进行比较，如果两者相差较大，则认为有速度拖引干扰的存在，此时导引系统计算机便指示速度门中止对干扰信号的跟踪，重新按飞行控制装置预定的目标频率位置范围进行频率搜索。

对抗闪烁干扰的算法：在慢速闪烁时，导引系统可以依次跟踪目标和干扰两个频率的信号，此时测角回路将对干扰源进行不间断的测角。在快速闪烁时，导引系统测出频率的瞬时值。测角回路将频率测量值与角度测量值进行相关性分析，从中选出相关的角度测量值，并依此形成对干扰源方位的估计值，同时对已选定的多普勒频率进行频率跟踪。由于目标信号与干扰频率相差较大，导引头的信号处理器可以将目标选出并抑制干扰。

对抗无源干扰的算法：此算法由飞行控制装置配合完成。飞行控制装置根据导引头天线的方向图、导弹的速度矢量和导弹与干扰源的相对位置，计算出这些无源干扰的多普勒频率范围，并将这一范围告知导引头计算机。导引头计算机便指示信号处理器对这一多普勒频率范围的信号进行抑制。

随着数字技术的发展和数字信号处理(digital signal processing，DSP)芯片运算能力的大幅度提高，软件抗干扰方面出现了许多新技术，如神经网络技术。可以预见在不久的将来，软件抗干扰可以做成专用芯片，与传统的雷达导引头处理器协同工作，以提高导引系统抗干扰的智能化水平。

19.2.2　针对光电干扰的抗干扰技术

1. 空间位置识别法

1) 空间滤波技术

用调制盘将与目标具有相同光谱但空间角尺寸不同的背景辐射滤除的技术，称为空间滤波技术。这种技术是目前国内外热点式红外寻的导弹普遍采用的一种抗红外背景干扰的有效措施。

实战中，空间滤波技术主要用于第一代热点式跟踪的红外寻的导弹，如苏联的 SA-7、SA-7B，美国的"红眼睛"等型号。它们采用的是近红外探测元件(如 PbS)，工作在 1～3μm，在对飞机进行尾追跟踪时，受阳光干扰严重，因此均使用了调制盘滤波技术，在滤除大面积背景辐射干扰方面收到了良好效果。

2) 变视场

在导引系统设计中，常采用变视场的方法，以减小干扰，提高跟踪性能。减小导引系统视场有两条途径，一是光学变视场，二是电子变视场。

3) 波门技术

波门技术是随着红外导引系统空间分辨率的提高而逐步发展起来的。波门技术限制了红外探测信号的处理区间，减小了区间外干扰的影响，有利于提高跟踪品质。

4) 相关技术

相关技术是指将系统的基准图像在实时图像上以不同的偏移值进行位移，根据两幅图像之间的相关度函数来判断目标在实时图像中的位置。跟踪点就是两个图像匹配最好的位置，即相关函数的峰值。相关技术与波门技术相比，利用了更多的图像信息，因而能更有效可靠地识别目标。一般相关技术不要求分割目标和背景，对图像质量要求也不高，可在低信噪比条件下正常工作，对与选定的跟踪目标图像不相似的其他干扰都不敏感，可用来跟踪较大的目标或对比度较差的目标。

2. 光谱识别法

1) 光谱滤波技术

用具有一定光谱透射特性的光学滤光片，将与目标辐射光谱不同的背景辐射或人工干扰滤除的方法称为光谱滤波技术，其目的是提高探测器所接收的目标与背景的辐射通量比值。

2) 多光谱(多色)技术

红外制导系统应用的多光谱技术,是指系统能工作于多种波段状态,以便使导引头能探测和跟踪具有不同热特征的目标或同一目标上的不同热部位(如飞机的尾喷管、尾焰或蒙皮的气动加热辐射),以达到抗各种背景干扰和人工干扰的目的。这种导引头通常要同时采用多色滤光片、调制盘和探测器件,系统有可能采用不等比的多路工作体制。

国外应用"双色"导引头的典型例子是美国的"尾刺"POST 红外地空导弹。这种导弹采用"红外/紫外"导引头,红外元件同于"尾刺"型号,采用工作于 $4.1\sim4.4\mu m$ 的 InSb,紫外探测器是 CdS。它以玫瑰线形式对目标/背景扫描,并通过两台微处理机对红外抗干扰逻辑电路实施最佳控制,用于判断、选择并自动转换系统的最佳工作模式。因此,这种导引头不易受红外诱饵的欺骗和热遮蔽的影响,具有较强的抗干扰能力。

3) 光电复合制导技术

光电复合制导技术属于导弹制导系统的多模工作体制,它可以是微波、毫米波与红外、激光、可见光(电视)制导技术的任何组合配准方式,当一种工作模式受到干扰时,可以自动转换为另一种工作模式。因此,它是目前导弹系统从制导体制上采取的一种重要而有效的反对抗措施。同时,它可以提高武器系统的总体性能指标,能根据实战环境(目标、背景、干扰)的变化,更换不同的制导方式,极大地提高了武器系统的临战应变能力。

当前各国采用光电复合制导体制的实例颇多,如由伯尔科夫公司和法国国家航空宇航公司联合研制的"罗兰特-1"地空导弹系统,主要用来对付低空、高速飞机。它在采用光学制导的"罗兰特"的基础上加装了一部单脉冲跟踪雷达。这种导弹可以在作战过程中,根据当时气象和干扰状况,互换雷达制导或光学制导。

3. 辐射强度识别法

1) 能量变化率识别

干扰弹起燃时的变化特征明显有别于目标辐射自然变化特征,可以根据所跟踪的目标在单位时间内能量的变化量来判断干扰弹是否到来,以便为调整系统的增益控制、波门设置、分割门限等提供最可靠的依据。

2) 幅度识别

干扰弹出现时信号幅值迅速增大甚至饱和,干扰弹信号幅值比目标信号幅值大是其显著特征,因此可根据视场内脉冲信号的幅值鉴别目标和干扰。

4. 运动轨迹识别法

1) 航迹识别

干扰弹与载机分离后它们的运动特征有明显的区别,可以采用航迹识别方法区分干扰与目标。航迹识别首先需要采集目标的多帧信息以建立目标航迹,然后进行航迹匹配,最后进行目标选择。

2) 预测跟踪

当导引系统在跟踪目标过程中受到干扰影响或目标自身状态突然发生变化而导致跟踪置信度参数超出正常跟踪值时，可将其转入预测跟踪状态。这时导引系统虽然仍可根据实时采集的数据计算置信度，但是导引系统对目标的跟踪信息却不由实测的计算参数提供而转由历史数据计算出的预测参数提供。在系统处于预测跟踪状态下，若跟踪置信度恢复到正常范围内，则可转入正常跟踪状态。

5. 形体识别法

1) 脉宽鉴别

对于多元调制系统，脉宽鉴别就是根据脉冲宽度区别目标与干扰。一般干扰弹信号脉冲要比目标信号脉冲宽。

2) 图像鉴别

对于成像导引系统，信息包含较准确的跟踪对象的红外形体大小和形状。在层次门限分割技术基础上，根据形体大小和形状可较容易地识别出目标与干扰。

6. 综合加权识别法

在进行抗干扰设计时，一般要综合运用上述各种相对独立的抗干扰措施。综合加权识别法研究的是上述各独立信息之间的逻辑关联度。通过综合分析，对每一个独立信息给出适当的置信度和加权值，然后决定剔除干扰的置信度，达到提高抗干扰能力的目的。

置信度是表征探测信息的状态参量。对于多元探测信号，置信度设置主要包括脉冲宽度、幅度、相位、波门、脉冲个数等；对于图像信号，可设置面积、灰度、形状、灰度梯度、旋转、帧位移、能量、方向、图像结构等参数的置信度。

置信度的设定不是一成不变的，一般采用自动调节变参量设计。通过对目标信息的记忆、统计、评估与综合，综合加权识别法具有自适应和自学习能力，最终给出最佳抗干扰策略。

19.3　导弹制导系统抗干扰性能评定方法

19.3.1　雷达制导导弹制导系统抗干扰性能评定方法

雷达抗干扰性能评估技术的研究在国际上已有 20 多年的历史。著名学者 Johnston 早在 1974 年就已提出采用抗干扰改善因子作为衡量单部雷达抗干扰能力的准则。抗干扰改善因子定义为采用了抗干扰技术的接收机产生一定的输出信干比所要求的干扰功率与未采用抗干扰技术的同样接收机产生相同大小的输出信干比所要求的干扰功率之比。因为抗干扰改善因子定义为功率比，它和国外有人提出用烧穿距离来评定干扰与抗干扰效果一样，均从能量关系考虑。它适用于压制式干扰的情况，对于欺骗式干扰，如距离拖引、无源诱骗等干扰，就不能简单地用能量关系来评定，应当从武器系统的最终命中概率来分析。Johnston 在 1993 年发表的文章中也强调了要开展武器系统抗干扰效果的评定研究与武器系统抗干扰仿真试验研究。通过系统仿真试验，根据导弹的脱靶量及由此确定的杀伤概率来评定整个武器系统的抗干扰能力。

下面简要介绍几种典型的国外的仿真系统设备。

1) 美国陆军高级仿真中心

美国陆军高级仿真中心(Advanced Simulation Center，ASC)位于美国亚拉巴马州红石兵工厂。全套设备由美国波音公司设计，它包括以下四大部分：射频仿真系统、红外仿真系统、光电仿真系统、ASC 混合计算机群。前三部分构成战术导弹目标环境物理效应仿真系统，为评定导弹制导系统的性能提供目标与干扰环境及运动特性。第四部分是一个高级仿真信息处理系统，为导弹制导系统的仿真提供高速、大容量的信息处理手段。

射频仿真系统所模拟的作战情景可以包括多个目标，可以模拟目标回波的延迟、多普勒频移、振幅起伏、角闪烁以及杂波、多路径等效应，可以模拟目标相对于导弹的距离及角度运动。射频仿真系统工作频率为 $8\sim18$Hz。

整个试验是在微波暗室中进行的，暗室尺寸：长 12.19m，宽 14.63m，高 14.63m。暗室的一端有三轴飞行转台，用来安装被测件，如雷达导引头。暗室的另一端设置阵列天线，它是一个三元组阵面。该阵列天线主要由 550 个单元组成，其中目标阵列有 534 个单元，电子干扰阵列有 16 个单元。另外，在目标阵列下面又加了 9 个单元，用于产生高度回波。目标阵列可以同时在 4 个不同的位置上辐射信号，代表 4 个可独立控制的、复杂的目标信号。其中任意一个通道都可以用来辐射压制式干扰。16 个电子干扰阵列天线均匀地分布在 534 个目标阵列天线当中。除使用干扰模拟器产生干扰外，还可以使用真实干扰机通过电子干扰通道或目标通道来产生干扰。

2) 英国宇航公司的射频仿真技术

英国宇航公司下属的模拟器制造公司专门为英国海军、空军、陆军研制训练用的各类模拟器。这些模拟器采用光学投影方法和数字图像方法在计算机显示器荧光屏上产生背景和目标，通过计算机控制背景和目标的运动，使雷达操作手或飞行员在荧光屏前感受到一个立体的模拟目标环境。

该公司还生产电子战环境模拟器，能产生射频目标回波和干扰环境，用于战术导弹主动或半主动射频制导仿真系统实验室，实验室硬件配置如图 19.1 所示。

图 19.1 中，导弹的导引头与自动驾驶仪安装在三轴飞行转台上，并设置在微波暗室的一端。雷达目标模拟器设置在微波暗室的另一端，用来产生雷达的模拟目标回波。其回波特征及对回波的控制为导弹与目标相对运动关系的函数，并由模拟器产生。转台的参数及对转台的控制取决于导引头及自动驾驶仪的要求，并由计算机进行控制。

图 19.2 所示的半实物仿真原理框图具有与图 19.1 相同的功能，但增加了干扰信号产生器、多目标产生器、杂波产生器及与其有关的闪烁阵天线。

英国宇航公司已将这套设备应用于"天空闪光"和"海鹰"导弹的研制过程中。"海鹰"导弹为反舰导弹，只需模拟方位闪烁，因而只要配备 2 单元相控阵天线就足够了。对空空或地空导弹，则需模拟方位和俯仰闪烁，因而需配置 4 单元相控阵天线。单元间隔一般取 $10\sim30$ 个波长。本仿真系统天线结构比较简单，但视场角受到很大限制。

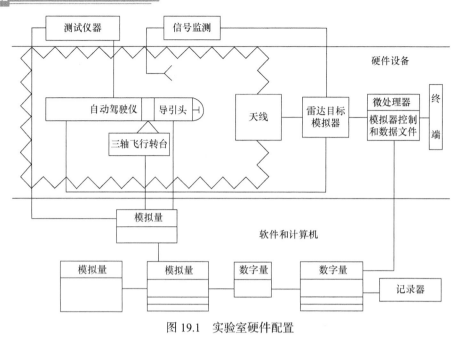

图 19.1　实验室硬件配置

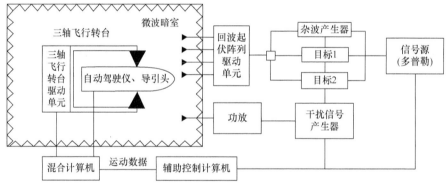

图 19.2　半实物仿真原理框图

19.3.2　光电制导导弹制导系统抗干扰性能评定方法

有关光电武器装备抗干扰性能评估准则和方法的研究，直接影响到对光电系统抗干扰性能的综合评价，对光电对抗双方选择合适的干扰、抗干扰样式，以及对干扰系统和光电系统的设计，都具有重要的指导作用。

光电对抗效果评估方法包括试验方法和评估准则。

1. 试验方法

试验方法包括两大类：实弹打靶试验方法和仿真试验方法。

实弹打靶试验方法无疑是评估对抗效果最准确、最可信的方法。最理想的状态当然是投入战场使用，从战场上取回数据，给出对抗效果评估结果。但是，战场环境往往难以得到，因此只能采用实弹打靶试验方法，需要将被保护目标和对抗系统置于模拟战场环境，通过发射实弹进行试验，并根据试验数据，给出对抗效果评估结果。这种方法虽然真实，但费用昂贵，适用于装备定型试验。

仿真试验方法就是对光电武器装备、光电对抗装备、被保护的目标、战场环境进行仿真模拟，逼真地再现战场上双方对抗的过程和结果。根据需要，仿真试验可以做多次，甚至可以做上千次、上万次，以检测与评估光电武器装备与光电对抗装备的对抗效果，作为改进光电武器装备及其对抗系统的依据。仿真试验方法分为全实物仿真、半实物仿真和计算机仿真等几种类型。

2. 评估准则

在评估准则中，关键是选取合适的评估指标，然后就可以通过试验方法进行干扰效果评估试验，根据评估指标阈值来确定干扰效果等级。常见的光电干扰效果评估指标包括搜索参数类指标、制导精度类指标、跟踪精度类指标、图像特征类指标和压制系数指标。

1) 搜索参数类指标

适用于从光电制导系统的搜索、截获性能角度评估干扰效果。如果光电系统在预定的区域内未能发现目标，即启动搜索功能，直到截获目标，从而转入对目标的跟踪。在这个阶段，干扰效果的评估应该以发现概率、截获概率、虚警概率、捕捉灵敏度、跟踪目标和跟踪干扰的转换频率等为指标。

2) 制导精度类指标

制导武器弹着点的脱靶量和制导精度是反映其战术性能的关键指标，对制导武器的干扰直接影响到其脱靶量和制导精度，所以评估指标可以选择为脱靶量或制导精度。通过检测制导武器受干扰后的脱靶量或制导精度的变化情况来评估干扰效果。

3) 跟踪精度类指标

目标跟踪阶段一般可以监测干扰前后以及干扰过程中导引头的导引信号，根据跟踪误差、跟踪精度和跟踪能力的变化情况来评估干扰效果。

4) 图像特征类指标

光电成像装备的核心是目标探测、识别和跟踪，而目标探测、识别和跟踪的性能依赖于图像目标特征的强弱。当释放干扰时，图像目标的特征肯定会受到影响，所以可以基于各种图像目标特征的变化来评估干扰效果。

5) 压制系数指标

压制系数是干扰信号品质的功率特征，表示被干扰设备产生指定的信息损失时，在其输入端通频带内产生所需的最小干扰信号与有用信号的功率比。干扰信号使对方光电装备产生信息损失的表现：对有用信号的遮蔽，使模拟产生误差，中断信息进入等。压制系数越小，干扰效果越好；压制系数越大，干扰效果越差。

本 章 要 点

1. 电磁干扰环境的典型分类。
2. 光电干扰环境的典型分类。

3. 电磁干扰的抗干扰措施。

4. 光电干扰的抗干扰措施。

5. 雷达及光电制导导弹抗干扰性能评定方法。

习　题

1. 电磁干扰可分为哪几类?

2. 光电干扰可分为哪几类?

3. 电磁干扰的典型抗干扰措施有哪些?

4. 光电干扰的典型抗干扰措施有哪些?

5. 衡量单部雷达抗干扰能力的准则是什么?

6. 简述光电对抗效果评估方法的试验方法和评估准则。

第 20 章

导弹制导控制系统仿真试验技术

20.1 "仿真"的基本概念与典型应用

理论上讲，研究导弹制导控制系统性能最直接的方法就是飞行试验。但实际上，由于导弹飞行试验周期长、耗费大，不可能所有性能都通过飞行试验来验证。在目前的条件下，导弹制导控制系统的大量性能分析是通过仿真方法进行的。

仿真是指通过构造一个"模型"来模拟实际系统内部所发生的运动过程，建立在模型系统上的试验技术就称为仿真技术或模拟技术。换句话说，仿真就是通过对模型进行试验来获得模型所代表对象的相关性能。

仿真技术在导弹制导控制系统设计中的应用非常广泛，尤其是近年来，随着仿真技术的不断进步，仿真精度逐步提高，仿真技术已经成为各类精确制导导弹系统设计过程中不可或缺的重要手段。具体归纳起来有如下几个方面。

1) 仿真技术在制导控制系统设计过程中的应用

制导控制系统是在复杂的目标、环境和干扰背景作用下时变的非线性控制系统。为了简化设计，一般采用的是经典的设计理论和方法，即将制导控制系统线性化，然后进行设计。这样做的优点是可以简化设计过程，便于采用经典控制理论的方法进行分析，缺点是必须对系统进行假设和简化，而且其设计结果的正确性还必须通过试验或仿真的方法进行检验。

目前，检验设计结果正确性的一个主要手段是采用仿真的方法，可以这样说，在制导控制系统设计的全过程中，都必须依赖仿真技术来对系统设计结果进行分析。例如，在武器系统设计的方案论证阶段，可以通过数字仿真来检验仿真设计的正确性，并对比、评估不同方案的优劣性。在制导控制系统设计阶段，通过仿真技术可以优化制导控制系统结构和参数，当部分关键实物部件研制成功后，可以将其引入仿真回路，组成半实物仿真系统，检验其性能是否达到设计要求。当制导控制系统的全部实物研制完成后，可以通过半实物仿真检验其最终性能，为设计定型提供依据。

2) 仿真技术在研究导弹在复杂条件下性能中的应用

由于受经费、试验周期等条件的限制，飞行试验往往只能选取典型设计条件进行，对于目标的各种不同机动方式、人工干扰条件、背景干扰条件下的导弹性能，就只能依靠仿真技术进行评价。另外，受飞行条件的限制，导弹的边界性能参数的确定也必须通过仿真技术获取，如导弹攻击区的远界和近界是无法通过飞行试验完整获取的，这时就必须通过仿真技术进行研究。

3) 仿真技术在武器系统性能统计分析、确认中的应用

在导弹武器系统设计定型的时候，一般用户非常关心的一些性能参数有脱靶量、杀伤概率等。这些参数的确定，必须通过大量的试验来获取相关数据，然后采用统计分析的方法获取相关参数。在导弹研制的初期，这些数据主要通过实弹飞行试验的方法获取，耗费大，周期长。现在借助仿真技术，只需进行少量的飞行试验用于校验系统的数学模型，然后利用校准后的数学模型按蒙特卡洛法进行大量的重复试验，就可以较高的置信度获得所需要的统计数据。

4) 仿真技术在精确制导武器使用操作培训中的应用

导弹武器研制成功后，装备部队使用时，由于操作人员不熟悉武器系统的性能和操作流程，必须进行培训。这时可以利用仿真技术的手段，通过建立逼真的操作环境，如视景、音响、振动等，让操作人员在试验室就可以全面熟悉武器系统的性能和操作流程。

根据仿真所用的模型不同，可以将仿真分为数字仿真、物理仿真和半实物仿真。

数字仿真是基于数学模型的仿真，因为数学模型通常采用计算机进行计算，所以又称计算机仿真。物理仿真是基于物理模型的仿真。例如，飞机、导弹模型在风洞中进行吹风试验，导弹原理样机在地面进行试验等，导弹飞行试验也属于物理仿真的范畴。半实物仿真是将数字仿真和物理仿真结合起来的一种仿真技术，在半实物仿真过程中，部分模型为数字模型，在仿真计算机上运行，部分模型为物理模型，直接接入仿真回路。半实物仿真比数字仿真更接近真实情况，同时又可解决物理仿真中一些难以模拟的状态，是一种重要的仿真手段。

20.2　模型与仿真

应用仿真技术对系统进行分析和研究的一个基础性和关键性的问题是将系统模型化。系统模型化是系统仿真的核心问题，也就是说，由建模目的出发，根据相似原理，建立正确、可靠、有效的仿真模型是保证仿真结果具有较高可信度的关键和前提。

20.2.1　模型的定义

系统模型是对实际系统特定性能的一种抽象，是系统本质的表述，是人们对客观世界反复认识、分析，经过多级转换、整合等相似过程而形成的最终结果。它具有与系统相似的数学描述或物理属性，以各种可用的形式，给出所研究系统的信息。

用正确方法建立的模型，能更深刻、更集中地反映实体的主要特征和运动规律，是对实体的科学抽象。从这一点上说，模型更优于实体。系统仿真中的模型有两种分类方法：一种分为物理模型和数学模型两大类；另一种分为连续系统模型和离散系统模型两大类。

1. 物理模型和数学模型

1) 物理模型

物理模型与实际系统有相似的物理效应，又称为实体模型，可进一步分为静态物理模型和动态物理模型。静态物理模型最常见的是比例模型，如用于风洞试验的飞行器模型，或生产过程中试制的样机模型等。动态物理模型的种类更多，如用于模拟飞行器姿态运动的三自由度转台、用于模拟目标反射特性的目标仿真器；又如在电力系统动态模拟试验中，有时将由小容量同步机、感应电动机与直流机组成的系统，作为电力网的物理模型来研究电力系统的稳定性。

2) 数学模型

数学模型是用抽象的数学方程描述系统内部物理变量之间的关系而建立起来的模型，包括原始系统数学模型和仿真系统数学模型。原始系统数学模型又包括概念模型和正规模型。

概念模型是指用文字、框图、流程框等形式对原始系统进行描述；正规模型是用符号和数学方程式来表示的系统模型，其中系统的属性用变量来表示，系统的活动则用相互有关的变量之间的数学函数关系式来表示。原始系统数学建模过程被称为一次建模。

仿真系统数学模型是一种适合在计算机上进行运算和试验的模型，主要根据计算机运算特点、仿真方式、计算方法、精度要求，将原始系统数学模型转换为计算机的程序。仿真试验是对系统数学模型的运行，根据试验结果，进一步修正系统数学模型。仿真系统数学建模过程被称为二次建模。

2. 连续系统模型和离散系统模型

1) 连续系统模型

连续系统模型是由表征系统变量之间关系的方程来表述的，主要特征是用常微分方程、偏微分方程和差分方程分别描述集中参数系统、分布参数系统和采样数据系统，其中常微分方程、偏微分方程也可转换成差分方程形式。

2) 离散系统模型

离散系统模型又分为时间离散系统模型和离散事件系统模型两类。时间离散系统又称采样控制系统，一般用差分方程、离散状态方程和脉冲传递函数来描述。这种系统的特性其实是连续的，仅仅在采样的时刻点上来研究系统的输出。离散事件系统用概率模型来描述，其输出不完全由输入作用的形式描述，往往存在着多种可能的输出。它是一个随机系统，如库存系统、管理车辆流通的交通系统、排队服务系统等。输入和输出在系统中是随机发生的，一般要用概率模型来描述这种系统。

3. 复杂系统的建模要求

对一个特定的系统进行建模时，建模者要考虑许多因素，包括系统是否真实存在、系统的复杂程度、系统任务的时间分配和资源分配，以及实际运行时模型是否可行等。对复杂的系统建模，通常有下述基本要求。

1) 清晰性

一个大的系统往往由许多子系统组成，因此对应系统的模型也由许多子模型组成。在子模型与子模型之间，除研究目的所必需的信息联系以外，相互耦合要尽可能少，结构要尽可能清晰。

2) 切题性

系统模型应该只包括与研究目的有关的方面，也就是与研究目的有关的系统行为子集特性的描述。对于同一个系统，模型不是唯一的，研究目的不同，模型也就不同。例如，研究空中管制问题时，关心的是飞机质心动力学模型与坐标力学模型；如果研究飞机的稳定性与操纵性，则关心的是飞机绕质心的动力学模型和驾驶仪动力学模型。

3) 精确性

同一个系统的模型按其精度要求可分为许多级。对不同的工程，精度要求不一样。例如，用于飞行器系统研制全过程的工程仿真器要求模型精度高，甚至要考虑一些小参数对系统的影响，这样的系统模型很复杂，对仿真计算机的性能要求也高；但用于训练飞行员的飞行仿真器，则要求模型的精度相对低一些，只要被培训的人感到"真"即可。

4) 集合性

集合性是指一些个别的实体能组成更大实体的程度，有时要尽量从能合并成一个大实体的角度考虑对一个系统实体的分割。例如，对武器射击精度鉴定，并不十分关心每发子弹的射击偏差，而着重讨论多发子弹射击的统计特性。

20.2.2　建模方法

建立模型的任务是确定系统模型的类型、建立模型结构和给定相应参数。结构通常是指方程的阶次，参数则是指方程中的系数或状态模型中系数矩阵各元素等。建模中所遵循的主要原则是模型的详细程度和精确程度必须与研究目的相匹配，要根据所研究问题的性质和所要解决的问题来确定对模型的具体要求。建模一般有以下三种途径。

1) 演绎法或分析法

对内部结构和特性清楚的系统，即白盒子系统(如多数工程系统)，可以利用已知的一些基本定律和原理，经数学演绎和逻辑演绎推导出系统模型。例如，弹簧系统和 RLC 电系统的模型可根据牛顿定律和基尔霍夫定律经演绎建立。由此法建立的模型需要进行正确性检验。

2) 归纳法

对内部结构和特性不清楚的系统，即黑盒子系统，则可假设模型，直接对其行为进行观测，通过试验验证和修正假设模型，也可以用辨识的方法建立模型。对于那些属于黑盒子且不允许直接试验测试的系统(如多数非工程系统)，则采用数据收集和统计归纳的方法来建立模型。

3) 混合法

对于内部结构和特性有部分了解，但又不甚了解的一大类系统，可采用前面两种相结合的方法建模。对第一类系统，在演绎出模型结构后尚需通过试验法来确定它们的参数，所以一般来说用混合法建立的数学模型比较有效。

20.2.3　系统仿真在产品型号研制中的应用

目前，系统仿真已贯穿整个产品型号研制的全过程，主要包括以下几个方面：

(1) 根据产品研制总要求规定的技术指标,应用虚拟样机技术进行产品的总体设计和制导系统的初步设计；

(2) 研究在各种制导方式下导弹的飞行轨迹和制导精度(包括动、静态误差及随机干扰引起的误差)与技术指标的相符性；

(3) 导弹制导控制系统(多)目标识别、跟踪能力和跟踪品质研究；

(4) 研究多种气象条件、地(海)杂波环境下导弹制导控制系统的性能；

(5) 研究干扰条件及干扰方式对导弹系统的影响和导弹制导控制系统可能采取的抗干扰措施；

(6) 优化产品设计、修改设计参数、产品调试与试验验证、简化飞行试验计划、校验导弹制导控制系统数学模型；

(7) 利用仿真结果为制定导弹出厂技术条件提供参考。

20.3　仿真模型的校核与验证

计算机仿真技术一直在导弹系统的研制中发挥着重要的作用,是导弹系统型号研制、试验鉴定、装备部署、作战使用以及改进设计的重要依据。但是,仿真毕竟是基于模型的试验活动,仿真模型的正确性和建模精度直接决定了仿真结果与真实系统性能的一致程度。显然,不能反映真实系统性能的仿真结果是没有任何意义的,甚至会误导研究人员得到错误的结论。可见,仿真结果究竟是否能代表真实系统的性能,存在一个仿真可信度的问题。

对仿真可信度进行研究,目前常用的方法包括仿真模型的校核、验证与确认。

20.3.1　基本概念

校核：确定仿真系统准确地代表了开发者的概念描述和设计的过程,保证模型从一种形式高精度地转换为另一种形式。从概念模型到仿真模型的转换精度评估和从模型框图到可执行计算机程序的转换精度评估都是在模型校核过程中完成的,即检查仿真程序有无错误及解算方法的精度。

验证：从仿真模型应用目的出发,确定模型在其适用范围内以足够精度与建模和仿真对象保持一致。模型验证保证了模型的正确性。

确认：正式地接受仿真系统为专门的应用目的服务的过程,即相关部门认可模型可以用于某些特定应用。

20.3.2　仿真模型的校核方法

仿真模型校核主要是检查仿真程序的正确性和解算方法的精度。常用的仿真模型校核方法如下所述。

1. 仿真算法的校核

仿真算法的校核包括两个方面的内容：一是对算法进行理论研究，对其主要的品质，如精度、收敛性、稳定性、适用性等进行分析，以确保算法的合理性；二是检查计算机程序是否准确地实现算法的功能。无论是对连续系统还是对离散事件系统进行仿真，同样存在仿真算法的选择问题。此外，还必须精心设计仿真程序，以确保正确无误地实现算法的功能。建议尽量采用经过测试和实践检验的标准程序。

2. 静态检测

检查算法、公式推导是否合理，仿真模型流程图是否合乎逻辑，程序实现是否正确。为了便于模型的动态校核，从一开始就应当严格按照结构化、模块化、规范化的风格编制程序。

3. 动态调试

在模型运行过程中，通过考察关键因素或敏感因素的变化情况检查计算模型的正确性。

4. 多人复核

对某个人开发设计的仿真计算模型，可以请他人检查。他人可以用一切办法甚至带有挑剔的态度去寻找计算模型中潜在的错误。这种方法比较客观，可以提高模型的可信性。

5. 参考基准校核

检查模型计算结果是否与所研究的特定物理现象相符合，以及对模型结果中出现的非正常现象能否给出合情合理的物理解释。

6. 标准实例测试法

对于比较简单的、规模比较小的仿真问题，或许有足够的信心认为所设计的仿真计算模型是正确可靠的。但是对于复杂的系统来说，在多数场合下，人们并不敢轻易相信仿真计算模型是正确可靠的，这是因为在多数场合下必须经过许多标准实例的测试和验证，通过多方面的校核并反复修改、优化，最终才能获得正确的仿真计算模型。用于测试的例子往往是典型的、标准解已知的系统模型，将需要测试的仿真计算模型做适当的调整，使其成为标准解已知的典型系统的仿真计算模型，并将仿真结果与标准解相比较，以此来考核被测试系统模型的正确性。

7. 软件可靠性理论

仿真计算模型是一类用于专门目的的软件或计算机程序，因而除在设计过程中遵循软件工程的思想方法和要求以外，对于已经设计出来的复杂系统的仿真程序，也可以利用软件可靠性理论与方法对它进行诊断与查错。20 世纪 70 年代，Mius 和 Basin 利用超几何分布模型解决了软件系统错误数的评估问题。这一方法用于仿真计算模型错误及错误数的诊断流程：首先随机地将一些已知错误插入待测试的仿真计算模型中，然后运行并测试仿真程序，根据测得的固有错误数与插入错误数，使用超几何分布模型来估算仿真计算模型的错误总数，然后逐一排除。

20.3.3　仿真模型的验证方法

仿真模型验证具有两点含义：一是检查概念模型是否充分而准确地描述了实际系统；二是考察模型输出是否充分接近实际系统的行为过程。

上述第一点实际上是考察演绎过程中的可信性，可以通过以下两个途径进行分析：

(1) 通过对系统前提条件(各种假设条件)是否真实进行研究，来验证模型本身是否可信；

(2) 通过对推理过程是否符合思维规律、规则，即推理的形式是否正确进行研究，来检验模型的可信性。

仿真模型验证含义中的第二点是考察在归纳中的可信性，主要是通过考察在相同输入条件下，仿真模型输出结果与实际系统输出结果是否一致以及一致程度来做出判断，从而发展了以下一些主观或客观、定性或定量的判断方法。

1. 专家经验评估法

请有经验的领域专家、行业工程师和项目主管对仿真模型输出和实际系统输出进行比较判断，如果他们认为两类输出相差无几或者根本就区分不开，那么就认为仿真模型已达到足够的精度，是可以接受的。

2. 动态关联分析法

根据先验知识，提出某一关联性能指标，利用该性能指标对仿真输出与实际系统输出进行定性分析、比较，据此给出二者一致性的定性结论。

3. 系统分解法(子系统分析法)

把复杂的大系统分解成若干个小子系统，对每个子模型进行分析、验证，然后根据子系统组成大系统的方式(串联、并联等)考察整个系统模型的有效性。

4. 灵敏度分析法

通过考察模型中一组灵敏度系数的变化给模型输出造成的影响情况来分析判断模型的有效性。

5. 参数估计法

对于系统的某些性能指标参数(如武器系统的杀伤概率、命中精度等)，考察其仿真输出可信域是否与相应的参考(期望)输出可信域重合或者是否落入期望的可信域内。

6. 假设检验法

利用假设检验理论来判断仿真结果和参考结果是否在统计意义上一致以及一致程度。有不少研究者采用这一方法对仿真模型进行验证并对仿真精度进行评估。

7. 时间序列与频谱分析

把仿真模型输出与相应的参考输出看作时间序列,对它们进行某些处理后用时间序列理论和频谱分析方法考察二者在频域内的统计一致性。

8. 综合方法

综合使用上述两种或两种以上方法,从多个侧面考察仿真模型的有效性。当然,模型验证方法远不止以上列出的几种,还有其他一些方法。例如,基于卡尔曼滤波理论的模型检验与校正方法,决策理论在仿真系统概念模型有效性确认中的应用,模糊数学在仿真模型验证中的应用等。

20.3.4 仿真模型验证方法的分类

根据试验结果是对研究对象静态性能(可视为随机变量)还是动态性能(可视为随机过程或序列)的观察,将模型验证方法分为两类:静态一致性检验和动态一致性检验。

1. 静态一致性检验

静态性能是仿真计算的许多静态输出量,如某制导段的终点偏差、脱靶量、杀伤概率等,可以作为随机变量。实践中通常采用统计方法来描述其均值和散布。在相同试验条件下,可以获得飞行试验的样本和仿真试验的样本。静态一致性检验的实质就是检验它们是否来自同一总体,根据假设检验方法,不妨设总体的分布函数为 F,分以下两种情况讨论。

1) 非参数方法

当总体的分布函数 F 完全未知时,在大样本情况下,可利用科尔莫戈罗夫-斯米尔诺夫(Kolmogorov-Smirnov)检验;在小样本情况下,则采用威尔科克森(Wilcoxon)秩和检验。

2) 参数方法

假设总体的分布函数 F 服从正态分布,则 F 的形状只依赖于参数均值和方差。常用的参数统计方法,如假设检验、区间估计、回归分析都可以进行一致性检验。

2. 动态一致性检验

动态性能,如导弹试验的过载、姿态、速率、分系统的输出等过程参数,其变化是复杂的,一致性检验也比较困难。可用频谱估计方法进行动态一致性检验。在实际飞行试验和仿真试验中获得的是一系列采样时间序列,要了解仿真试验对实际系统的模拟程度,即仿真模型的置信度,就得检验两个时间序列的总体一致性。如果两个时间序列样本服从同一总体,则可说明在该置信水平下仿真试验和飞行试验的结果是一致的。

20.4　系统仿真分类

根据不同的分类标准，可将系统仿真进行不同的分类。

20.4.1　根据仿真试验使用的计算机分类

系统仿真根据仿真试验中用的计算机可分为三类：模拟计算机仿真、数字计算机仿真和模拟数字混合仿真。20 世纪 50～70 年代，模拟计算机仿真和模拟数字混合仿真十分流行，在数字计算机速度不断增长的情况下数字仿真速度慢的缺点已得到克服，现在它们已逐渐被数字计算机仿真所取代。

1. 模拟计算机仿真

模拟计算机使用一系列运算器(如放大器、积分器、加法器、乘法器、函数发生器等)和无源器件(如系数器等)相互连接成仿真电路。由于各运算器并行操作，所以运算速度快，实时性好。其缺点是计算精度低，线性部分的误差为千分之几，非线性运算误差在百分之几，而且排题工作繁复，模型变化后更改困难。

2. 数字计算机仿真

将系统模型用一组程序来描述，并使它在数字计算机上运行。数字计算机精度高，一般可以达到所期望的有效数字位，且可以对动态特征截然不同的各种动态系统进行仿真研究，但运算速度慢(串行运算)。

3. 模拟数字混合仿真

模拟数字混合仿真系统有两种基本结构：一种是在模拟机基础上增加一些数字逻辑功能，称为混合模拟机；另一种由模拟机、数字机及其接口组成，两台计算机之间利用 D/A 及 A/D 转换接口交换信息，称为数字–模拟混合计算机。

20.4.2　根据被研究系统的特征分类

系统仿真根据被研究系统的特征可分为两大类：连续系统仿真和离散事件系统仿真。

1. 连续系统仿真

连续系统仿真是指对系统状态量随时间连续变化的系统的仿真研究，包括数据采集与处理系统的仿真。这类系统的数学模型包括连续模型(微分方程等)、离散时间模型(差分方程等)以及连续–离散混合模型。

2. 离散事件系统仿真

离散事件系统仿真则是指对系统状态只在一些时刻点上由于某种随机事件的驱动而发生变化的系统进行仿真试验。这类系统的状态量是由于事件的驱动而发生变化的，在两个事件之间状态量保持不变，是离散变化的，因而被称为离散事件系统。这类系统的数学模型通常用流程图或网络图来描述。

20.4.3　根据仿真时钟与实际时钟的比例关系分类

系统仿真根据仿真时钟与实际时钟的比例关系分为两大类：实时仿真和非实时仿真。

1. 实时仿真

仿真时钟与实际时钟完全一致的称为实时仿真。

2. 非实时仿真

仿真时钟与实际时钟不一致的称为非实时仿真。非实时仿真又分为超实时仿真和亚实时仿真，超实时仿真的仿真时钟比实际时钟快，亚实时仿真的仿真时钟比实际时钟慢。

20.4.4　根据仿真系统的结构和实现手段不同分类

系统仿真根据仿真系统的结构和实现手段不同可分为五类：物理仿真、数学仿真、半实物仿真、人在回路仿真和软件在回路仿真。

1. 物理仿真

物理仿真又称为物理效应仿真，是指按照实际系统的物理性质构造系统的物理模型，并在物理模型基础上进行试验研究。物理仿真直观形象，逼真度高，但不如数学仿真方便；尽管不必采用昂贵的原型系统，但在某些情况下构造一套物理模型也需较大的投资，且周期比较长。此外，在物理模型上做试验不易修改系统的结构和参数。

2. 数学仿真

数学仿真是指首先建立系统的数学模型，并将数学模型转换成仿真计算模型，通过仿真计算模型的运行达到对系统运行的目的。现代数学仿真系统由软件/硬件环境、动画与图形显示设备、输入/输出设备等组成。数学仿真在系统分析与设计阶段是十分重要的，通过它可以检验理论设计的正确性与合理性。数学仿真具有经济性、灵活性和仿真模型通用性等特点，今后随着并行处理技术、集成化软件技术、图形技术、人工智能技术和先进的交互式建模/仿真软硬件技术的发展，数学仿真必将获得飞速发展。

3. 半实物仿真

半实物仿真又称物理–数学仿真，准确名称是硬件(实物)在回路中(hardware in the loop)的仿真。这种仿真将系统的一部分以数学模型描述，并把它转换为仿真计算模型；另一部分以实物(或物理模型)方式引入仿真回路。

半实物仿真有以下几个特点：

(1) 原系统中的若干子系统或部件很难建立准确的数学模型，再加上各种难以实现的非线性因素和随机因素的影响，使得进行纯数学仿真十分困难或难以取得理想效果，在半实物仿真中，可将不易建模的部分以实物代之参与仿真试验，这样可以避免建模的困难；

(2) 利用半实物仿真可以进一步检验系统数学模型的正确性和数学仿真结果的准确性；

(3) 利用半实物仿真可以检验构成真实系统的某些实物部件乃至整个系统的性能指标及可靠性，准确调整系统参数和控制规律，在航空航天、武器系统等研究领域，半实物仿真是不可缺少的重要手段。

4. 人在回路仿真

人在回路仿真是操作人员(飞行员或宇航员)在系统回路中进行操纵的仿真试验。这种仿真试验将对象实体的动态特性通过建立数学模型、编程在计算机上运行。此外，要求有模拟生成人的感觉环境的各种物理效应设备，包括视觉、听觉、触觉、动感等人能感觉到的物理环境的模拟生成。由于操作人员在回路中，人在回路仿真系统必须实时运行。

5. 软件在回路仿真

软件在回路仿真又称嵌入式仿真，这里所说的软件是实物上的专用软件。控制系统、导航系统和制导系统广泛采用数字计算机，通过软件进行控制、导航和制导的运算。软件的规模越来越大，功能越来越强，许多设计思想和核心技术都反映在应用软件中，因此软件在测试系统中越显重要。这种仿真试验将系统计算机与仿真计算机通过接口对接，进行系统试验。接口的作用是将不同格式的数字信息进行转换。软件在回路仿真系统一般情况下要求实时运行。

20.5　导弹各研究阶段的仿真计划

1. 可行性论证阶段

1) 仿真任务
飞行方案(弹道)的初步选择，控制方案的初步选择，导弹系统精度估算。
2) 仿真方法
数学仿真为主，用协方差分析描述函数法(CADET)或其他简化方法分析导弹的精度。
3) 数学模型
理想的平面运动模型。

2. 方案阶段

1) 仿真任务
飞行方案优选(弹道仿真)，控制方案优选，弹道参数初步确定，控制系统精度初步确定，导弹系统精度初步分配。

2) 仿真方法

数学仿真为主。

3) 数学模型

平面运动模型(刚体)。

3. 工程研制阶段

1) 初样阶段

(1) 仿真任务：飞行方案设计评价，控制方案设计评价，控制系统参数确定。

(2) 仿真方法：数学仿真为主、半实物仿真为辅，全弹道仿真。

(3) 数学模型：六自由度运动理论模型。

2) 试样阶段

(1) 仿真任务：飞行试验前的性能预测，异常弹道仿真，飞行试验安全区确定，为飞行试验大纲编写做准备，导弹系统精度模拟打靶准备。

(2) 仿真方法：数学仿真、半实物仿真并重，理论模型初步验证(通过风洞试验和系统测试)，全弹道仿真，蒙特卡洛法用于计算射击精度。

(3) 数学模型：初步修正后的六自由度运动复杂模型。

4. 定型阶段

1) 设计定型阶段

(1) 仿真任务：飞行试验结果分析和故障复现、弹道重构，导弹系统辨识，导弹系统性能设计评定，设计修改，射击精度模拟打靶。

(2) 仿真方法：半实物仿真与数学仿真并重，用蒙特卡洛法确定导弹射击精度，导弹系统辨识和模型验证。

(3) 数学模型：初步修正后的六自由度运动复杂模型。

2) 工艺定型阶段

(1) 仿真任务：继续进行模拟打靶，工艺定型飞行试验结果分析，生产质量控制、抽检。

(2) 仿真方法：以数学仿真为主、蒙特卡洛法为辅，半实物仿真或数学仿真用于生产质量控制(边界条件弹道仿真)和飞行试验结果分析。

(3) 数学模型：经飞行试验结果验证后的六自由度运动复杂模型，导弹系统可靠性模型。

5. 导弹武器系统战术仿真

导弹武器系统战术仿真可以在导弹武器系统的设计和工艺定型之后由设计单位完成，或在导弹武器系统定型并交付部队后，由部队有关部门完成，但二者的目的不尽相同。按导弹的研制程序规定，导弹武器系统经国家验收、定型之后，作为导弹的研制而论，应当是结束了；但从设计修改的角度考虑，又有新的任务等待研制部门去完成，如充分发挥设计潜力的研究，以便达到预筹改进(P^3I)的目的。

(1) 仿真任务：导弹战术技术指标验证，射表编制，战斗使用条例制定，设计修改。

(2) 仿真方法：数学仿真为主，全弹道仿真，蒙特卡洛法。

(3) 数学模型：定型的导弹系统数学模型，导弹系统的可靠性模型，战术环境模型(含使用条件、人为干扰、对抗等)。

20.6　导弹制导控制系统数学仿真技术

数学仿真由于不涉及实际系统的任何部件，所以具有经济性、灵活性及通用性的突出特点，在制导控制系统仿真中占有相当重要的地位。就其仿真任务而言，制导控制系统的设计指标提出、方案论证以及各部分设计中的参数优化等都离不开数学仿真。数学仿真的主要目的是利用详细的数学模型，通过仿真系统初步检验系统在各飞行段、全空域的性能，包括稳定性、快速性、抗干扰性、机动能力和容错等，以发现设计问题，修改并完善系统设计。

20.6.1　制导控制数学仿真系统的基本构成

与一般数学仿真系统一样，导弹制导控制系统的数学仿真系统由硬件和软件两大部分构成。硬件包括仿真计算机系统、输入/输出设备及其他辅助设备；软件主要有各种有关模型，如导弹动力学与运动学模型，弹道模型，弹目相对运动模型，目标特性模型，制导控制系统模型(包括弹上设备模型和地面或载机制导站模型)，环境模型(包括噪声模型、误差模型、测量模型以及管理控制软件、仿真应用软件等)。导弹制导控制系统较完善的数学仿真系统构成如图 20.1 所示。

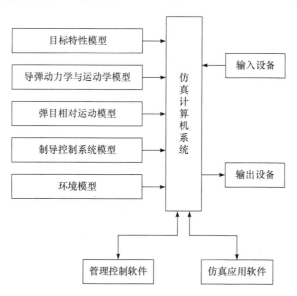

图 20.1　导弹制导控制系统较完善的数学仿真系统构成

由图 20.1 可见，仿真计算机系统是数学仿真系统的核心部分，要求计算机具有较大的计算容量、较快的运算速度和较高的运算精度等。目前，数学仿真系统的计算机有很宽的谱型，可从一般微机到巨型机，甚至超级实时仿真工作站。对于导弹制导控制系统，一般采用高性能小型机、专用仿真机、并行微机系统或仿真工作站，如 VAX-11 小型机、AD-100 仿真机、YH-F2 "银河"仿真机及"海鹰"仿真工作站等。

输入设备常用来把各种图表数据传送到仿真系统中，一般有鼠标、数字化仪、图形/图像扫描仪等。

输出设备主要用于提供各种形式的仿真结果，以便分析，常采用打印机、绘图机、数据存储设备、磁带机及光盘机等。

除此之外，需要指出的是仿真应用软件。仿真应用软件用于仿真建模、仿真环境形成，以及信息处理和结果分析等方面。到目前为止，仿真应用软件已相当丰富，但可归结为程序包和仿真语言，如 GAPS、CSSL、ICSL、IHSL、GPS、SIMULA 等。另外，还有许多应用开发软件，如 MATRIXx、MATLAB/Simulink、MeltiGen、Vega 及 3D-Max 等。

20.6.2 数学仿真过程及主要仿真内容

1. 仿真过程

仿真过程指数学仿真的工作流程，包括如下基本内容：系统定义(或描述)、数学建模、仿真建模、计算机加载、模型运行及结果分析等，其中数学建模是它的核心内容。数学建模就是通过数学方法来确定系统(这里指导弹制导控制系统)的模型形式、结构和参数，以得到正确描述系统特征和性状的最简数学表达式。仿真建模就是实际系统的二次模型化，根据数学模型形式、仿真计算机类型以及仿真任务通过一定的算法或仿真语言将数学模型转换成仿真模型，并建立起仿真试验框架，以便在计算机上顺利、正确地运行仿真模型。

2. 主要仿真内容

对于导弹制导控制系统，数学仿真是初步设计阶段必不可少的设计手段，也是某些专题研究的重要工具。为此，数学仿真应包括以下四方面主要内容：

(1) 制导控制系统性能仿真；

(2) 制导控制系统精度仿真；

(3) 制导控制系统故障分析仿真；

(4) 专题研究仿真。

20.6.3 仿真结果分析与处理

系统数学仿真的目的是依据仿真输出结果来分析和研究系统的功能和性能。因此，仿真结果分析非常重要，按照仿真阶段不同分为动态仿真输出结果分析和稳态仿真输出结果分析。其分析方法大致相同，一般采用统计分析法、系统辨识法、贝叶斯分析法、相关分析法及频谱分析法等。由于导弹制导控制系统是在随机变化环境和随机干扰作用下工作的，且存在许多非线性，所以采用合适的统计分析方法是重要的，最基本的统计分析方法是蒙特卡洛法。

应该指出，应用蒙特卡洛法必须满足以下两个假设条件：

(1) 随机输入的各元素为具有非零的确定性分量的相关随机过程；

(2) 状态变量均为正态分布。

另外，为了做出精确统计，必须进行大量统计计算。因此，这种方法更适合于对系统性能进行少量分析，或对少数靶试点进行预测和靶试后的故障分析。显然，它不适合于灵敏度分析、选择制导控制系统参数或对全空域进行精度分析。因此，在数学仿真结果分析方面，一般还用到了协方差分析描述函数法(CADET)和统计线性化伴随方法(statistical linearization adjoint method，SLAM)。

20.7　导弹制导控制系统半实物仿真技术

国外从 20 世纪 40 年代就开始了对半实物仿真在导弹等武器系统设计中的应用和研究。主要的武器生产大国都相继建立了各自极具特点的大批半实物仿真实验室，并在使用过程中不断进行升级和扩建。以美国为例，不仅承担武器系统研制的主要公司均建立了自己完整、先进的半实物仿真系统，如雷神公司、波音公司、洛克希德·马丁公司等，而且美军的诸兵种也分别投入大量资金建立了自己的半实物仿真实验室来完成武器系统的仿真、测试。

20.7.1　半实物仿真系统的组成

半实物仿真系统一般由以下五个部分组成。

(1) 仿真设备，如仿真计算机、目标模拟器、飞行运动模拟器、气动力(力矩)负载模拟器等。

(2) 参试设备，是指飞行器实际使用的部件，如导引头、弹载计算机系统、惯性测量系统、舵机等。

(3) 各种接口设备，如 A/D 接口、D/A 接口、DIO 接口、数字通信接口等。

(4) 试验控制台，通常称为总控台，主要负责监控试验运行的状态和进程，并对相关试验数据进行存储等。

(5) 支持服务系统(包括显示软件、记录软件、文档处理软件等事后处理软件)。

半实物仿真系统连接关系如图 20.2 所示。

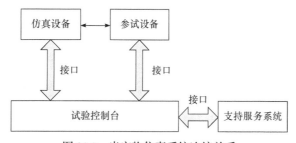

图 20.2　半实物仿真系统连接关系

20.7.2　半实物仿真系统中的主要技术

1. 目标特性仿真技术

目标特性是目标本身固有的一种属性,是现代战争中最重要、最基本的信息资源。通过不同的观察系统,可探测和识别到在相关环境中目标的电、光、声散射、辐射和传输特性。这些特性有些是目标自身产生的,有些是在外来辐射(光波和电磁波)与目标相互作用下产生的。信息资源的控制与掌握是影响现代战争进程和最终胜负的重要因素之一。现代战争中,一方面要求己方在复杂电磁环境、光学环境下,充分有效地利用目标的光电特性,克服各种诱饵及干扰的影响,准确地识别目标,可靠地跟踪目标,并最终精确地打击和摧毁目标;另一方面,要求己方能够根据战场态势模拟出重要目标特性,对敌方的目标侦测系统进行干扰和欺骗,保护自己的重要设施和装备,同时在必要时能够打击和摧毁敌方的目标侦测系统。因此,目标特性研究,如目标的光、电磁特性和物理数学表示方法是目标建模、系统仿真和数据处理的基础,同时是研发更为精良武器装备与技术的基础之一。

在实际应用中,依据应用对象的工作波长或频率将目标特性仿真技术划分为可见光目标特性仿真、激光目标特性仿真、红外成像目标特性仿真以及雷达目标特性仿真等。

可见光目标特性仿真主要用于模拟目标在可见光波长内呈现出的空间特性、光谱特性和时间特性。这些特性随着目标背景的不同以及目标方位的不同而变化。

激光目标特性仿真主要是通过研究目标在激光束照射下的反射特性,来模拟目标反射激光回波信号的特征,为激光探测器提供目标空间位置等相关信息。

由于目标和背景的红外辐射特性与本身的形状、表面温度和表面材料的红外光谱发射率密切相关,因此红外成像目标特性仿真主要用于模拟目标、背景的自身辐射特性。红外成像目标特性仿真通常通过红外成像模拟源来模拟出目标本身和周围复杂背景的红外辐射特性以及它们之间的对比度,并提供给红外探测系统进行复杂背景中目标的探测和识别。

雷达目标特性仿真主要是模拟目标在雷达发射的电磁波照射下产生的回波特性,从而使雷达探测系统可以探测出目标的运动位置、速度等相关信息。雷达目标特性的主要参数包括雷达散射截面(RCS)、角闪烁、极化散射矩阵和散射中心分布等。

目标特性仿真技术是目标探测系统、制导系统性能评价和测试过程中广泛应用的一种技术。利用目标特性仿真技术可以在实验室内模拟实战环境下导引头或相关信息探测设备接收到的动态变化、与真实目标背景一致的目标场景或回波信号,从而完成制导系统跟踪目标或目标信息搜集的全过程仿真。

2. 运动特性仿真技术

运动特性仿真技术用于模拟对象在空间的运动特性,主要包括飞行模拟转台、线运动仿真平台和线加速度台。

飞行模拟转台是半实物仿真试验的重要设备之一,主要用于在地面模拟导弹等飞行器在飞行过程中的姿态运动,复现飞行器在空中飞行时的三个姿态角变化。根据同时模拟姿态角的数目，飞行模拟转台通常分为单轴、二轴和三轴三种形式，其中三轴转台具有内、中、外三个框架。在半实物仿真系统中，三轴转台按照主仿真计算机给出的三个框架运动指令信号进行运动，从而获得可被传感器测量的物理运动，为被试件提供试验条件。目前飞行模拟转台的伺服控制方式已从早期的模拟控制方式转为数字控制方式。随着电机和传感器技术的发展、计算机计算能力的提高、精密机械加工能力的进步和现代控制理论的应用，飞行模拟转台向着高灵敏度、高精度、宽频响和更易使用的方向发展。此外，随着计算机之间网络通信技术的发展，飞行模拟转台从原来的独立试验逐渐变为多个仿真试验设备同时运行的协同仿真试验，这样大大提高了仿真的效率，并能满足更加复杂的仿真试验需求。

线运动仿真平台通常分为三轴平台和六轴平台两种类型，主要用于模拟运动体在空间的六自由度运动。目前六轴平台的主要应用范围包括卫星天线、船用雷达天线、舰船、汽车和飞行器模拟器等领域，此外它也被应用到娱乐业的运动仿真。目前线运动仿真平台采用的伺服控制方式主要是数字伺服控制方式。

线加速度台主要根据主仿真计算机给出的运动体的质心各向线加速度指令，通过一套机械装置进行线加速度模拟，使得安装在其上的加速度表可以进行感应。常用的线加速度模拟器有振动台、冲击台和离心机等。振动台根据工作原理可分为电动式、机械式和液压式。其中电动振动台的工作原理类似于扬声器，即通电导体在磁场中受到电磁力的作用而运动。电动振动台的激振力频率为 5~3000Hz，最大加速度一般可达 100g。离心机一般由稳速台和随动台两个部分组成，一般通过改变离心机的角速率来改变加速度传感器感受到的加速度变化。使用离心机模拟线加速度时，无法模拟飞行体运动的全部状态。

3. 气动负载模拟技术

气动负载模拟技术主要用于模拟飞行器的舵面伺服控制系统在飞行过程中所受的气动力或气动力矩。在稠密大气层中飞行的导弹等飞行器，作用在舵面上的空气动力形成对舵面操纵控制机构的负载，这种负载相对于舵机输出轴是一种反作用力或力矩，并且该力或力矩随飞行器飞行状态的变化而变化。通常气动负载模拟技术对应的设备是气动负载模拟器，一般分为电/液负载模拟器和电动负载模拟器两种，电/液负载模拟器使用的执行机构是电液伺服阀和液压执行机构，电动负载模拟器使用的执行机构是力矩伺服电机。

舵面负载力矩主要指的是舵机输出轴上受到的铰链力矩，该力矩受到飞行速度、高度、姿态角等飞行状态的影响。负载力矩是影响舵系统稳定性和操纵性的主要因素，舵系统的操纵结构由于受到负载力矩的影响，其特性与不带载荷时的特性具有很大差异，如精度、响应速度等。因此，通过气动负载模拟器可以在实验室条件下最大程度地模拟舵机的真实工作环境，用于舵机工作特性的测试和考核，并可以验证舵机系统的数学模型是否准确。

气动负载模拟器的一个重要特点是其运动指令源于飞行器的飞行状态信息，同时舵机的运动又给气动负载模拟器带来了外部扰动，即气动负载模拟器的指令与外部扰动之间存在一定的相关性。因此，多余力矩的抑制能力是气动负载模拟器特性参数的一个重要指标。多余力矩指的是当气动负载模拟器的执行机构固定不动时，由于舵机运动而产生的一个对气动负载模拟器的附加扰动力矩。多余力矩的存在严重影响了气动负载模拟器的精度和动态跟踪能力,因此,气动负载模拟器在设计时必须在结构和控制技术上采取必要的措施克服多余力矩。

4. 视景仿真技术

视景仿真技术是计算机技术、图形图像技术、光学技术、音响技术、信息合成技术、显示技术等多种高科技技术的综合运用。视景仿真技术是随着以上技术的进步而进步的,从时间上大致可以分为三个阶段:一是初期阶段,主要是将数据结果转换为图形或图像,使仿真结果具有直观性,便于人们对数据结果的判读;二是中期阶段,该阶段是随着多媒体技术的发展而产生的,主要将仿真产生的各种数据结果转换为二维或三维动画,并辅以影像和声音等多媒体手段,提高了仿真人机交互的水平;三是当前阶段,在该阶段主要使用了虚拟现实技术,可以让用户实时感知实体对象与环境相互作用、相互影响的效果,从而产生"沉浸"于同等真实环境的感受和体验。

视景仿真技术主要包括三维建模技术、图形生成技术、动画生成技术、视景生成及显示技术和声音的输入输出技术。用于视景仿真的软件包括 OpenGL、Vega、OpenGVS等。目前在武器系统半实物仿真中,视景仿真设备多通过实时计算机网络系统,如光纤反射内存网,与其他半实物仿真设备一起协同工作。

视景仿真技术在用于武器装备研制的半实物仿真系统中有着广泛的应用,使用它有利于仿真结果的直观化和形象化,便于科研人员及项目管理者观察和感知。它对缩短试验和研制周期,提高试验和研制质量,节省试验和研制经费有着很大的帮助。此外,视景仿真技术还适用于作战训练任务,如构建虚拟战场环境和飞行环境等,这为作战人员的训练提供了一种新的技术手段,使得在保证人员训练质量的前提下,训练成本大大降低,因此视景仿真技术有着十分明显的经济效益。

5. 其他技术

半实物仿真系统还包括大气环境仿真技术、卫星导航仿真技术等其他技术。

大气环境仿真技术主要指模拟飞行器上的气压高度表、马赫数表所工作的大气环境,通常模拟的是总压和静压两个环境参数。在实验室内一般通过改变固定容腔内的压力来模拟气压高度表和马赫数表所测量的压力变化量,从而完成气压高度表和马赫数表的半实物仿真试验。

卫星导航仿真技术主要用于为 GPS 等卫星导航应用系统、各种卫星导航模块或软件提供近乎真实的卫星导航射频信号,实现卫星不在轨、室内及指定条件下的仿真测试。一般卫星导航仿真技术包括卫星导航的数据仿真、卫星导航射频信号仿真及测试结果评估等几方面的技术。

本 章 要 点

1. 仿真技术在导弹制导控制系统设计中的应用。

2. 对复杂的系统建模的基本要求。

3. 仿真模型校核方法。

4. 仿真模型验证方法。

5. 系统仿真分类。

6. 系统仿真主要包括的内容。

7. 数学仿真基本概念。

8. 半实物仿真基本概念。

习　题

1. 仿真技术在导弹制导控制系统设计中主要在哪些方面得到应用?

2. 仿真模型有哪些校核方法?

3. 仿真模型有哪些验证方法?

4. 简述数学仿真的基本概念。

5. 简述制导控制系统数学仿真系统的基本构成。

6. 简述半实物仿真的基本概念。

7. 简述半实物仿真系统的组成。

8. 简述半实物仿真具有哪些特点?

9. 半实物仿真系统中主要有哪些技术?

10. 导弹各研究阶段的仿真计划有哪些阶段?

第 21 章

导弹制导控制系统飞行试验

21.1　飞行试验的一般程序

导弹飞行试验是将导弹置于实际的飞行环境中(如在靶场)进行各种发射试验,并采用各种测量手段获取试验数据,对导弹的设计方案、战术技术性能、作战效能等进行检验和评定。

导弹飞行试验涉及试验场的建设、导弹的发射测试、供靶控制、参数测量、安全控制、勤务保障等技术和设备的研制等问题,同时要消耗昂贵的导弹,因此是一项非常复杂的工作。

在导弹研制过程中,为了最大限制地减少飞行试验次数,增大飞行试验的成功率,节省试验经费,在飞行试验前,必须做好充分的地面试验,如风洞试验、地面振动试验、全弹地面试车、地面模拟环境试验、导弹飞行的仿真试验等。

我国将导弹的飞行试验分成研制性试验、定型试验、批生产检验试验和部队训练打靶几个阶段。

1. 研制性试验

研制性试验的目的是验证导弹设计方案的正确性和设计的技术性能。由研制单位制定试验计划,编写试验大纲,负责试验的技术保障和结果分析;由军方靶场负责组织操作、弹道参数测量、数据处理以及勤务保障等工作。

2. 定型试验

定型试验的目的是检验和鉴定导弹的战术技术指标,为判断导弹能否定型装备队伍提供依据。定型试验由军工产品定型委员会委托各军种的靶场负责编写试验大纲、制定试验方案、负责结果评定,设计单位负责被试品的技术保障。

研制性试验内容很多,在安排上应当遵循研制工作的规律,循序渐进,先易后难,由简单到复杂。例如,反舰导弹研制性试验又细分成模型弹(或助推弹)试验、自控弹试验和全弹打靶试验;面对空导弹研制性试验也类似地分成模型弹试验、独立回路弹试验和闭合回路弹试验。

21.2 面对空导弹的飞行试验原理

21.2.1 独立回路弹试验

独立回路弹试验时，在弹上安装程序装置，由它给出程序指令，通过自动驾驶仪控制导弹运动。程序指令根据需要来设计，以便对导弹的飞行性能获得较全面的了解。可见，在研制性飞行试验中，独立回路弹试验是不可缺少的。

1. 试验目的

独立回路弹试验的目的如下：
(1) 检验导弹的空气动力特性和弹道特性；
(2) 检验导弹的稳定性，确定气动稳定边界；
(3) 检验导弹的机动能力，确定导弹在杀伤区高远界的可用过载；
(4) 检验发动机、自动驾驶仪、操纵系统、弹上电源等弹上设备的工作性能；
(5) 检验弹体在独立回路状态下的动态特性；
(6) 检验弹体在最大过载下的结构强度；
(7) 检验弹上有关设备对飞行环境的适应性和可靠性。

2. 被试品的技术状态

独立回路弹均为遥测弹，分为独立开回路弹和独立闭回路弹两种状态。

独立开回路弹的气动外形、质量、质心和转动惯量与战斗弹基本相同。弹上装有发动机、自动驾驶仪、弹上电源及电气设备、弹上遥测设备等，不装引信、战斗部和导引头。自动驾驶仪装有程序装置，俯仰通道和偏航通道不工作，但程序装置给俯仰操纵系统输出程序指令，滚转通道必须工作。安全执行机构一般参加工作。

独立闭回路弹的技术状态基本上与独立开回路弹相同，所不同的是，自动驾驶仪的俯仰通道、偏航通道、滚转通道均参加工作，程序装置要对俯仰通道、偏航通道给出程序指令。

有的型号还可以加装回收系统，可回收部分舱段。

陆上试验时，发控设备可用简易代用品。

3. 试验方案的确定

独立开回路弹试验一般为 2～3 发，独立闭回路弹试验需 6～9 发。可按先陆上、后海上，先独立开、后独立闭的顺序进行。独立开回路弹一般在陆上发射，可在陆上靶场试验，也可在海上靶场的海岸阵地发射。独立闭回路弹试验可先在陆上发射 2～3 发，然后到海上(舰上)发射 4～6 发。

独立回路弹试验弹道如图 21.1 所示。在图中所示的垂直平面杀伤区内，向高远点 B 射击，通常被选择为主要弹道；另外，低远点 C 和中远点 G 也是常被选用的弹道。这三个点都在杀伤区的远界上，导弹飞行弹道长，选择这三个点进行试验，对导弹的气动特性、弹体结构以及弹上设备工作性能的检测，在距离和高度上能获得更多的测量数据。此外，高界中部的 F 点有时也被选用。

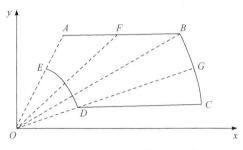

图 21.1　独立回路弹试验弹道

为了保证导弹沿着选定的弹道飞行，需要按照一定的程序以一定的幅度和持续时间给出脉冲形式的程序指令，控制导弹的运动。这种程序指令，不仅为了保证导弹沿着选定的弹道飞行，而且为了按照试验的具体要求，在不同的弹道段上产生所需的弹道特性。例如，为了确定导弹的空气动力特性，往往需要在个别弹道段上使导弹保持俯仰角速度为常值的稳定飞行状态。为此，在某段时间内，就要以能够使导弹出现这种飞行状态的程序指令控制导弹飞行。

4. 测量参数

(1) 外弹道参数：外弹道测量的参数与模型弹试验基本相同。除等间隔地给出外弹道参数外，还要给出主要特征点(如离轨点、起控点、最大速度点、末速度点等)的参数。

(2) 遥测参数：运动参数，如导弹姿态角、角速度、过载、攻角、侧滑角、动压、静压；自动驾驶仪的自由陀螺仪、阻尼陀螺仪和加速度计等测量元件的输出信号，程序指令电压，程序指令限制电压等；舵偏角、铰链力矩、液压能源压力、发动机燃烧室压力；弹上电源的各种输出电压值；弹体振动参数；引信安全执行机构开锁电压；等等。

(3) 其他测量参数：如发射载体的运动参数、水文气象参数等，均与模型弹试验相同。

5. 试验中可能出现的技术问题

反舰导弹自控弹试验容易出现的问题，舰对空导弹独立回路弹试验也容易出现。由于近程舰对空导弹大都采用固体火箭发动机，质心变化范围大，速度变化范围也大，在气动设计上，静稳定性是不容易解决的问题。尤其是，有些导弹采用单固体火箭发动机，串联安装在弹体的后段，由于发动机的装药质量在全弹总质量中所占的分量很大，由弹体起飞至燃料耗尽的飞行过程中全弹质心出现较大的移动，从而使总体设计同时满足导弹起飞稳定性和被动段导弹机动能力的要求较为困难。为了解决起飞稳定性问题，通常采用"+-×"型气动布局和减小弹体后段结构质量，使全弹压力中心后移，质心前移。这种"+-×"型气动布局，还有助于在小攻角下减小弹翼下洗流对尾翼的影响。但是，随着攻角的增大，下洗流的影响会逐渐加强，使尾翼效率降低，力矩特性曲线出现非线性。

特别是，当导弹做横向机动时，弹体由 "+-×" 状态转为 "×-+" 状态飞行，非线性就更为严重。当攻角增大到使力矩特性曲线上翘时，就会出现导弹的纵向不稳定现象。

21.2.2 闭合回路弹试验

闭合回路弹试验是舰对空导弹武器系统对空中靶标的拦截试验，是全武器系统参加的试验，是研制性试验的最后阶段。

1. 试验目的

闭合回路弹试验的目的如下：
(1) 检验武器系统的工作协调性和可靠性；
(2) 进一步检验导弹的飞行性能；
(3) 检验弹上设备，尤其是导引头、引信、战斗部的工作性能；
(4) 检验制导回路的稳定性和制导精度；
(5) 检验引信与战斗部的配合效率；
(6) 检验导弹对靶标的杀伤效果。

2. 被试品的技术状态

闭合回路弹主要有遥测弹和战斗弹两种状态，遥测弹除不装战斗部外，装有全部弹上设备，同时装有弹上遥测设备，尾部安装曳光管。战斗弹为战用状态，只需要加装光测用的曳光管。

有的型号还有另外一种状态的闭合回路弹，弹上既装战斗部，又装遥测设备，称为战斗遥测弹。由于战斗遥测弹空间比较紧张，有时要把弹上遥测设备的个别部件装到弹体外面，增加了导弹飞行中的阻力，从而使速度有所下降。但是，由于战斗遥测弹既能得到遥测参数，又能检验杀伤效果，故在对导弹速度影响不大的条件下，是值得采用的一种技术状态。

3. 试验导弹的数量

舰对空导弹闭合回路弹试验一般在海上进行。如果希望得到靶标的残骸，以便研究导弹对靶标的杀伤效果，也可在空军靶场发射战斗遥测弹或战斗弹。

被试品的数量：有战斗遥测弹时，需遥测弹 3～5 发，战斗遥测弹 5～8 发，战斗弹 1～2 发；没有战斗遥测弹时，需遥测弹 5～9 发，战斗弹 4～6 发。试验导弹的数量除受经济承受能力的限制外，主要取决于试验方案。

4. 拦截点和航路捷径的选择

闭合回路弹试验方案主要取决于拦截点和航路捷径的选择，因此下面着重分析这个问题。

从试验的次序安排上考虑，应当先易后难，先在杀伤区中部选取比较容易的拦截点进行试验，检验设计状态的正确性和合理性，在此基础上，再安排较难拦截点的试验。

从检验弹道特性的角度考虑，首先，弹道要长，以便整个系统能够较充分地工作，获得更多的试验数据，因此应选取杀伤区的远界点。其次，影响弹道特性制导精度的主要因素要得到考核，因此应选取目标高低角的变化率 $\dot{\varepsilon}$ 和方位角的变化率 $\dot{\beta}$ 出现较大值的目标航路上的近界点。近界拦截点除 $\dot{\varepsilon}$ 和 $\dot{\beta}$ 较大外，且因受控时间较短，起控时的初始偏差可能来不及消除，故导引误差较大。最后，导弹及其制导系统在高空和低空的工作性能是不同的。

5. 靶标和供靶要求

空中供靶是闭合回路弹试验的基本保证。在试验中可供使用的空中靶标有伞靶、航模飞机、拖靶、靶机、靶弹等。

对靶标的基本要求如下：

(1) 飞行性能(主要指使用高度范围、飞行速度等)满足武器系统战术技术指标规定的目标特性要求；

(2) 雷达反射特性满足制导系统和引信工作的要求，必要时加装无源或有源回波增强器；

(3) 当导弹采用红外制导或红外引信时，要求靶标满足红外辐射特性要求；

(4) 飞行精度满足试验要求；

(5) 效费比合适，尽可能回收，多次使用；

(6) 应有自毁装置。

靶标飞行精度是人们十分关心的问题。使用伞靶时，常常出现伞靶不能落入预定区域的问题。另外，靶标飞行航路捷径的误差使得考核边界点的想法难以实现。实际上，总是把拦截点向杀伤区内移动一定距离，使靶标不致飞到杀伤区外。

由于靶标的飞行高度、航路捷径和发射时机的掌握等方面都会有误差，因此一个拦截点实际上变成了杀伤区内一个以拦截点为中心的小区域。为了缩小这个区域，应当不断提高供靶精度和掌握好发射时机。

6. 发射时机

在靶标飞行高度和航路捷径满足要求的条件下，指挥员是按目标斜距掌握发射时机的。因此，必须事先计算好预定的发射斜距，以便在试验实施时掌握发射时机。

7. 拦截目标的方式和射击发数

在制订试验方案时，要适当地安排拦截机动目标、拦截高速目标、对一个目标进行两次拦截、齐射、对两个目标进行射击等试验。

对单个目标一般采用两发齐射。对两个目标进行射击时，一般两个目标安排不同的高度和航路捷径，选取不同的拦截点。对一个目标进行两次拦截时，第一发弹采用遥测弹，第二发弹可采用战斗遥测弹或战斗弹。这样，第一发射击后目标保持继续飞行的可能性较大。

8. 测量参数

外弹道测量：除独立回路弹试验所需测量参数外，还必须提供靶标的运动参数，包括位置坐标、速度、加速度、过载、航迹倾角和航迹偏角等。特别要注意确保遭遇段弹、靶运动参数的测量，应在电影经纬仪照片上获得弹、靶的同帧画幅。

起爆时间测量：对于战斗弹或战斗遥测弹，必须精确测量战斗部的起爆时间。使用光继电器才能达到起爆时间的测量精度要求。

遥测参数：应根据需要和可行性，适当安排遥测参数。导弹的弹道性能参数、弹上设备的性能参数，尤其导引头的参数，都应该测量。

其他的测量参数与独立回路弹试验基本相同。

9. 试验中应注意解决的关键问题

1) 试验的安全问题

由于导弹对目标都是迎头攻击，若导弹击中靶标，无法事先计算受伤后的靶标的飞行轨迹及其落点。因此，防止下落的靶标残核危及载舰的安全，是一个必须高度重视的问题。为此，可以采取如下的措施：使拦截点保持一定的航路捷径，避免零航路射击；载舰注意观察靶标下落情况，采取适当机动动作；组织火炮对空火力网，必要时对下落过程中逼近载舰的靶标进行拦截等。此外，为了防止靶机、靶弹失控，危及人口稠密地区以及海上重要目标的安全，靶机、靶弹均应配备自毁装置。

2) 目标的截获问题

伞靶和靶弹只能一次使用，靶机虽能多次使用，但每个架次的进入次数也很有限，试验中一定要保证舰上制导雷达可靠地截获目标，以免浪费靶标。在研制性试验阶段，有时舰用防空作战系统可能不配套，目标指示设备不能参试。在这种情况下，一般可根据预定的射击方案设定等待点，预先计算制导雷达在等待点上应取的仰角、舷角和距离。操作手根据指挥所对靶标大致位置的通报，适时在等待点上搜索目标。在有目标指示设备的情况下，上述方法也可作为目标指示设备失效情况下的备用方案。

3) 遭遇段外弹道测量问题

遭遇段导弹和靶标的外弹道测量数据在试验结果分析中是至关重要的。由于跟踪测量两个高速机动目标难度较大，因此在制订试验实施测量方案时，必须精心规划，从增加外测设备的数量、改善测量设备的性能、加强操作手的训练等多方面着手，提高测量的成功率。

10. 导弹容易出现的技术问题

1) 近炸引信的工作性能问题

近炸引信在试验中常常出现不炸、爆炸过早或过晚等现象。一旦在拦截试验中暴露出引信的这些重大问题，必须重新进行目标特性的测试，进行各种地面试验，修改引信的设计方案等，这样将会延缓导弹的研制进程，甚至由于引信研制不成功而使导弹无法定型。因此，近炸引信在正式参加飞行试验之前，必须进行充分的试验研究。

2) 导引头的可靠性问题

弹上导引头是最容易发生故障的弹上设备，如某型号导弹的导引头，在飞行试验中曾出现速度跟踪回路跟踪不稳、直波和回波接收系统故障、天线大幅度抖动等问题。导弹在发射架上时，容易出现舰面电磁环境对导引头工作的干扰问题。因此，在导引头参加全弹飞行试验之前，应充分进行海上试验，试验项目应包括导引头对不同高度目标的跟踪距离和跟踪精度、两部舰上制导雷达同时工作时导引头的跟踪情况，以及导引头抗杂波干扰的能力等。

本 章 要 点

1. 飞行试验的一般程序。
2. 独立回路弹试验和闭合回路弹试验的目的。
3. 闭合回路弹试验中的关键问题。

习 题

1. 飞行试验的一般程序有哪些?
2. 在研制性飞行试验中，独立回路弹试验需要注意哪些方面的问题?
3. 独立回路弹试验、闭合回路弹试验的目的是什么?
4. 闭合回路弹试验中应注意解决哪些关键问题?

第 22 章

先进导弹控制技术

22.1 静不稳定控制技术

22.1.1 放宽静稳定度的基本概念

在导弹飞行过程中作用在导弹上的空气动力的合力中心称为压力中心(简称"压心")。导弹全部质量的中心称为重心，舵面偏转角等于零，导弹的压心在重心之前，即 $\Delta x = x_d - x_r$ 呈负值，称为静不稳定。当导弹受到外力干扰时，姿态角发生变化，干扰去掉后，导弹在无控制情况下不能恢复到原来的状态(图 22.1)。

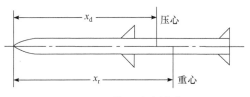

图 22.1 静不稳定导弹

在舵面偏转角等于零，导弹压心和重心重合，即 $\Delta x = 0$ 时，称为中立稳定。这种导弹当受到外力干扰时，和静不稳定导弹类似，同样不能恢复到原来的状态。假如压心在重心之后，称为静稳定。这种情况下，当导弹受到外界干扰时，姿态角发生变化，干扰去掉后，导弹在无控制情况下能够自动恢复到原来的状态。

导弹压心和重心之间距离的负值，称为静稳定度。静稳定度的极性和大小表示导弹是呈静稳定还是不稳定，以及稳定度的大小。

早期的战术导弹按静稳定规范进行外形设计。静稳定规范的含义是，导弹在飞行中，静稳定度始终是负值，压心始终在重心的后面。压心的计算误差或风洞吹风误差，在亚声速和超声速飞行中约为全弹长度的 2%，在跨声速飞行中，误差更大一些，导弹的重心也存在一定的公差。考虑这些因素后，静稳定规范的设计边界不能定在静稳定度等于零的地方。根据经验，最小静稳定度为全弹长度的 3%~4%，才能保证导弹在各种情况下都能静稳定飞行。

放宽静稳定度设计的含义：导弹允许设计成静不稳定、中立稳定和静稳定，也允许设计成发射时呈静不稳定、中间飞行时呈中立稳定、后段飞行时呈静稳定。当导弹呈静不稳定或中立稳定时,必须采用自动驾驶仪进行人工稳定,使弹体-自动驾驶仪系统稳定。理论上,导弹允许静不稳定的范围是很宽的,但是有一个极限。对于旋转弹翼式布局的导弹,当压心前移到和舵面操纵力的合力中心重合时,自动驾驶仪就无法进行人工稳定了,这就是理论上的稳定边界(图22.2)。对于正常式布局的导弹,因为导弹的压心不可能与舵面操纵力的合力中心重合,所以不存在这种理论边界,它的放宽静稳定度设计边界主要受到舵机频带的限制。

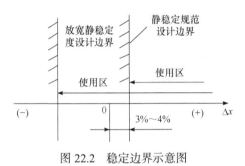

图 22.2　稳定边界示意图

22.1.2　静不稳定导弹人工稳定的飞行特性

静不稳定导弹或中立稳定导弹与静稳定导弹一样,能够进行控制飞行,在过渡过程结束后的稳态情况下,参数平稳。

旋转弹翼式布局的静不稳定导弹的弹体放大系数为负值,静态情况下,舵偏角和攻角的极性相反,过载的方向与攻角的方向一致。静稳定导弹的弹体放大系数为正值,稳态情况下,舵偏角、攻角和过载的极性都相同。在静不稳定导弹加指令的过渡过程中,参数变化剧烈,正负变化幅度很大,比静稳定导弹剧烈得多,自动驾驶仪的反应时间增长,时间常数增大,由于舵偏角和攻角呈异号,导弹的最大可用过载减小,这些都是不利的影响。因此,对旋转弹翼式布局的导弹来说,虽然静不稳定导弹可以进行控制飞行,但是缺点也很突出,设计中应尽量避免采用,或是用于导弹机动飞行段。

正常布局的导弹,在静不稳定条件下,自动驾驶仪的反应时间缩短,舵偏角和攻角同号,导弹的可用过载增大,性能提高,所以应尽量采用这种控制方式。

22.2　大攻角飞行控制技术

对导弹大攻角空气动力学的初步分析结果表明,它是一个具有非线性、时变、耦合和不确定特征的被控对象。因此,在选择控制系统设计方法时,应充分考虑这个特点。

1. 导弹大攻角飞行控制系统的解耦策略

大攻角飞行导弹的空气动力学解耦可以从总体、气动和控制等方面着手解决,单从控制策略角度考虑,主要有以下两条技术途径。

（1）引入 BTT-45°倾斜转弯控制技术，使导弹在做大攻角飞行时，其 45°对称平面对准机动指令平面，此时导弹的气动交叉耦合最小。这种方案在对地攻击导弹的大机动飞行段、垂直发射地空导弹的初始发射段得到了广泛应用。因为倾斜转弯控制技术的动态响应不可能非常快，所以这种方案一般不能用于要求快速反应的动态响应的空空导弹和地空导弹攻击段。

（2）引入解耦算法，抵消大攻角侧滑转弯飞行三通道间的交叉耦合项。因为耦合因素的基本特性是不同的，所以应采取不同的解耦策略。具体如下所述：

① 对影响程度大、建模精度高的交叉耦合项，采用完全补偿的方法，即采用非线性解耦算法实现完全解耦，如诱导滚转和运动学交感；

② 对影响程度较大、建模精度较高的交叉耦合项，实现完全解耦过于复杂的情况下，如有必要可采用线性解耦算法实现部分解耦，主要目的是防止这种耦合危及系统的稳定性，如纵/侧向气动力和力矩确定性交感；

③ 对影响程度较大但建模精度很差的交叉耦合项，采用鲁棒控制器抑制其影响，在总体设计上应避免其出现或改变气动外形削弱其影响，如侧向诱导；

④ 对影响程度较小且建模精度差的交叉耦合项，不做处理，依靠飞行控制系统本身的鲁棒性去解决。理论和实践表明，使用不精确解耦算法的系统比不解耦系统的性能更差。

2. 导弹大攻角飞行控制系统设计方法评述

从非线性控制系统设计的角度考虑，目前主要有线性化方法、逆系统方法、微分几何方法以及非线性系统直接设计方法。线性化方法是目前在工程上普遍采用的设计技术，具有很成熟的工程应用经验。逆系统方法和微分几何方法的设计思想都是将非线性系统精确线性化，然后利用成熟的线性系统设计理论完成设计工作。将非线性系统精确线性化方法的突出问题是，当被控对象存在不确定参数和干扰时，不能保证系统的鲁棒性。另外，建立适合该方法的导弹精确空气动力学模型是一个十分困难的任务。随着非线性系统设计理论的进步，目前已经有一些直接利用非线性稳定性理论和最优控制理论完成非线性系统综合的设计方法，如二次型指标非线性系统最优控制和非线性系统变结构控制。二次型指标非线性系统最优控制目前仍存在鲁棒性问题，非线性系统变结构控制的直接设计方法对被控对象的非线性结构有特定的要求，这些都限制了非线性系统直接设计方法的工程应用。

从时变对象的控制角度考虑，可用的方法主要有预定增益控制理论、自适应控制理论和变结构控制理论。预定增益控制理论和自适应控制理论对被控对象都要求明确的参数缓变假设。与自适应控制理论相比，预定增益控制理论设计的系统具有更好的稳定性和鲁棒性。对付时变对象，变结构控制理论是一个强有力的手段。但是，当被控对象的参数大范围变化时，变结构控制器会输出过大的控制信号。将预定增益控制技术与其结合起来可以较好地解决这个问题。另外，利用变结构控制理论设计时变对象时，要求时变对象的模型具有相规范结构，在工程上如何满足这个要求需要进一步研究。

从非线性多变量系统的解耦控制角度考虑，主要有静态解耦、动态解耦、模型匹配和自适应解耦技术等。目前主要采用的方法有静态解耦和非线性补偿技术等。

22.3 推力矢量控制技术

22.3.1 推力矢量控制系统在导弹中的应用

推力矢量控制导弹主要在以下场合得到了应用。

(1) 进行近距格斗、离轴发射的空空导弹，典型型号为苏联的 P-73。

(2) 目标横越速度可能很高，初始弹道需要快速修正的地空导弹，典型型号为苏联的 C-300。

(3) 机动性要求很高的高速导弹，典型型号为美国的 HVM。

(4) 气动控制显得过于笨重的低速导弹，特别是手动控制的反坦克导弹，典型型号为美国的 "龙" 式导弹。

(5) 无需精密发射装置，垂直发射后紧接着就快速转弯的导弹。因为垂直发射的导弹必须在低速下以最短的时间进行方位对准，并在发射面里进行转弯控制，此时导弹速度低，操纵效率也低，所以不能用一般的空气舵进行操纵。为达到快速对准和转弯控制的目的，必须使用推力矢量舵。新一代舰空导弹和一些地空导弹为改善射界，提高快速反应能力，都采用了该项技术。典型型号为美国的 SM-3。

(6) 在各种海情下出水，需要进行弹道修正的潜艇发射导弹，如法国的潜射导弹 "飞鱼"。

(7) 发射架和跟踪器相距较远的导弹，独立助推、散布问题比较突出的导弹，如中国的 HJ-73。

控制固体火箭发动机喷流的方向，可使导弹获得足够的机动能力，以满足应用要求。

22.3.2 推力矢量控制系统的分类

对于采用固体火箭发动机的推力矢量控制系统，根据实现方法可以将其分为三类，下面分别加以介绍。

1. 摆动喷管

摆动喷管系统包括所有形式的摆动喷管及装有摆动出口锥的装置。在这类装置中，整个喷流偏转，主要有以下两种类型。

1) 柔性喷管

柔性喷管是通过层压柔性接头直接装在火箭发动机后封头上的一个喷管。层压柔性接头由许多同心球形截面的弹胶层和薄金属板组成，弯曲形成柔性的夹层结构。这个接头轴向刚度很大，而在侧向却很容易偏转，用它可以实现传统的发动机封头与优化喷管的对接。

2) 球窝式摆动喷管

球窝式摆动喷管的一般结构形式是收敛段和扩散段被支撑在万向环上，该装置可以围绕喷管中心线上的某个中心点转动。延伸管或者后封头上装一套有球窝的筒形夹具，使收敛段和扩散段可在其中活动。

2. 流体二次喷射

在流体二次喷射系统中，流体通过吸管扩散段被注入发动机喷流。注入的流体在超声速喷管气流中产生一个斜激波，引起压力分布不平衡，从而使气流偏斜。

3. 喷流偏转

在火箭发动机的喷流中设置阻碍物的系统归入这一类，主要有燃气舵、偏流环喷流偏转器、轴向喷流偏转器、臂式扰流片、导流罩式致偏器这五种。

22.3.3　推力矢量控制系统的性能描述

推力矢量控制系统的性能大体上可分为以下四个方面。
(1) 喷流偏转角：喷流可能偏转的角度。
(2) 侧向力系数：侧向力与未被扰动时的轴向推力之比。
(3) 轴向推力损失：装置工作时所引起的推力损失。
(4) 驱动力：为达到预期响应需加在这个装置上的总的力特性。

喷流偏转角和侧向力系数用于描述各种推力矢量控制系统产生侧向力的能力。对于靠形成冲击波进行工作的推力矢量控制系统来说，通常用侧向力系数和等效气流偏转角来描述产生侧向力的能力。

当确定驱动机构尺寸时，驱动力是一个必不可少的参数。另外，当进行系统研究时，用它可以方便地描述整个伺服系统和推力矢量控制装置可能达到的最大闭环带宽。

22.4　直接力控制技术

22.4.1　国外大气层内直接力控制导弹概况

国外大气层内直接力控制导弹的典型型号有美国的"爱国者"防空导弹系统(PAC-3)、欧洲反导武器系统 SAAM(Aster15 和 Aster30 导弹)，以及苏联 C-300 防空导弹系统(9M96E 和 9M96E2 导弹)。

美国的"爱国者"防空导弹系统(PAC-3)是在 PAC-2 地空导弹系统的基础上发展起来的，新研制的导弹被称为增程拦截弹(ERINT)。该导弹长 4.6m，弹径 255cm，翼展 48cm，质量 304kg，最大飞行马赫数 6，射程 30km。PAC-3 导弹(图 22.3)采用正常式外形，使用侧喷的直接力和气动舵面复合操纵控制方式。导弹的弹翼后有气动控制舵面，导弹在中低空依靠它进行俯仰、偏航和滚转控制；导弹的导引头后设置有姿态控制组合发动机(180个固体脉冲发动机均匀地分布在弹体的四周，推力方向穿过弹体纵轴，由制导控制指令计算机控制脉冲发动机的点火)。采用这种侧喷的直接力控制明显比采用尾舵控制的反应时间短，一般来说侧喷控制的反应时间为 6～10ms，尾舵控制的反应时间为 100～500ms，显然侧喷控制的反应时间大大减少，这将显著提高导弹的命中精度，PAC-3 导弹的脱靶量达到 3m 的高精度。

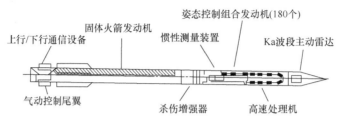

图 22.3　PAC-3 导弹外形结构图

欧洲反导武器系统 SAAM 是法、意、英等国联合研制的"未来面对空导弹武器系列 (PSAF)"中的近程防空反导武器系统。SAAM 系统主要由多功能单面旋转相控阵、火控设备、Aster15 导弹和发射装置等组成。Aster15 导弹由助推器和主弹体两级弹体组成。主弹体长 2.6m,弹径 0.18m,弹重 100kg;助推器长 1.6m,直径为 0.36m,助推器重 200kg。战斗部采用破片式高爆弹头,重 10～15kg。导弹全长 4.2m,全弹重 300kg。助推器具有附加弹翼,其尾部采用发动机推力矢量控制,以保证导弹垂直发射后的转弯控制。在助推段结束后抛弃助推器。主弹体上装有四个长方形的弹翼,其尾部装有四个可操纵的舵面,以此进行导弹的气动飞行控制。导弹重心附近还装有一个燃气阀,利用四个横向喷嘴直接产生横向加速度,使导弹在接近目标时产生一个较大的过载,提高了导弹抗机动目标的能力,这种控制方式为直接力控制。Aster30 导弹结构与 Aster15 相似(图 22.4),因为该导弹射程更远,其助推器更重一些,助推器长 2.2m,直径为 0.54m,助推器重 345kg;导弹全长 4.8m,全弹重 445kg。

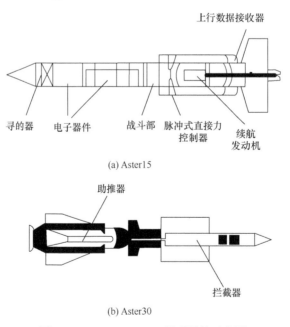

(a) Aster15

(b) Aster30

图 22.4　Aster15/Aster30 导弹结构示意图

苏联 C-300 防空导弹系统与"爱国者"一样,是世界上性能最优良的防空导弹武器系统，现已发展成系列化，有多种改型。它的飞行马赫数为 6～8，有反飞机反导型，也有完全反导型。9M96E 和 9M96E2 是为 C-300 防空导弹系统研制的导弹(图 22.5)。导弹的气动布局为鸭式，前面有鸭舵，前翼舵中还带有垂直转弯用的燃气喷嘴；后面有旋转尾翼，这是为了减少鸭式布局产生的斜吹力矩。导弹的主要特点是装有侧向推力发动机系统。微型发动机系统组成 1 个环，共有 24 个喷嘴，装在战斗部后面，即位于导弹质心附近，作为末段轨控发动机机组。末段时，点燃 4～6 个发动机，产生侧向力，确保更大机动能力。发动机工作时间为 0.5s，系统响应时间为 50ms，在低空时可保证附加产生 20～22g 短时过载，保证脱靶量减至很小，接近直接碰撞的水平。

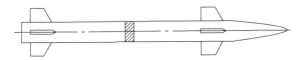

图 22.5　9M96E/9M96E2 导弹外形示意图

阴影部分为燃气直接力控制装置

22.4.2　直接力机构配置方法

1. 导弹横向喷流装置的操纵方式

导弹横向喷流装置可以有两种不同的使用方式：力操纵方式和力矩操纵方式。因为它们的操纵方式不同，在导弹上的安装位置不同，提高导弹控制力的动态响应速度的原理也是不同的。

力操纵方式就是直接力操纵方式。要求横向喷流装置不产生力矩或产生的力矩足够小。为了产生要求的直接力控制量，通常要求横向喷流装置具有较大的推力，通常希望将其放在重心位置或离重心较近的地方。因为力操纵方式中的控制力不是通过气动力产生的，所以控制力的动态滞后大幅度减小(在理想状态下，从 150ms 减少到 20ms 以下)。苏联的 9M96E/9M96E2 和欧洲新一代防空导弹 Aster15/Aster30 的第二级采用了力操纵方式(图 22.6)。

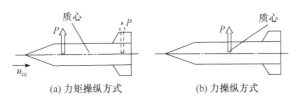

(a) 力矩操纵方式　　　　　(b) 力操纵方式

图 22.6　横向喷流装置安装位置示意图

P 为推力；u_{cc} 为气流速度

力矩操纵方式要求横向喷流装置产生控制力矩，不以产生控制力为目的，但仍有一定的控制力作用。控制力矩改变了导弹的飞行攻角，因而改变了作用在弹体上的气动力。这种操纵方式不要求横向喷流装置具有较大的推力，通常希望将其放在远离重心的地方。力矩操纵方式具有以下两个基本特性：

(1) 因为力矩操纵方式有效地提高了导弹力矩控制回路的动态响应速度，最终提高了导弹控制力的动态响应速度；

(2) 一定的控制力作用能够有效地提高导弹在低动压条件下的机动性。

对于正常式布局的导弹,其在与目标遭遇时基本上已是静稳定的。从法向过载回路上看,使用空气舵控制时,控制系统是一个非最小相位系统。为产生正向的法向过载,首先出现一个负向的反向过载冲击。引入横向喷流装置力矩操纵后,可以有效消除负向的反向过载冲击,明显提高动态响应速度。

美国的 ERINT-1、苏联的 C-300 垂直发射转弯段采用的是力矩操纵方式。

2. 横向喷流装置的纵向配置方法

在导弹上横向喷流装置的纵向配置方法主要有三种:偏离质心配置方式(图 22.7)、质心配置方式(图 22.8)和前后配置方式(图 22.9)。

图 22.7　横向喷流装置偏离质心配置方式

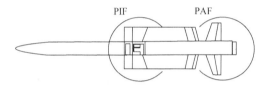

图 22.8　横向喷流装置质心配置方式

PIF 为侧向燃气推力控制;PAF 为气动飞行控制

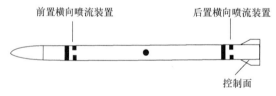

图 22.9　横向喷流装置前后配置方式

偏离质心配置方式是将一套横向喷流装置安放在偏离导弹质心的地方,实现了导弹的力矩操纵方式。

质心配置方式是将一套横向喷流装置安放在导弹的质心或接近质心的地方,实现了导弹的力操纵方式。

前后配置方式是将两套横向喷流装置分别安放在导弹的头部和尾部。前后配置方式在工程使用上具有较大的灵活性。当前后横向喷流装置同向工作时,可以进行直接力操纵;当前后横向喷流装置反向工作时,可以进行力矩操纵。该方案的主要缺陷是横向喷流装置复杂,结构质量大。

3. 横向喷流装置推力的方向控制

横向喷流装置推力的方向控制有极坐标控制和直角坐标控制两种方式。

极坐标控制方式通常用于旋转弹的控制。旋转弹的横向喷流装置通常都选用脉冲发动机组控制方案，通过控制脉冲发动机点火相位来实现对推力方向的控制。

直角坐标控制方式通常用于非旋转弹的控制。非旋转弹的横向喷流装置通常选用燃气发生器控制方案，通过控制安装在不同方向上的燃气阀门来实现推力方向的控制。其工作原理如图 22.10 所示。

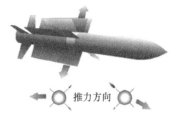

推力方向

图 22.10　直角坐标控制工作原理

22.5　多弹编队飞行控制技术

22.5.1　多弹编队飞行控制技术的基本概念

多弹编队是指由不少于两枚以上导弹根据作战任务需要，在一定时间段内按照协同规则遂行任务的编队。目前，国内外关于机器人编队队形控制方法和飞行器密集编队队形控制方法的研究较多，其中关于机器人编队队形控制的方法比较丰富，而关于飞行器密集编队队形控制的方法比较单一。编队队形控制的相关方法有领航者-跟随者 (Leader-Follower) 方法及其改进方法、基于行为的队形控制方法、基于虚拟结构的队形控制方法、基于图论的队形控制方法、基于人工势场的队形控制方法以及模型预测控制方法等。

参考自然界中群体的协同性行为，由多枚导弹协同组成的编队应遵循如下三个基本原则。

(1) 协同编队的必要性原则。由多枚导弹协同组成编队遂行任务，比单枚导弹单独遂行任务或者相互间无协同关系的多枚导弹遂行任务，所获得的综合作战效能有显著提高。导弹以协同编队方式遂行任务对于保证综合作战效能最大化是必要的。

(2) 综合作战效能最大化原则。综合作战效能可以体现导弹成员与协同编队的作战效能、协同编队的作战效能与成本费用之间的优化平衡关系。协同编队的目标是实现导弹编队的综合作战效能最大化。

(3) 编队的完整性原则。当导弹以协同编队方式遂行任务时，要充分兼顾导弹成员的性能差异，在信息获取与共享、决策制定和协同行动中，应考虑编队所有的导弹成员。包容所有导弹成员的编队完整性是协同编队的基本要求。

协同编队三原则是导弹编队力求通过尽可能高的协同效率、协同品质和协同普惠度实现显著提高且最大化综合作战效能的基本前提。

利用地形和地貌掩护，在狭长的安全通道中以扁平的密集编队形式实施低空突防飞行，以高密集度突袭的饱和攻击方式是导弹编队的主要作战形式，此时在这种扁平的密集编队中导弹之间、导弹与障碍物之间发生碰撞的概率增大，在追求高突防概率的原则下，对于编队飞行控制器性能提出了很高的要求。扁平的密集编队形式相当于整个编队在垂直方向几乎没有避碰机动的自由空间，整个编队只能在水平方向进行避碰机动，也就是说，在纵向是无限密集的，没有避碰机动的自由空间，是不能通过调整飞行高度进行避碰机动的。可见，二维水平面内密集编队问题的解决方法和结论可以方便地扩展到三维空间的编队问题，因此二维水平面内高动态的密集编队的避碰问题是最为复杂的基础性问题。

22.5.2 编队飞行队形描述

导弹编队的大多数常用队形都可由四种基本队形构成，即纵队、横队、楔形队和菱形队。无论是多大规模的编队，其队形原则上都可以分解为这四种基本队形的组合。按照编队的疏密程度，又可将导弹编队队形分为三种，即疏松队形、紧密队形和密集队形。疏松队形是指邻近群中所有导弹成员的安全系数小于 3 的队形。这里安全系数是编队内导弹成员之间所设定的安全距离余量的数学期望与导弹成员均方差的比值。紧密队形和密集队形分别指邻近群中所有导弹成员的安全系数为 1~3 的队形和安全系数为 0~1 的队形。如果仅就编队飞行问题而言，紧密队形和密集队形有着相同之处，就是导弹成员处于时刻需要规避可能的避碰威胁的机动概率较高，高概率的避碰机动行为是这两种编队队形所具有的相同特征，区别只在于向周围规避机动所需要的自由空间不同，而在编队导弹成员的距离保持控制和避碰机动策略的要求上是相似的。

22.6 双翼舵控制技术

采用气动舵的导弹气动布局主要有前翼舵控制和尾翼舵控制两种基本形式。采用前翼舵时，主翼带来的下洗对弹体的滚转控制等有不利影响。采用尾翼舵时，如要产生升力，必须使舵面产生负升力，以获得抬头力矩。因为此时导弹控制系统并非最小相位系统，所以前翼与尾翼的升力部分抵消，在产生升力损失的同时加大了气动力时间常数。一种前翼舵和尾翼舵均能操纵的双翼舵导弹，有效地减小了导弹的气动力时间常数。因为最终的脱靶距离与导弹制导系统的等效总时间常数的平方成正比，所以双翼舵控制导弹能够有效地减小脱靶量。

下面简单讨论一下这种导弹的设计原理。导弹有前、后两对控制面，前控制面 δ_1 是由控制指令来进行操纵的；后控制面 δ_2 是按导弹的旋转角速度来进行操纵的，即阻尼控制面。这样，前控制面确定侧滑角 β 的方向，侧滑角的大小则取决于 δ_1 与 δ_2 的大小，由于 δ_2 产生的力矩总是阻止导弹转动，因此 δ_2 与 δ_1 的方向永远一致(图 22.11)。

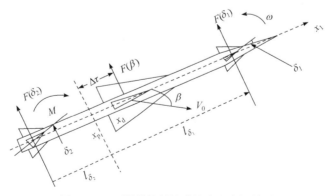

图 22.11　双翼舵控制导弹的力和力矩关系

这种布局可视为鸭式布局与正常布局的组合，若参数选择恰当的话，可以使导弹的侧滑角不大，而导弹的侧向力较大，并可避免单一布局形式的固有缺点。自然，由于前、后控制面的引入，就需要两套舵伺服系统，导致导弹控制系统复杂化，同时给导弹部位安排带来不少困难。但是，与它提高导弹性能的利益相比，付出一些代价是值得的。

本 章 要 点

1. 放宽静稳定度设计的含义。
2. 弹体–自动驾驶仪系统的稳定条件。
3. 导弹大攻角飞行控制系统常用的解耦技术。
4. 推力矢量控制导弹的应用场合。
5. 推力矢量控制系统的分类。
6. 直接力机构配置方法。

习　　题

1. 放宽静稳定度的基本概念是什么？
2. 简述正常布局的静不稳定导弹人工稳定的原理和稳定条件。
3. 简述推力矢量控制导弹的应用场合。
4. 推力矢量控制系统如何分类？
5. 简述直接力机构配置方法的基本思想。
6. 简述导弹编队飞行遵循的原则。
7. 简述导弹编队飞行的控制方法。

第 23 章

先进导弹制导技术

23.1 导弹多模寻的制导技术

23.1.1 导弹多模寻的制导系统的基本类型

1. 按时间顺序的复合寻的

将主动、半主动、被动方式按时间顺序组合的复合寻的制导方式如表 23.1 所示。

表 23.1 复合寻的制导方式

型号	初、中段制导方式	末段制导方式
不死鸟	半主动射频	主动射频
西埃姆	主动射频	被动红外
拉姆	被动射频	被动红外
沃斯普	主动毫米波	被动毫米波
"哈姆" 改型	被动射频	主动毫米波或被动红外

2. 复合射频寻的

射频寻的制导的并行复合分为射频复合和方式复合。射频复合通常使用两种频率，如 X 与 Ku 波段，X 或 Ku 与毫米波段，使用两种频率可提高抗干扰性能和识别能力。方式复合是指对主动或半主动导引头增加被动方式。受干扰后，当干扰电平高于信号电平时，多用干扰源寻的方式。

3. 复合光波寻的

光波寻的制导的并行复合包括波长复合和方式复合两种情况。波长复合分类如下：

(1) 可见光和红外线；

(2) 红外线和紫外线；

(3) 双色或多色红外线；

(4) 多光谱。

方式复合有主动激光和红外成像导引头的复合。两种频带相同时，CO_2 激光器可以作为主动成像光源使用，同时获得距离和速度信息。如果两者共用同一光学系统，则称为成像激光雷达。

4. 射频和光波复合寻的

射频和光波复合寻的是最先进的寻的制导方式，也称双模方式或多模方式。该制导方式对各种战术条件的适应性强，可提高抗干扰性能，如目标识别能力、全天候性能、制导精度等。导弹的全自主制导和高度智能化是以实现射频与光波复合导引头、信号处理和人工智能为前提的。

一般来说，射频导引头的有效作用距离较远，除被动方式外都可获得距离和多普勒信息，但分辨力低于光波导引头，易受杂波和敌方的干扰影响。与此相反，光波导引头(尤其是被动方式)受天气影响大，有效作用距离近，不能获得距离和多普勒信息，但抗红外干扰和电子干扰能力强，成像分辨率高。

23.1.2　多模寻的制导系统的数据融合技术

将多模制导及复合制导技术用于导弹的制导系统，必须解决以下四个关键技术问题：
(1) 多传感器系统的组成形式；
(2) 多模方式下的目标识别；
(3) 多模方式下的信号滤波和估计问题；
(4) 多模制导系统的性能评估试验。

从广义的概念上讲，这些问题都是多传感器系统的数据融合问题。下面分别对这几个技术问题进行讨论。

1. 多传感器系统的组成形式

在多传感器系统数据融合过程中，如果对数据交叉融合和传感器系统组成方面处理不当，将会影响甚至恶化数据融合的效果。因此，对多传感器系统的数据融合有以下两个要求：

(1) 由于传感器系统中所有的单一传感器都是以其各自的时间和空间形式进行非同步工作，因此在实际操作中有必要把它们的独立坐标系转换为可以共用的坐标系，即进行"时间和空间的校准"；

(2) 多传感器系统远比单一传感器系统复杂，为保证其仍具有很高的可靠性，多传感器系统应当是容错的，即某个传感器发生故障不会影响到整个系统的信息获取。因此，在系统组成上建立一个分布式的基于人工智能的传感器系统是十分必要的。人工智能技术的引入实现了以最优的传感器结构对所有传感器信息进行融合，并提供了对传感器子系统故障诊断、系统重组及监控的能力。

2. 多模方式下的目标识别

多模制导被引入导弹制导系统的一个重要原因是其可以明显提高导弹的目标识别能力。常规的单一传感器自动目标识别系统存在许多局限性，仅基于某一类数据有限集进行识别决策，尤其是在存在干扰的复杂场景中，其抗干扰能力和识别的可靠性将大幅降低。同时，当传感器损坏时，单一传感器自动目标识别系统将没有替代手段。在多传感器条件下，利用传感器工作方式的互补作用，大幅度地提高了整个系统的目标识别能力。

目前，用于多传感器数据融合的方法较多，主要有统计模式识别法、贝叶斯估计法、S-D 显示推理法、模糊推理法、产生式规则方法和人工神经网络方法等。

多模目标识别系统是复杂的数据处理系统，使得评估和预测这类系统的性能更加复杂。为此，建立一个用于系统性能评估的试验台是十分必要的。

3. 多模方式下的信号滤波和估计问题

多模方式的引入，实现了制导信号的冗余，这对提高导弹抗干扰能力和改善制导信号的信噪比十分重要。对这类多传感器的信号滤波问题，目前主要有两种解决方法：卡尔曼滤波方法和人工神经网络滤波方法。因为在工程上系统采用了分布式结构，所以对应地开发分布式滤波方法是多模制导系统信号滤波的核心问题。

4. 多模制导系统的性能评估试验

前面已提到，因为多模制导系统数据融合算法非常复杂，而且在其中使用了大量的基于知识库的人工智能算法，所以需要建立用于性能评估的试验台。

建立性能评估试验台的另一个重要原因是人工神经网络算法在数据融合领域的广泛使用。人工神经网络算法通过训练可以自己从环境中学到要学习的知识，最终达到系统要求的性能。因此，必须率先建立一个多模目标–背景仿真环境，为设计出的多模导引头提供这样的仿真环境。

在半实物仿真环境下，多模制导系统性能评估试验台主要由以下几部分组成：

(1) 多光谱目标/背景/干扰仿真器；

(2) 导弹空气动力学及相对运动学仿真系统；

(3) 导弹舵面气动负载模拟器；

(4) 导弹空间运动模拟转台。

基于数字仿真的多模制导系统性能评估试验台主要由以下几部分组成：

(1) 多光谱目标/背景/干扰数字模拟器；

(2) 多模导引头动力学模拟器；

(3) 飞行控制系统动力学模拟器；

(4) 导弹空气动力学及相对运动学仿真器。

基于数字仿真的多模制导系统性能评估试验台主要用于数据融合算法的研究和性能的初步预测。

23.2　倾斜转弯导弹制导技术

23.2.1　最优中制导律的提法

中制导的主要目的是制导导弹，使其工作在过载性能的最佳状态，以及在导引头锁定目标(自动寻的段起点)时导弹相对目标的几何关系达到最佳状态。导弹要达到要求的过载性能,要求有一定的最小速度,其大小随目标的过载性能、距离和高度而定。从远程导弹的作战使用来讲,对于远距离或低高度目标,导弹的速度是主要因素,采用使剩余速度为最大的中制导律为宜。对于相对较近的目标,时间裕度最重要,因为导弹必须在目标实施攻击之前把它摧毁,因此最好使用拦截时间为最小的中制导律。

假设拦截点是由战场目标信息获取系统预测得到的,导弹可以利用其最大末段速度或最小拦截时间的导引律来制导。从数学上说,最佳导引律是通过改变导弹运动方程中的相对导弹攻角或法向过载(在导引律中为控制量),达到以下性能指标的极大化:

$$J = (-K_1 t + K_2 v)\big|_{t_f}$$

式中,K_1 为最优指标的时间加权系数;K_2 为最优指标的速度加权系数;终端时间 t_f 由距离终止条件确定,当导弹至目标的斜距小于导引头的截获距离时,弹道终止。在进行性能指标极大化的过程中,必须满足一些工程约束条件,具体如下所述。

(1) 法向过载限制,通常要求导弹的中制导过程法向过载小于 $10g$;

(2) 冲压发动机的使用高度限制,冲压发动机正常工作高度是 5~20km。

通过改变以上公式中 K_1 和 K_2 的数值,有下列两种最佳控制问题:

当 $K_1 = 0$,$K_2 = 1$ 时,为末段速度最大问题;

当 $K_1 = 1$,$K_2 = 0$ 时,为终端时间最小问题。

为了使末段速度极大化,至少需要找到两类能产生局部极值的最佳控制。第一类是导弹一开始就急剧爬升,然后下降。这种规律对远距离的目标常常产生最大末段速度,然而耗时较长,称为Ⅰ型。第二类是导弹慢慢爬升,然后下降。这种规律也能使导弹末段速度局部极大化,但导弹末段速度比Ⅰ型的小,然而制导时间短,称为Ⅱ型。终端时间 t_f 极小化的最佳导引律,称为Ⅲ型。采用和末制导段一样的导引律,称为Ⅳ型。

可以将以上四类导引律(图 23.1)归纳如下:

Ⅰ型:使导弹末段速度达到最大,急速上升再下降;

Ⅱ型:使导弹末段速度达到最大,缓慢上升再下降;

Ⅲ型:使导弹终端时间缩至最短;

Ⅳ型:使用修正比例导引律。

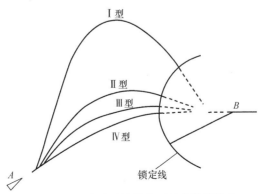

图 23.1 四类导引律的典型理论拦截轨迹

A 为中制导段起点;B 为自动寻的段起点

下面具体讨论具有冲压发动机的远程导弹最优中制导律泛函指标的确定问题。

23.2.2　最优中制导律泛函指标的确定

BTT 导弹的中制导律，应考虑在以下几个因素方面达到最优：

(1) 最短时间；

(2) 最少燃料；

(3) 最大末速。

因为当 BTT 导弹中制导段结束时，冲压发动机仍要求正常工作，这一点限制了导弹的最大飞行速度，所以不能考虑最大末速这个指标。

对最少燃料指标的优化将有助于提高导弹的射程。初步分析结果表明，在使用包线内，导弹冲压发动机燃气流量与飞行条件关系不密切，燃料消耗主要与发动机工作时间有关。因为中制导段导弹发动机始终在工作，所以可以认为燃料消耗与中制导段导弹的飞行时间有关。可以近似地认为，在特定的条件下最少燃料指标就是最短时间指标。

最短时间是导弹中制导律追求的一个非常重要的指标，对快速打击敌方目标，有效保卫己方至关重要。

综合考虑以上因素，初步确定采用最短时间作为具有冲压发动机的远程空空导弹中制导段导引规律的优化指标。

23.3　智能导弹的特征与智能化制导技术

23.3.1　智能导弹的特征

导弹武器系统伴随着人工智能技术、信息技术、微电子技术、材料技术、数字设计与制造技术等高新技术的发展，向着远程化、精确化、智能化方向快速发展。其中，智能化将成为导弹发展的一个必然方向。"发射后不管"的导弹可以自主地探测、识别和跟踪目标，但其自主性仍受到一定的限制，对战场上自动化指挥系统(C4ISR)的整合还需要做很多工作。实际上目前大多数导弹也只是局部实现智能化。综合各类初步具有智能特征导弹的特点，总结出智能化导弹应具有如下特征：

(1) 自主选择飞行航迹的能力；

(2) 重新选择目标及待机(或巡逻)攻击能力；

(3) 实时毁伤效果评估能力；

(4) 灵活使用多种战斗部及攻击机动目标的能力；

(5) 智能抗干扰和电子对抗能力；

(6) 自动目标识别和瞄准点选择能力；

(7) 领弹技术和导弹之间协同作战能力。

23.3.2　导弹智能化制导技术

现有的导弹制导方式虽然制导原理各异，但本质上大都是模式匹配法则。面对日益先进和多样化的干扰手段,传统的导弹制导方式显得越来越脆弱。融合了人工智能理论的制导方式使飞航导弹具有感知、决策和执行能力,实时替人类完成中间过程的分析和决策,最终辅助人类完成所赋予的作战使命,因而具有先天的优势,必将在未来导弹的制导技术中大有用武之地。

目前实现的智能导弹制导技术只是初步具有一定自主能力的制导技术,如"发射后不管"导弹的制导技术、自动目标捕获(automatic target acquisition,ATA)技术和自动目标识别(automatic target recognition,ATR)技术等。在一定程度上,导弹的智能性行为仍需要借助人的操控来实现。例如,具有一定自主能力的 SLAM-ER、JASSM 等导弹仍保留了人在回路控制功能,在必要时仍需要人介入进行控制。

目前,智能特征比较明显的战术导弹是战术战斧导弹。下面将以战术战斧导弹为主,对导弹智能化制导技术进行简要讨论。

1) 战术战斧导弹的中制导技术

战术战斧导弹的系列化发展是伴随着制导包不断升级而进行的,每一次升级,战术战斧导弹都获得了性能的飞跃。可以说,战术战斧导弹引入了许多新技术,并具有一定的自主能力,即已经形成智能化的雏形。例如,它可以在飞行中实时重新瞄准,如果原定目标已被摧毁,可在预先计划的多个目标中重新选择目标进行攻击;它还可以在战场上空盘旋,等待信息重新瞄准和定位,由指挥官选择目标、发出攻击指令后,重新规划航迹、再次瞄准,并迅速发起攻击。战术战斧导弹的这些特征均体现了其向智能化方向发展的研制思路。

2) 自动目标识别技术

飞航导弹导引头智能化的一个重要体现是 ATR 技术的使用。这里需要说明的是,ATA技术也属于 ATR 技术,因为目标只有在识别的基础上才能被捕获。ATR 技术是采用计算机处理一个或多个传感器的输出信号,识别和跟踪特定目标,并使导弹命中目标的一种技术。目前已实现的是前视模板匹配 ATR 系统。这种系统包括相当于人眼的红外成像或激光成像传感器;相当于人的记忆的存储器,用于存储基准数字地图(基准图);执行判断的微处理器,在微处理器中将基准图与实时图进行相关、比较,处理结果用于操控导弹,这又相当于人的动作。ATR 技术已初步体现导引头智能性的自主作战的特征。目前已在红外成像导引头、激光成像导引头上实现了 ATR 功能。

3) 未来可用的末制导视觉仿生技术

在视觉仿生技术中,值得特别关注的是蝇复眼和人眼仿生技术,两者均为感知仿生,是对动物视觉、听觉、触觉等感知功能进行模仿的仿生技术。由于感知系统是生物体的信息输入通道,对生物体的行为和决策具有重要作用,因而对动物感知功能的研究有助于许多工程问题的解决。

对于视觉仿生技术在军事领域的应用研究,国外已投入了大量的人力、物力和财力,但仍有许多待解决的难题。例如,美、英两国开展了基于鹰眼的导弹视觉系统研究,美国在反卫星武器研究中采用了蝇复眼仿生技术,法国利用动物复眼仿生技术研究了机器人视觉系统。

23.4 多弹协同制导技术

23.4.1 多弹协同制导概况

随着反导弹技术的发展，多导弹协同攻击和防御以其特有的优势正受到越来越多的关注，而多弹协同制导作为保证攻击和防御性能的关键技术也得到了快速发展。在进攻方面，多弹协同制导可以通过弹群协同，将多枚导弹融合成一个信息共享、功能互补、战术协同的作战群体，利用群体优势对敌防御体系和目标进行多层次、全方位的打击，实现突防能力的整体提升。在防御方面，利用多弹协同制导也可以提升反导系统的效能。当前，各国均已认识到多导弹协同攻击和防御的重要性，并在积极研制相关型号的导弹系统，其中用于实现多导弹协同攻击和防御的协同制导问题也正逐渐成为一个研究热点。事实上，多导弹协同制导是多智能体协同控制的一个重要方面，但与无人机和智能体相比，导弹的运动速度更高、实时性要求更高、通信量更小；另外，导弹难以实现无人机和智能体的盘旋、静止，且其弹道应尽可能平直，避免过多的转弯，这就对其协同提出了更高的要求。

事实上，实现多导弹协同制导的核心是通信，根据在线或离线信息交互，多导弹协同制导方法可以分为开环式与闭环式两类。开环式协同制导指的是在导弹编队发射前已经人为设定了对每枚导弹的期望值。飞行过程中，导弹之间不存在信息的交流。与之相反，闭环式协同制导中无须预先设定对每枚导弹的期望值，导弹的协同攻击通过导弹间的信息交流来实现。对于开环式协同制导，如果将协同目标定义为时间上的协同，则为了实现攻击时间的限制，可采用各种导引与控制方法，其中包括偏置比例导引、滑模控制、最优控制、微分对策和动态面控制理论等。然而在一般意义上，预先设定攻击时间的制导方案并不能被看成是真正的多弹协同制导。对于闭环式协同制导，导弹之间的通信是关键，如果不能通信就不可能实现闭环式协同制导。导弹之间通信的拓扑结构主要包括集中式通信和分布式通信两种。集中式通信拓扑是指在导弹集群中存在一枚或多枚导弹能够与所有导弹进行信息交流，分布式通信拓扑是指导弹集群中的导弹仅能与若干枚与其相邻导弹进行信息交流。因此，根据弹群中导弹之间的通信拓扑结构可以将多弹协同制导方法分为集中式协同制导和分布式协同制导两类。

23.4.2 多弹协同制导架构

现有的众多协同制导方法均是在双层协同制导架构和"领弹–从弹"协同制导架构的基础上开展的研究。这两种协同制导架构的提出基于导弹的运动学特性和对攻击协同的要求，故均可以实现多导弹的协同制导。双层协同制导架构以满足导弹飞行特点的带约束导引律为底层导引控制，以包含协调变量的集中式或分散式协调策略为上层协调控制，如图 23.2 所示。其中，协调变量指的是完成一种协同任务所需的数量最少的信息。这种协同制导架构既保证了导弹能够命中目标，又满足了协同攻击的要求，而且针对不同的协同任务，可以选择相应的导引律和协调策略，具有一定的通用性。"领弹–从弹"协同制导架构是根据协同要求选择导弹的参考运动状态，并将领弹的运动状态作为期望参考运动状态。通过对领弹或相邻导弹参考运动状态的跟踪，从弹的参考运动状态逐渐趋于期望值，从而实现多导弹协同制导。在这种协同制导架构中，领弹可采用一般导引律，运动状态不受从弹影响，而领弹又有着不同的选择，其中包括以导弹集群中的一枚导弹作为领弹、以目标作为领弹、以虚拟点作为领弹三种情况。这种协同制导架构可以认为是双层协同制导架构的一种变形。然而，相比于双层协同制导架构，这种协同制导架构的领弹不受其余导弹的影响，而且可以采用误差控制的方法作为底层导引控制。虽然这种协同制导架构需要提前确定领弹，且领弹的重要地位使得协同系统的可靠性和鲁棒性较差，但相比于双层协同制导架构具有信息的实时性较好，更有利于导弹集群的扩展等优点，采用这种协同制导架构的制导方法由于使用了相对成熟的控制理论，所以在稳定性证明上相比于前一种更为简单。下面分别从采用集中式和分布式通信拓扑结构的两类协同制导问题出发，对基于上述两种协同制导架构的制导方法进行介绍。

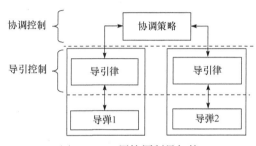

图 23.2　双层协同制导架构

1. 集中式协同制导

集中式通信拓扑结构具有一个或几个中心节点掌握弹群的全部信息，更有利于做出最优的决策。若采用双层协同制导架构，则可以迅速计算出期望协调变量；若采用"领弹-从弹"协同制导架构，则从弹的参考运动状态可以更快收敛于领弹。然而，集中式通信拓扑也存在鲁棒性差、通信代价高、不利于扩展等缺陷。对于集中式双层协同制导方式，存在一个集中式协调单元，即所有导弹将协调所必需的状态信息传送给集中式协调单元，该单元直接计算出期望的协调变量值，然后将其广播至所有导弹。这种集中式协调单元可以只存在于一枚导弹中，也可以分布于所有导弹中。如果只存在于一枚导弹中，则导弹集群的总计算量要小很多，通信拓扑结构简单，有利于导弹集群的扩展，但由于集中式协调单元的失效将致使整个系统的协调控制失败，所以存在系统的可靠性、抗毁性和鲁棒性差的问题。若将集中式协调单元分布于所有导弹中，则情况与之相反。对于采用集中式通信拓扑结构的"领弹-从弹"协同制导方式，领弹与所有从弹均有信息交流，从弹之间不存在信息交流。这类协同制导方法大多采用弹目距离和弹道前置角或者剩余时间作为从弹的参考运动状态，而从弹的跟踪方式可以采用偏置比例导引律、增广比例导引律和最优导引律等方法。

2. 分布式协同制导

由于在实际的战场上很难保证弹群中导弹间的集中式通信，因此往往采用分布式通信拓扑结构，即每枚导弹只能与其相邻导弹进行信息交流，利用图论中的加权拉普拉斯矩阵来描述各导弹间的通信关系。这种通信拓扑结构虽然避免了集中式通信拓扑结构所存在的问题，但使得从弹趋于期望协调变量和参考运动状态的时间是无穷大的，而且系统的可靠性较差。虽然部分采用分布式通信拓扑结构的协同制导方法可以通过改变加权拉普拉斯矩阵在双层协同制导架构和"领弹–从弹"协同制导架构间转换，但这种现象仍缺乏普适性证明。因此，对于分布式协同制导方法，仍可按照两种协同制导架构来进行分类。对于采用分布式通信拓扑结构的双层协同制导方式，虽然可以利用协调一致算法将已得到的集中式协调策略进行分散化设计，直接得到分散式协调策略，但依靠一致性算法获得各导弹期望剩余时间的方法都面临一个共同的问题，即各导弹期望剩余时间的收敛依赖于实际剩余时间，而各导弹又通过控制作用使实际剩余时间向期望剩余时间收敛。换言之，期望剩余时间的收敛与实际剩余时间的收敛互为前提，系统的稳定性不能得到保证。这类协同制导方法大多采用导弹剩余时间作为协调变量，采用偏置比例导引律、增广比例导引律、变系数比例导引律和最优导引律作为底层导引控制以实现协同制导。对于采用分布式通信拓扑结构的"领弹–从弹"协同制导方式，领弹仅与相邻从弹之间存在有向信息交流，同时从弹与相邻从弹之间存在信息交流。这类协同制导方法大多采用弹目距离和弹道前置角或者导弹的位置作为从弹的参考运动状态，从弹的跟踪方式可以采用基于一致性原理的偏置比例导引律或指令跟踪算法以实现协同制导。

本 章 要 点

1. 导弹多模制导系统的基本类型。
2. 智能导弹的特征。
3. 导弹智能化制导技术。
4. 多弹协同制导架构。

习 题

1. 多模制导系统如何分类?
2. 多模复合制导技术须解决哪些关键技术?
3. 导弹智能化制导技术的特征有哪些?
4. 简述导弹智能化制导技术的发展现状。
5. 简述多弹协同制导技术的特点。
6. 简述典型多弹协同制导系统的结构。

第 24 章

新一代导弹制导控制前沿技术及展望

24.1 未来战场对导弹武器系统的需求

随着信息化时代的到来，现代战争的形态发生了根本性的变化。从近年来全球局部战争中可以看出，军事强国的空袭体系利用一体化的指挥和控制、隐身和电子干扰、反辐射攻击、防区外攻击、超低空攻击、饱和攻击和精确打击等多种手段，达到很高的空袭效能。空袭作战已实现体系化、信息化、网络化，实现了对移动目标和敏感点目标的精确定位和快速打击，这对防御一方提出了很大挑战。防空导弹的作战环境越来越恶劣，对它的要求也越来越高。其基本要求是在任何作战环境(全天候、全天时、复杂背景)中识别目标并精确地命中目标，即高精度、高智能、抗干扰能力强、轻小型化。

1. 高精度

精确制导武器最本质的特征是高精度命中目标。寻的制导技术的采用使制导武器的命中精度与飞行距离没有直接关系，只取决于末制导的探测精度和控制能力。以第三代地空导弹为例，一种典型的制导方式为初段惯性程序制导、中段惯性+无线电指令修正制导、末段雷达半主动制导。

另外，隐身飞机、再入机动弹头及超声速巡航导弹成为新一代地空导弹重点打击的目标，探测距离近、高速、高机动是这类目标的典型特征，在导弹设计中采用目标运动轨迹估计与预测技术、先进最优导引技术，以及高机动、快响应的组合控制技术是导弹实现高精度命中的重要技术途径。

2. 高智能

精确制导武器的命中精度主要取决于自动寻的的能力。寻的制导装置必须能自动捕获目标、自动识别目标及其要害部位，这是保证高效摧毁目标的必要条件。

自动捕获目标要求寻的制导装置能在强干扰、复杂背景条件下，发现目标，通过信息处理捕捉并跟踪目标；自动识别目标及其要害部位要求用各种算法实现真假目标的区分，并能找出目标的易损部位或特定部位，以便实现命中点的选择。

3. 抗干扰能力强

高科技战争的最大特点之一是激烈的电子战。敌我双方都竭力通过电子干扰、隐身、反辐射导弹摧毁等手段进行电子进攻。

精确制导武器是一种利用目标电磁信息工作的武器，必须能在复杂的电磁干扰环境中精确可靠地探测各种类型的目标(含隐身目标)，并导引导弹命中它。

因此，精确制导武器的抗干扰能力已成为武器的重要技术指标之一。没有很强的抗干扰能力，精确制导武器就没有生存能力。

4. 轻小型化

由于精确制导武器在飞行中存在质量惯性，这直接影响武器的控制精度和作战效能，所以要发展轻小型制导武器。另外，精确制导武器轻小型化后，载弹平台可以缩小，同样平台条件下，可以增加载弹量，也可以降低对发控系统的要求。

24.2　新一代导弹基础前沿技术

为了保证新一代导弹精确打击能力的不断提高，导弹武器的进步需要多个相关专业在新技术上的发展，技术支撑如图 24.1 所示。

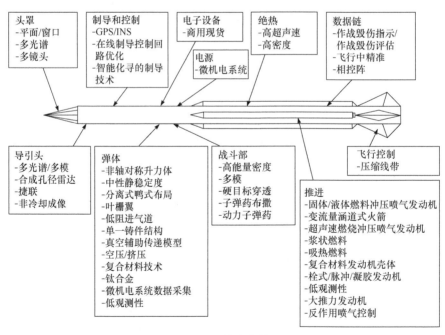

图 24.1　技术支撑

24.2.1　头罩技术

新的导引头/传感器头罩技术包括平面/窗口、多光谱和多镜头等。

带平面的头罩通常为锥形，可减小倾斜误差，从而提高制导精度。由于传统的高光滑度头罩的倾斜误差而产生的导引头跟踪误差是红外成像和雷达导引头面临的一个问题。头罩曲率的变化在很大程度上影响着跟踪精度。解决这一问题的方法是采用带平面的头罩，法国的"西北风"导弹和俄罗斯的 SA-16 导弹就采用了这种方法，反应增强型防区外对陆攻击导弹和弹道导弹防御拦截器也采用了基于单平面窗的类似技术。

多光谱头罩可以使导弹采用多光谱(如中波红外/长波红外)导引头和多模(如红外/毫米波)导引头。

多镜头多用于高光滑度头罩，可提供光学矫正，从而使头罩倾斜误差降低。高光滑度多镜头头罩与传统的半球形头罩相比，在超声速飞行时的阻力较小。

24.2.2　导引头技术

导引头的新技术包括多光谱/多模、合成孔径雷达(SAR)、捷联和非冷却成像等。

采用多光谱/多模导引头可提高自动目标识别性能。例如，成像红外焦平面阵列探测器可以对多种波长进行采样，从而在较宽的波长范围内提供多光谱目标识别功能。多光谱导引头还有抗伪目标和地面杂波的能力。当前重点发展毫米波/红外成像制导双模导引头，此导引头可以使导弹获取更多、更丰富的目标信息，有效提高目标识别能力及反隐身、抗干扰能力。更加先进的毫米波/非制冷红外成像/激光制导三模导引头可以使导弹具有更高的命中精度和更强的抗干扰能力，小直径炸弹 SDB-Ⅱ 就采用了毫米波/非制冷红外成像/激光制导三模导引头。

合成孔径雷达导引头在恶劣天气和有地面杂波的情况下非常有效，可以灵活地在较大的区域内(如 5km×5km)对单个目标进行搜索，然后在地面杂波中对目标进行高分辨率(如 0.3m)识别和瞄准。战术弹道导弹末制导弹头就采用了合成孔径雷达导引头。

捷联导引头采用电子稳定和跟踪系统，由于没有常平架，减少了零件数，尺寸小，重量轻，从而降低了导引头的成本。捷联导引头有很多优点，但要求更复杂的制导与控制算法来估计和补偿安装误差和校准误差。目前正在发展和使用的捷联导引头主要有全捷联毫米波有源相控阵主动雷达导引头(图 24.2)、全捷联被动雷达导引头、全捷联红外成像导引头、全捷联激光导引头等。

非冷却成像导引头采用非冷却探测器，不采用冷却系统也降低了导引头的成本。

24.2.3　制导和控制技术

制导和控制技术包括全球定位系统/惯性导航系统(GPS/INS)、在线制导控制回路优化以及智能化寻的制导技术等。

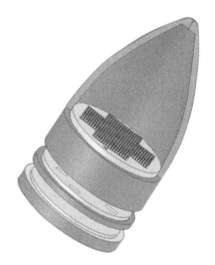

图 24.2　全捷联毫米波有源相控阵主动雷达导引头

目前，采用 GPS/INS 精确制导的圆概率误差有可能达到 3m 以下。GPS/INS 的精度可以使低成本的无导引头导弹用于攻击固定目标。10 年前 INS 敏感器的价格约为 2 万美元，现在只有其三分之一。采用微机电系统技术后，INS 的价格有可能降到 2000～3000 美元。基于环形激光陀螺仪、光纤陀螺仪、数字石英陀螺仪和微机电陀螺仪/加速度计的敏感器都可以用作精确制导导弹的 INS 敏感器。GPS/INS 一体化的好处在于可以高精度地进行定位和速度测量，减小敏感器的噪声，降低对干扰的敏感度，并可进行导弹姿态测量。带有现代 GPS 接收机的导弹在高空飞行时对干扰的敏感度较低。由于 GPS 能对惯性导航系统不断地进行修正，因此在设计时可以考虑采用低精度和低成本的 INS，并且保持较高的导航精度(3m 的圆概率误差)和较好的抗干扰性能。

现代 GPS/INS 接收机采用卡尔曼滤波器集中处理各种传感器(如合成孔径雷达、GPS 接收机、INS 等)传来的原始数据。有 70 多种模态的 GPS/INS 卡尔曼滤波器已经过验证，可以用在精确制导导弹上。除提高精度外，卡尔曼滤波器在遇到干扰和卫星损失时具有很好的鲁棒性。例如，在 1 颗或多颗卫星受损时，它可以利用 3 颗、2 颗甚至 1 颗卫星进行伪距测量。在杂波环境中可以考虑采用 GPS/INS 制导进行精确导航和目标敏感数据融合。在广域 GPS 增强(WAGE)、差分或相关模式下，GPS 的精度误差低于 3m。

根据数字飞行弹道预测数据和 GPS/INS 导出的飞行状态参数(如马赫数、攻角、侧滑角、动压等)，导弹可以不断地优化飞行弹道以及在线调整控制参数，以使射程、离轴角和精度等性能参数达到最优。另外，发展采用攻角和侧滑角反馈的飞行控制系统，极大地改善了基于面对称布局的 BTT 控制导弹的性能。

智能化寻的制导采用图像处理技术、人工智能技术和计算机技术，无人参与地进行自动目标探测、自动目标识别(ATR)、自动目标捕获和跟踪，并进行瞄准点选择和杀伤效果评估。重点发展的技术：一是智能探测技术，使制导系统实现高精度、较强的识别能力和抗干扰能力；二是智能搜索技术，实现探测器对目标的最优搜索，保证探测器能自动、迅速、准确地捕捉目标；三是智能信息处理和跟踪技术，使导弹在复杂的战场环境中更好地发挥效能。

24.2.4 电子设备技术

精确打击武器的一个重要部分就是电子设备。目前高性能、低成本的商用处理器已经取得了突飞猛进的发展。

电子设备技术是制导和控制以及传感器数据融合的使能技术。目前已开始利用低成本、小尺寸、低功率的组件进行多维识别。处理器的处理能力差不多每两年就提高一倍，处理能力将不再是精确制导武器实现传感器数据融合和近实时弹道优化的障碍。

另外，处理器计算能力的提升以及实时多任务操作系统的逐步完善，促使人们在进行弹载计算机系统设计时，以一体化、集成化和模块化的设计思路，采用以高性能微处理器+总线为基础的计算机体系结构，配置强实时的分区操作系统，整合各种硬件资源，设计出体积小、重量轻、成本低、基本可靠性高的一体化弹载制导控制组件，有效降低了弹载信息处理系统的重量、尺寸、成本、功耗和通信开销。目前商用和军用的实时多任务操作系统软件已经开发成功，一体化弹载制导控制组件在空空导弹、空地导弹和制导炸弹中得到了广泛应用。图 24.3 和图 24.4 分别为一体化弹载制导控制组件的硬件结构和软件架构。

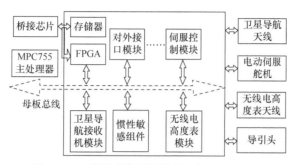

图 24.3　一体化弹载制导控制组件的硬件结构

FPGA 为现场可编程门阵列

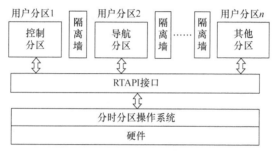

图 24.4　一体化弹载制导控制组件的软件架构

24.2.5　弹体技术

弹体技术正朝着提高飞行性能、减轻重量、提高飞行马赫数、降低成本、提高可靠性并降低被探测性等方面发展。先进的弹体技术包括非轴对称升力体、中性静稳定度、分离式鸭式布局、叶栅翼、低阻进气道、单一铸件结构、复合材料技术、钛合金、微机电系统数据采集等。

非轴对称升力体弹体可提高机动性和气动效率(升阻比)。中性静稳定度也可以提高机动性和巡航性能。分离式鸭式布局增大了鸭舵的失速攻角，可以显著提高导弹的机动性。叶栅翼可以用于亚声速和超声速精确打击导弹的弹体上，铰链力矩小而控制效率高，它的缺点是跨声速阻力大，隐身效果差。低阻进气道是为高超声速导弹研发的。美国高超声速飞行器 X-51A 采用了非轴对称升力体布局，苏联的红外制导空空导弹 R-73 采用了分离式鸭式布局，苏联的雷达制导空空导弹 R-77 采用了格栅舵翼。

24.2.6　推进技术

新兴推进技术包括固体/液体燃料冲压喷气发动机、变流量涵道火箭、超声速燃烧冲压喷气发动机、浆状燃料、吸热燃料、复合材料发动机壳体、低观测性、大推力发动机和反作用喷气控制等。

将推进与控制技术相结合是目前推进技术发展的重要方向之一，典型应用有冲压发动机流量和压力控制技术、固体火箭发动机喷流控制技术、变推力发动机可变喷管控制技术和多脉冲发动机多次点火控制技术等,这些都是新一代中远程制导导弹的关键技术。

24.3　导弹精确制导控制技术发展方向

防空导弹的精确制导是与探测技术、惯性敏感技术、智能化信息处理技术以及高精度制导控制技术分不开的,这些技术的性能决定了导弹精确制导系统能够达到的技术指标。其中如何利用智能化信息处理技术解决未来导弹在复杂战场环境下的精确制导与控制问题是一个十分重要的研究方向。

24.3.1　探测技术

精确制导武器探测技术总的发展趋势是成像、凝视、多波段复合探测。

成像探测可以直观获取目标的外形或基本结构等丰富的目标信息,从而抑制背景干扰,可以有效地识别目标或目标的特定部位,是提高精确制导武器的抗干扰能力、目标识别能力以及精确探测能力的最基本且最有效的手段。

第一代成像探测技术主要是扫描成像技术,包括各种光学扫描成像,技术成熟,得到广泛应用。第二代成像探测技术是凝视成像技术,如红外凝视焦平面阵成像和微波成像技术等,目前正逐步得到应用。第三代成像探测技术是复眼探测成像技术,依赖于微电子技术的发展,即不但可以实现凝视探测,而且可以把无数探测单元和多波段探测单元集成为单片器件,形成类似于蜻蜓眼睛的复杂探测系统。这种复眼式系统由于探测单元大幅度增多,并实现了单片集成,它的探测精度、抗毁伤能力、抗干扰能力和轻小型化程度都有大幅度提高。

1. 红外凝视焦平面阵成像技术

红外焦平面成像系统采用凝视成像方式,省掉了复杂的光学系统和光机扫描部件,使探测器的体积小,重量轻,集成度高,可靠性高,抗冲击、振动和过载能力高;连续累积目标辐射能量(积分效应),具有很高的探测灵敏度;采用数量众多的探测单元,可以获得更高的分辨率;凝视成像方式使探测器反应快,探测信息更换的速率提高,对探测高速、高机动目标很有利。

2. 固态相控阵成像技术

无线电探测(含微波和毫米波)具有全天候、全天时、微距和作战距离远的特点。目前已经实现了利用毫米波形成两维图像,性能更加优越的三维成像已成为国际研究的热点。弹载相控阵技术的出现为开拓毫米波成像提供了可能。

相控阵天线具有扫描速度快、扫描范围大、抗电子干扰能力强、指向精度高等优点,加之没有机械随动系统,因而体积小、重量轻,很适于弹上应用。固态相控阵成像技术除基本具有红外凝视成像的优点外,还具有全天候、全天时的能力。

3. 弹载激光主动成像雷达技术

弹载激光主动成像雷达除具有成像性能外，还能提供目标的距离信息。弹载激光主动成像雷达虽然也工作在红外波段(短波、长波红外)，但具有"发射后不管"的能力；与红外成像相比，它具有更强的抗干扰能力，可以获取更高对比度的目标信息，有利于提高探测系统的作用距离和目标识别能力；与无线电成像相比，它具有更优的单色性和相干性，分辨率高，可大幅度提高探测精度。

由于弹载激光主动成像雷达技术具有主动测距和光学探测两者的优点，因此它具有三维成像能力。

4. 多模复合探测

多模复合探测实际上是多传感器合成技术在精确制导武器系统中的应用。它利用多种探测手段取得目标信息，经过计算机的数据合成处理，得出目标与背景的综合信息，然后进行目标的识别、捕捉与跟踪。

多模复合探测精确制导可以有效地提高导弹对抗敌方电子干扰的能力、识别伪装与欺骗的能力、目标捕获和攻击能力，可以提高寻的制导系统的制导精度。

24.3.2　惯性敏感技术

自动寻的制导技术由于探测器受各种条件(如探测器性能、大气衰减、背景干扰等)的限制，探测距离总是有限的。因此，中远程精确制导武器在初、中段常常采用惯性导航系统、GPS 和图像匹配等自主制导方式。

1. 对惯性敏感器件的基本要求

惯性导航系统的核心是惯性敏感器件，对惯性敏感器件的基本要求如下：
(1) 具有高性能，包括高精度测量、大动态范围等；
(2) 能够承受各种恶劣的弹载环境条件，能在高过载、强振动、高低温条件下正常工作；
(3) 轻小型、简单化。

2. 惯性敏感器件及其系统的发展方向

固态化：省去机械结构，增大动态范围，提高环境条件的承受能力，降低功耗。
集成化：采用集成电路和固态敏感器件，使系统向高度集成化方向发展，更加可靠。
复合化：为了提高制导精度，惯性导航系统越来越多地与其他导航系统(如 GPS)组合使用，大幅度扩展了惯性导航系统的使用范围。
微小型化：随着微电子、光电子技术的发展，惯性导航系统的体积、质量、功耗大幅度下降。

24.3.3　智能化信息处理技术

信息处理技术在精确制导武器中占有极其重要的地位。目标信息探测为信息的利用创造了必要条件，而信息的充分利用完全取决于信息处理技术。弹载信息处理系统主要由信息处理机(硬件)和信息处理方法(软件)构成。

1. 对弹载信息处理机的要求

寻的制导武器对电子反对抗/反隐身、目标自动识别、制导精度等性能指标要求越来越高，促使其探测技术向成像和多模复合探测方向发展，信息量大大增加。对弹载信息处理机提出了更高要求，主要是高速、大存储容量和微小型化。弹载信息处理机的主要发展方向是超大规模集成电路、超高速大容量计算，以及发展专用处理机。

2. 软件与信息处理方法

精确制导武器实现智能化，很大程度上依赖软件和信息处理方法。制导武器要想在复杂的战争环境中更好地发挥效能，就要根据战场环境、作战目标和飞行条件采用不同的软件和信息处理方法，所以加强精确制导控制算法和软件的研究是非常必要的。

研究制导控制算法和软件的基本出发点：要能使精确制导武器自动搜索和识别目标，能从目标群中选择出高价值目标，能自动选择目标要害部位、自适应抗干扰，能够在全空域范围内各种飞行条件下精确控制导弹，提高制导武器智能化水平。

24.3.4　高精度制导控制技术

制导武器要实现高精度命中，除上述高精度探测外，还必须保证高精度的制导控制。为此，要着重研究先进的导引规律和控制方法。

采用高精度制导控制技术可使精确制导武器具有高精度的打击能力，因此其作战效能远高于传统武器。在攻击敌方重要目标时，精确制导武器能够迅速、准确地摧毁目标，极大地提高了作战效果。同时，精确制导武器的使用还能有效减少弹药消耗，降低战争成本，符合现代战争对于高效、低成本的追求。

本 章 要 点

1. 未来战场对导弹武器系统的需求。
2. 新一代导弹基础前沿技术。
3. 导弹精确制导控制技术发展方向。

习　　题

1. 未来战场对导弹武器系统的需求有哪些?
2. 简述新一代导弹基础前沿技术包括哪些方面。
3. 简述导弹精确制导控制技术的发展方向。

主要参考文献

[1] 杨军. 导弹控制系统设计原理[M]. 西安: 西北工业大学出版社, 1997.

[2] 郑志伟. 空空导弹系统概论[M]. 北京: 兵器工业出版社, 1997.

[3] 杨军, 杨晨, 段朝阳, 等. 现代导弹制导控制系统设计[M]. 北京: 航空工业出版社, 2005.

[4] 任越, 杨军. 越肩发射反导拦截弹复合制导律研究[J]. 导航定位与授时, 2019, 6(3): 21-27.

[5] 马爽, 杨军, 袁博. 基于多项式函数求解的落角约束制导律[J]. 导航定位与授时, 2018, 5(5): 39-43.

[6] 袁博, 杨军, 杨博远. 控制性能精确可控的自适应鲁棒容错控制方法研究[J]. 导航定位与授时, 2018, 5(1): 48-53.

[7] 谭世川, 朱学平, 杨军. 寄生回路稳定性分析及制导控制相关设计方法研究[J]. 计算机测量与控制, 2016, 5(9): 149-151.

[8] 关世义, 朱家移, 潘幸华. 飞航导弹发展趋势浅析[J]. 飞航导弹, 2003, 5(6): 38-41,51.

[9] 张有济. 战术导弹飞行力学设计[M]. 北京: 宇航出版社, 1996.

[10] 沈如松. 导弹武器系统概论[M]. 北京: 国防工业出版社, 2010.

[11] 樊会涛. 空空导弹方案设计原理[M]. 北京: 航空工业出版社, 2013.

[12] 陈士橹, 吕学富. 导弹飞行力学[M]. 西安: 航空专业教材编审组, 1983.

[13] 彭冠一. 防空导弹武器制导控制系统设计[M]. 北京: 宇航出版社, 1996.

[14] 胡寿松. 自动控制原理[M]. 北京: 科学出版社, 2001.

[15] 赵强, 刘隆和. 红外成像制导及其目标背景特性分析[J]. 航天电子对抗, 2006, 22(1): 27-29.

[16] 穆虹. 防空导弹雷达导引头设计[M]. 北京: 宇航出版社, 1996.

[17] 施德恒, 许启富, 黄宜军. 红外诱饵弹系统的现状与发展[J]. 红外技术, 1997, 519(1): 10-15.

[18] 梁晓庚. 空空导弹控制系统设计[M]. 北京: 国防工业出版社, 2006.

[19] 徐延万. 控制系统[M]. 北京: 中国宇航出版社, 2009.

[20] 陈佳实. 导弹制导和控制系统的分析与设计[M]. 北京: 宇航出版社, 1989.

[21] 吴文海. 飞行综合控制系统[M]. 北京: 航空工业出版社, 2007.

[22] 章卫国. 现代飞行控制系统设计[M]. 西安: 西北工业大学出版社, 2009.

[23] 李惠峰. 高超声速飞行器制导与控制技术[M]. 北京: 中国宇航出版社, 2012.

[24] 杨亚政, 李松年, 杨嘉陵. 高超音速飞行器及其关键技术简论[J]. 力学进展, 2007, 37(4): 537-550.

[25] 刘兴堂. 导弹制导控制系统分析设计与仿真[M]. 西安: 西北工业大学出版社, 2006.

[26] 孟秀云. 导弹制导与控制系统原理[M]. 北京: 北京理工大学出版社, 2003.

[27] 于本水. 防空导弹总体设计[M]. 北京: 宇航出版社, 1995.

[28] 黄伟, 高敏. 精确制导组件发展及关键技术综述[J]. 飞航导弹, 2016, 5(8): 56-70.

[29] 程云龙. 防空导弹自动驾驶仪[M]. 北京: 宇航出版社, 1993.

[30] 赵善友. 防空导弹武器寻的制导控制系统设计[M]. 北京: 宇航出版社, 1992.

[31] 谢道成, 胡亚忠, 张宏强. 带末端角度和速度约束的再入飞行器滑模变结构导引律[J]. 电光与控制, 2014, 21(11): 46-50.

[32] 宋加洪. 基于模拟飞行的再入飞行器速度控制方法[J]. 导弹与航天运载技术, 2012, (2): 4-7.

[33] 谢萍. 在战术导弹控制系统设计中对弹性振型的处理[J]. 上海航天, 1993, 10(2): 50-53.

[34] 严恒元, 陈士橹, 霍秀芳. 弹性飞行器敏感元件位置设置与参数优化综合[J]. 宇航学报, 1994, 15(4): 10-17.

[35] 娄寿春. 导弹制导技术[M]. 北京: 宇航出版社, 1989.

[36] 马金铎, 程继红. 战术导弹控制系统几种统计分析方法的比较[J]. 系统工程与电子技术, 1991, 13(12): 36-40.

[37] 姚伟, 刘丽霞, 石晓荣. CADET 在再入制导控制系统中的应用研究[J]. 计算机仿真, 2010, 27(4): 24-27.

[38] 林晓辉, 崔乃刚, 刘暾. 用于运动体随机运动数字仿真的 SLAM 方法[J]. 战术导弹技术, 1997, (2): 15-20.

[39] 蒋瑞民, 周军, 郭建国. 导弹制导系统精度分析方法研究[J]. 计算机仿真, 2011, 28(5):76-79.

[40] 樊会涛, 刘代军. 红外近距格斗空空导弹发展展望[J]. 红外与激光工程, 2005, (5): 64-68.

[41] 司古. 陀螺舵的秘密[J]. 中国空军, 2010, (4): 71-72.

[42] 刘隆和. 多模复合寻的制导技术[M]. 北京: 国防工业出版社, 1998.

[43] 李春明, 李莉莎, 李玉亭. 红外制导导弹系统抗干扰技术分析[J]. 系统工程与电子技术, 1988, (8): 22-31.

[44] 张会龙, 王之, 王文基. 提高反辐射导弹抗干扰能力方法探讨[J]. 飞航导弹, 2008, 34(10): 41-44.

[45] 彭望泽. 防空导弹武器系统电子对抗技术[M]. 北京: 宇航出版社, 1995.

[46] 张月娥. 干扰与抗干扰的分类及其对应措施[J]. 航天电子对抗, 1985, (1): 52-56.

[47] 倪汉昌. 战术导弹抗干扰评估与仿真技术研究途径分析[J]. 空天技术, 1995, (1): 34-39.

[48] 刘松涛, 王赫男. 光电对抗效果评估方法研究[J]. 光电技术应用, 2012, 27(6): 1-7.

[49] 聂铁军. 数值计算方法[M]. 西安: 西北工业大学出版社, 1990.

[50] 刘藻珍, 魏华梁. 系统仿真[M]. 北京: 北京理工大学出版社, 1998.

[51] 方辉煜. 防空导弹武器系统仿真[M]. 北京: 宇航出版社, 1995.

[52] 康凤举. 现代仿真技术与应用[M]. 北京: 国防工业出版社, 2001.

[53] 陈国兴. 导弹技术词典[M]. 北京: 宇航出版社, 1988.

[54] 熊光楞, 彭毅. 先进仿真技术与仿真环境[M]. 北京: 国防工业出版社, 2001.

[55] 郭齐胜, 董志明, 单家元, 等. 系统仿真[M]. 北京: 国防工业出版社, 2006.

[56] 周雪琴, 安锦文. 计算机控制系统[M]. 西安: 西北工业大学出版社, 1998.

[57] 廖瑛, 邓方林, 梁加红, 等. 系统建模与仿真的校核、验证与确认(VV&A)技术[M]. 长沙: 国防科技大学出版社, 2006.

[58] 薛定宇. 控制系统计算机辅助设计[M]. 北京: 清华大学出版社, 2006.

[59] 单家元, 孟秀云, 丁艳. 半实物仿真[M]. 北京: 国防工业出版社, 2008.

[60] 沈昭烈, 吴震. 空空导弹推力矢量控制系统[J]. 战术导弹控制技术, 2002, 10(2): 1-6.

[61] 李惠芝. 导弹空气动力发展的新动向[J]. 现代防御技术, 1998, 26(1): 31-38.

[62] 李玉林, 万自明, 黄荣度. 大气层内复合控制拦截弹切换时间的探讨[J]. 现代防御技术, 2002, 30(5): 30-35.

[63] 刘海霞. 法意联合研制系列化防空导弹[J]. 中国航天, 2001, (3): 32-34.

[64] 张志鸿. 俄罗斯研制小型化地空导弹[J]. 中国航天, 1999, (9): 39-41.

[65] 张德雄, 王照斌. 动能拦截器的固体推进剂轨控和姿控系统[J]. 飞航导弹, 2001, (2): 37-41.

[66] 温德义. 美国动能武器变轨与姿控系统的发展现状[J]. 现代防御技术, 1995, (4): 32-37.

[67] 李世鹏, 张平. 轻型动能拦截器固体控制发动机方案分析[J]. 推进技术, 1999, (2): 99-103.

[68] 吴森唐. 导弹自主编队协同制导控制技术[M]. 北京: 国防工业出版社, 2015.

[69] MICHAEL J H. 战术导弹空气动力学: 上册[M]. 北京: 宇航出版社, 1999.

[70] 夏国洪, 王东进. 智能导弹[M]. 北京: 中国宇航出版社, 2008.

[71] 赵建博, 杨树兴. 多导弹协同制导研究综述[J]. 航空学报, 2017, 38(1): 17-29.

[72] 樊会涛. 第五代空空导弹的特点及关键技术[J]. 航空科学技术, 2011, 22(3): 1-5.

[73] 贾秋锐, 孙媛媛, 钟咏兵. 空空导弹发展趋势[J]. 飞航导弹, 2012, (7): 29-32.

[74] 樊会涛, 崔颢, 天光. 空空导弹 70 年发展综述[J]. 航空兵器, 2016, 23(1): 3-12.

[75] 周军, 葛致磊, 施桂国, 等. 地磁导航发展与关键技术[J]. 宇航学报, 2008, 29(5): 1467-1472.

[76] 张志鸿. 防空导弹引信技术的发展[J]. 现代防御技术, 2001, 29(4): 26-31.

[77] 韩其辰. 毫米波引信弹目近程测距技术研究[D]. 太原: 中北大学, 2021.

[78] 卢娟芝. 空地战术导弹姿态控制回路设计方法研究[D]. 南京: 南京理工大学, 2014.

[79] 关成启, 杨涤, 关世义. 地面目标特性分析[J]. 战术导弹技术, 2002, (5): 21-25.

[80] NESLINE F W, ZARCHAN P. Robust instrumentation configurations for homing missile flight control[C]. AIAA Guidance and Control Conference, Danvers, USA, 1980.

[81] 仲波. 具有随机输入的非线性制导系统的统计分析方法[J]. 西安工业大学学报, 1981, (1): 110-128.

[82] 秦锋. 寻的导弹制导系统天线罩/导引头数学模型分析[J]. 战术导弹技术, 1983, (1): 39-50.

[83] 廖瑛, 梁加红, 姚新宇, 等. 实时仿真理论与支撑技术[M]. 长沙: 国防科技大学出版社, 2002.

[84] 张冬青, 李东兵, 王蕾, 等. 导弹智能化技术初探[J]. 飞航导弹, 2008, (8): 21-25.

[85] 林海. 精确打击导弹的新技术[J]. 中国航天, 2003, (1): 34-39.

附录 A　符号对照表

附表 A.1　符号对照表

符号	物理含义	符号	物理含义
α	迎角	α_T	总迎角
β	侧滑角	β_T	总侧滑角
ϑ	俯仰角	ψ	偏航角
γ	滚转角	ψ_v	弹道偏角
θ	弹道倾角	γ_v	速度滚转角
σ	雷达散射截面积(第3章) 超调量(第6章) 均方根(第11章) 方位角(第13、17章)	p	滚转角速度
		$\dot{q}$	导弹与目标间的视线角速度
q	目标视线角	ϕ_c	地心纬度
r	距离	$Ox_1y_1z_1$	弹体坐标系
λ	弹目视线角	$Ox_3y_3z_3$	速度坐标系
$Ox_2y_2z_2$	弹道坐标系	Δr	目标的距离分辨率
$Oxyz$	地面坐标系	M_p	谐振峰值
$\Delta\phi$	目标的角度分辨率	v_D	导弹飞行速度
$\dot{\theta}$	弹道倾角角速率	ω_c	截止频率
v_M	目标飞行速度	MX_A	天线等强信号线
MT	导弹对目标的视线	q_A	天线等强信号线与参考线的夹角
MN	参考线(基线)	φ	天线等强信号线相对弹轴的方位角
ε	高低角($\varepsilon = q = q_A$)	K_0, K_A, K_R	导弹自动驾驶仪增益
n	过载	N	控制力
g	重力加速度	P	导弹发动机推力
G	重力	ΔP	剩余推力
Q	阻力	S	特征面积
δ	舵偏角	C_R	空气动力系数
L	特征长度	q_∞	远前方来流动压
C_m	空气动力矩系数	C_y	升力系数
C_x	阻力系数	C_z	侧力系数
		C_{y1}	法向力系数

续表

符号	物理含义	符号	物理含义
m_x	滚转力矩系数	m_y	偏航力矩系数
m_z	俯仰力矩系数	X	轴向力
Y	升力	Z	侧力
M_z	俯仰力矩	M_y	偏航力矩
M_x	滚转力矩	J_x	导弹绕 $O_1 x_1$ 轴的转动惯量
J_y	导弹绕 $O_1 y_1$ 轴的转动惯量	J_z	导弹绕 $O_1 z_1$ 轴的转动惯量
f	雷达频率	D	舰船的排水量
$n_{D\max}$	导弹最大可用过载	ω_n	导弹固有频率
ω_H	制导系统截止频率	ω_{CT}	控制系统截止频率
Δx	静不稳定度	n_p	导弹的可用法向过载
n_R	导弹的需用法向过载	η	前置角
t_f	终端时间	Ω	导引头视场角
C_{x1}	轴向力系数	q_t	天线轴相对参考线的角度
C_{z1}	侧向力系数		

附录 B 频域分析法相关证明

对四阶飞行控制系统进行分析设计。目标加速度 a_T 减去导弹加速度 a_M 积分后得到弹目相对距离 y，飞行末端时间 t_f 所对应的 y 就是脱靶量 $y(t_f)$，y 除以拦截距离(接近速度 v_{cl} 乘以剩余飞行时间 t_{go})得到弹目视线角 λ，其中剩余飞行时间定义为 $t_{go} = t_f - t$。导弹导引头建模为一个理想微分器，可提供导弹和目标间视线角速率测量值。滤波器和导引头的动态特性由以下传递函数表示：

$$G_1 = \frac{\tau_z s + 1}{\tau_2 s + 1}$$

式中，τ_z、τ_2 为常值系数。

基于有效导航比 $N > 2$ 的比例导引律，根据视线角速率生成制导指令 α_c。飞行控制系统按这个制导指令进行导弹制导。

飞行控制系统动力学结合了弹体和自动驾驶仪的动态特性，由下面的传递函数表示：

$$G_2 = \frac{a(s)}{(1 + \tau_1 s)\left(\dfrac{s^2}{\omega_M^2} + \dfrac{2\zeta}{\omega_M} s + 1\right)} \tag{附 B.1}$$

式中，ζ 为飞行控制系统阻尼；ω_M 为自然频率；τ_1 为时间常数；

对尾翼控制导弹，有

$$a(s) = 1 - \frac{s^2}{\omega_z^2}$$

式中，ω_z 为弹体零频。

t_f 对应的脱靶量可以表示为

$$Y(t_f, s) = \exp\left(N \int_\infty^s H(\sigma) \mathrm{d}\sigma\right) Y_T(s) \tag{附 B.2}$$

式中，$Y_T(s)$ 为目标垂直方向上 $Y_T(t)$ 的拉普拉斯变换；$Y(t_f, s)$ 为 $y(t_f)$ 的拉普拉斯变换。

其中，

$$H(s) = \frac{W(s)}{s} \tag{附 B.3}$$

$$W(s) = G_1(s) * G_2(s) = \frac{1 + r_1 s + r_2 s^2 + r_3 s^3}{(1 + \tau_1 s)(1 + \tau_2 s)\left(1 + \dfrac{2\zeta}{\omega_M} s + \dfrac{s^2}{\omega_M^2}\right)} \tag{附 B.4}$$

式中，r_1、r_2、r_3 是常值系数。

积分 $\int_{\infty}^{s} H(\sigma)\mathrm{d}\sigma$ 可以通过把 $H(s)$ 写成下面的形式来计算：

$$H(s) = \frac{A}{s} + \frac{B_1 / \tau_1}{s + 1/\tau_1} + \frac{B_2 / \tau_2}{s + 1/\tau_2} + \frac{Cs + D}{1 + \dfrac{2\zeta}{\omega_M}s + \dfrac{s^2}{\omega_M^2}} \qquad \text{(附 B.5)}$$

式中，系数 A、B_1、B_2、C 和 D 分别为

$$A = 1$$

$$B_1 = \frac{\tau_1^2 - r_1\tau_1 + r_2 - \dfrac{r_3}{\tau_1}}{\left(1 - \dfrac{\tau_2}{\tau_1}\right)\left(\dfrac{2\zeta}{\omega_M} - \tau_1 - \dfrac{1}{\tau_1\omega_M^2}\right)}$$

$$B_2 = \frac{\tau_2^2 - r_1\tau_2 + r_2 - \dfrac{r_3}{\tau_2}}{\left(1 - \dfrac{\tau_1}{\tau_2}\right)\left(\dfrac{2\zeta}{\omega_M} - \tau_2 - \dfrac{1}{\tau_2\omega_M^2}\right)}$$

$$C = -\frac{1}{\omega_M^2} - \frac{B_1}{\tau_1\omega_M^2} - \frac{B_2}{\tau_2\omega_M^2}$$

$$D = r_1 - B_1 - B_2 - (\tau_1 + \tau_2) - \frac{2\zeta}{\omega_M}$$

对于 $\tau_2 = 0$，有

$$B_2 = 0 \ \text{且} \ \lim_{\tau_2 \to 0} \frac{B_2}{\tau_2\omega_M^2} = -\frac{r_3}{\tau_1}$$

若 $\tau_1 = 0$ 及 $r_3 = 0$，则

$$B_1 = 0 \ \text{且} \ \lim_{\tau_1 \to 0} \frac{B_2}{\tau_1\omega_M^2} = -r_2$$

对式(附 B.5)进行积分，等号右端前三项积分结果为

$$\ln s + \frac{B_1}{\tau_1}\ln(s + 1/\tau_1) + \frac{B_2}{\tau_2}\ln(s + 1/\tau_2)$$

最后一项积分结果为

$$\int_{\infty}^{s} \frac{Cs + D}{1 + \dfrac{2\zeta}{\omega_M}s + \dfrac{s^2}{\omega_M^2}}\mathrm{d}s = \int_{\infty}^{s} \frac{C\omega_M^2 s + D\omega_M^2}{s^2 + 2\zeta\omega_M s + \omega_M^2}\mathrm{d}s$$

$$= \frac{C\omega_M^2}{2}\ln(s^2 + 2\zeta\omega_M s + \omega_M^2) - \int_{\infty}^{s} \frac{\omega_M^2(\zeta\omega_M C - D)}{s^2 + 2\zeta\omega_M s + \omega_M^2}\mathrm{d}s$$

$$
\begin{aligned}
&= \frac{C\omega_{\mathrm{M}}^2}{2}\ln(s^2 + 2\zeta\omega_{\mathrm{M}}s + \omega_{\mathrm{M}}^2) \\
&\quad + \omega_{\mathrm{M}}^2(D - \zeta\omega_{\mathrm{M}}C)\frac{1}{\omega_{\mathrm{M}}\sqrt{1-\zeta^2}}\arctan\frac{s + \zeta\omega_{\mathrm{M}}}{\omega_{\mathrm{M}}\sqrt{1-\zeta^2}}
\end{aligned}
$$

$$
\begin{aligned}
&= \frac{C\omega_{\mathrm{M}}^2}{2}\ln(s^2 + 2\zeta\omega_{\mathrm{M}}s + \omega_{\mathrm{M}}^2) \\
&\quad + \omega_{\mathrm{M}}^2(D - \zeta\omega_{\mathrm{M}}C)\frac{1}{\omega_{\mathrm{M}}\sqrt{1-\zeta^2}}\frac{1}{2\mathrm{i}}\ln\frac{\mathrm{i}\omega_{\mathrm{M}}\sqrt{1-\zeta^2} - (s + \zeta\omega_{\mathrm{M}})}{\mathrm{i}\omega_{\mathrm{M}}\sqrt{1-\zeta^2} + (s + \zeta\omega_{\mathrm{M}})}
\end{aligned} \tag{附 B.6}
$$

当 $a_{\mathrm{T}}(s) = g$，$Y_{\mathrm{T}}(s) = \dfrac{1}{s^2}a_{\mathrm{T}}(s)$ 时，式(附 B.2)的积分上限为

$$
P(t_{\mathrm{f}}, s) = gs^{N-2}\prod_{k=1}^{2}\left(s + \frac{1}{\tau_k}\right)^{B_k N/\tau_k}(s^2 + 2\omega_{\mathrm{M}}\zeta s + \omega_{\mathrm{M}}^2)^{CN\omega_{\mathrm{M}}^2}
$$

$$
\cdot \left(\frac{-s - \zeta\omega_{\mathrm{M}} + \mathrm{i}\omega_{\mathrm{M}}\sqrt{1-\zeta^2}}{s + \zeta\omega_{\mathrm{M}} + \mathrm{i}\omega_{\mathrm{M}}\sqrt{1-\zeta^2}}\right)^{\frac{N\omega_{\mathrm{M}}(D - \zeta\omega_{\mathrm{M}}C)}{2\mathrm{i}\sqrt{1-\zeta^2}}} \tag{附 B.7}
$$

由于式(附 B.4)中分子阶数比分母阶数低，因此式(附 B.2)的积分下限等于零。上述方程表示的是脱靶量和目标加速度间关系的传递函数。

当 $s = \mathrm{i}\omega$ 时，根据式(附 B.7)可得到制导系统的频率响应；式(附 B.6)的最后一项可以写为

$$
-\mathrm{i}\frac{\omega_{\mathrm{M}}(D - \zeta\omega_{\mathrm{M}}C)}{2\sqrt{1-\zeta^2}}\ln\frac{\mathrm{i}(-\omega + \omega_{\mathrm{M}}\sqrt{1-\zeta^2}) - \zeta\omega_{\mathrm{M}}}{\mathrm{i}(\omega + \omega_{\mathrm{M}}\sqrt{1-\zeta^2}) + \zeta\omega_{\mathrm{M}}} = \mathrm{Re}(\cdot) + \mathrm{i}\,\mathrm{Im}(\cdot) \tag{附 B.8}
$$

式中，

$$
\mathrm{Re}(\cdot) = \frac{\omega_{\mathrm{M}}(D - \zeta\omega_{\mathrm{M}}C)}{2\sqrt{1-\zeta^2}}\left(\arctan\frac{\omega - \omega_{\mathrm{M}}\sqrt{1-\zeta^2}}{\zeta\omega_{\mathrm{M}}} - \arctan\frac{\omega + \omega_{\mathrm{M}}\sqrt{1-\zeta^2}}{\zeta\omega_{\mathrm{M}}}\right) \tag{附 B.9}
$$

及

$$
\mathrm{Im}(\cdot) = -\frac{\omega_{\mathrm{M}}(D - \zeta\omega_{\mathrm{M}}C)}{4\sqrt{1-\zeta^2}}\ln\frac{\omega_{\mathrm{M}}^2 + \omega^2 - 2\omega\omega_{\mathrm{M}}\sqrt{1-\zeta^2}}{\omega_{\mathrm{M}}^2 + \omega^2 + 2\omega\omega_{\mathrm{M}}\sqrt{1-\zeta^2}} \tag{附 B.10}
$$

将式(附 B.8)～式(附 B.10)代入式(附 B.2)，$s = \mathrm{i}\omega$，将式(附 B.7)最后一项表示成下面的形式：

$$
\left(\frac{-\mathrm{i}\omega - \zeta\omega_{\mathrm{M}} + \mathrm{i}\omega_{\mathrm{M}}\sqrt{1-\zeta^2}}{\mathrm{i}\omega + \zeta\omega_{\mathrm{M}} + \mathrm{i}\omega_{\mathrm{M}}\sqrt{1-\zeta^2}}\right)^{\frac{N\omega_{\mathrm{M}}(D - \zeta\omega_{\mathrm{M}}C)}{2\mathrm{i}\sqrt{1-\zeta^2}}} = \exp(N\mathrm{Re}(\cdot))\exp(\mathrm{i}N\mathrm{Im}(\cdot))
$$

由式(附 B.7)～式(附 B.9)即可得到制导系统的幅值特性和相角特性。

幅值特性 $|P(t_{\mathrm{f}}, \mathrm{i}\omega)|$ 的形式如下：

$$\left|P(t_{\mathrm{f}},\mathrm{i}\omega)\right|=g\omega^{N-2}\prod_{k=1}^{2}(s+1/\tau_k^2)^{B_kN/2\tau_k}\left[(\omega_{\mathrm{M}}^2-\xi^2)+4\omega_{\mathrm{M}}\omega^2\zeta^2\right]^{CN\omega_{\mathrm{M}}^2/4}\exp(\cdot) \qquad (\text{附 B.11})$$

式中，

$$\exp(\cdot)=\exp\left[N\frac{\omega_{\mathrm{M}}(D-\zeta\omega_{\mathrm{M}}C)}{2\sqrt{1-\zeta^2}}\left(\arctan\frac{\omega-\omega_{\mathrm{M}}\sqrt{1-\zeta^2}}{\zeta\omega_{\mathrm{M}}}-\arctan\frac{\omega+\omega_{\mathrm{M}}\sqrt{1-\zeta^2}}{\zeta\omega_{\mathrm{M}}}\right)\right] \qquad (\text{附 B.12})$$

相角特性 $\varphi(t_{\mathrm{f}},\mathrm{i}\omega)$ 的形式如下：

$$\varphi(t_{\mathrm{f}},\mathrm{i}\omega)=-\pi+N\frac{\pi}{2}+N\frac{B_1}{\tau_1}\arctan(\omega\tau_1)+N\frac{B_2}{\tau_2}\arctan(\omega\tau_2)$$

$$+N\frac{C}{2}\omega_{\mathrm{M}}^2\arctan\frac{2\omega\omega_{\mathrm{M}}\zeta}{\omega_{\mathrm{M}}^2-\omega^2}-\frac{\omega_{\mathrm{M}}(D-\zeta\omega_{\mathrm{M}}C)}{4\sqrt{1-\zeta^2}}\ln\frac{\omega_{\mathrm{M}}^2+\omega^2-2\omega\omega_{\mathrm{M}}\sqrt{1-\zeta^2}}{\omega_{\mathrm{M}}^2+\omega^2+2\omega\omega_{\mathrm{M}}\sqrt{1-\zeta^2}}$$

附录 C 线性二次型最优控制问题

对于线性系统,如果其性能指标是状态变量和(或)控制变量的二次型函数的积分,则这种动态系统的最优化问题称为线性系统、二次型性能指标的最优控制问题,简称"线性二次型最优控制问题"或"线性二次型问题"。线性二次型问题的最优解可以写成统一的解析表达式,实现求解过程的规范化,且可得到一个简单的状态线性反馈控制律,从而构成闭环最优反馈系统,这对最优控制在工程应用中的实现具有十分重要的意义。同时,线性二次型问题还可以兼顾系统性能指标(如快速性、准确性、稳定性和灵敏度等)的多方面因素。因此,线性二次型问题受到重视和得到相应发展,成为现代控制理论及应用中最有成果的一部分,特别是对线性二次型最优反馈系统的结构、性质与设计方法,以及最优调节器的性质与综合等多方面的研究,已取得一定的结果。

线性二次型最优控制问题与一般的最优控制问题比较,有两个明显的特点:其一,研究的是多输入-多输出动态系统的最优控制问题,其中包括作为特例的单输入-单输出情形;其二,研究的系统性能指标是综合性的性能指标。因此,线性二次型最优控制更具有综合性、灵活性和实用性。

设线性时变系统的状态方程为

$$\dot{x}(t) = A(t)x(t) + B(t)u(t) \tag{附 C.1}$$

式中,$x(t)$ 为 n 维状态矢量;$u(t)$ 为 m 维控制矢量($m < n$);$A(t)$ 为 $n \times n$ 维时变矩阵;$B(t)$ 为 $n \times m$ 维时变矩阵。

假定控制矢量 $u(t)$ 不受约束,试求最优控制 $u^*(t)$,使系统由任意给定的初始状态 $x(t_0) = x_0$ 转移到自由终态 $x(t_f)$ 时,式(附 C.2)所示的系统二次型性能指标取极小值。

$$J = \frac{1}{2}x^T(t)F(t)x(t) + \frac{1}{2}\int_{t_0}^{t_f}[x^T(t)Q(t)x(t) + u^T(t)R(t)u(t)]dt \tag{附 C.2}$$

式中,$F(t)$ 为 $n \times n$ 维半正定对称常数的终端加权矩阵;$Q(t)$ 为 $n \times n$ 维半正定对称时变的状态加权矩阵;$R(t)$ 为 $m \times m$ 维正定对称时变的控制加权矩阵;始端时间 t_0 及终端时间 t_f 固定。

假定 $A(t)$、$B(t)$、$Q(t)$ 和 $R(t)$ 的各元素均为时间 t 的连续函数,且所有矩阵函数及 $R^{-1}(t)$ 都是有界的。

式(附 C.2)右侧第一项是末值项,称为终端代价,它实际是对终端状态提出一个合乎需要的要求,表示在给定的终端时间 t_f 到来时,系统的终态 $x(t_f)$ 接近预定终态的程度。这一项对于控制大气层外的导弹拦截或飞船的会合等航天航空问题是重要的。例如,在宇航的交会问题中,由于要求两个飞行物的终态严格一致,则必须加上这一项,以体现在终端时间 t_f 时的误差足够小。

式(附 C.2)右侧的积分项是一项综合指标。其中，积分中的第一项 $\frac{1}{2}x^{\mathrm{T}}(t)Q(t)x(t)$ 表示对于一切 $t \in [t_0, t_f]$ 的状态 $x(t)$ 的要求，可用来衡量整个控制期间系统的给定状态与实际状态之间的综合误差。若 $x(t)$ 表示误差矢量，则该项为用来衡量误差大小的代价函数。在 $x(t)$ 为标量函数的情况下，该项积分类似于经典控制理论中给定参考输入量与被控制量之间误差的平方积分。显然，这一积分项越小，说明控制的性能越好。

积分项中的第二项表示动态过程中对控制的约束或要求，即对控制过程总能量的一个限制。如果将 $u(t)$ 看作电压或电流的函数，则 $\frac{1}{2}u^{\mathrm{T}}(t)R(t)u(t)$ 与功率成正比，其积分则表示在 $[t_0, t_f]$ 所消耗的能量。因此，该项为用来衡量消耗能量大小的代价函数。

两个积分项实际上是相互制约的。如果控制状态的误差平方积分减小，必然会导致控制能量的消耗增大。反之，为了节省控制能量，就不得不牺牲对控制性能的要求。因此，求两个积分项之和的极小值，实质上是求取在某种最优意义下的折中值。然而，即使是折中值，也会出现侧重哪一方面的问题，这可通过对加权矩阵 $Q(t)$ 和 $R(t)$ 的选择来体现。例如，希望提高控制的快速响应特性，则可增大 $Q(t)$ 中某一元素的比重；希望有效地抑制控制量的幅值及其引起的能量消耗，则可提高 $R(t)$ 中某一元素的比重。

在工程应用中，根据控制系统的实际要求来确定加权矩阵 $F(t)$、$Q(t)$、$R(t)$ 中的各个元素，仍是一项十分重要而又十分困难的工作，它在相当程度上需要设计者的智慧和实际经验。

二次型性能指标中的常数因子 $\frac{1}{2}$，其加入会使运算更简便一些，没有其他原因，不加也可以。

注意，控制加权矩阵 $R(t)$ 必须是正定对称矩阵，这是因为在后面的计算中需要用到 $R(t)$ 的逆矩阵，即 $R^{-1}(t)$，如果只要求 $R(t)$ 非负定，则不能保证 $R^{-1}(t)$ 的必然存在。

附录 D   CADET 中线性系统状态矢量的均值和协方差传播方程推导

具有随机输入的时变线性连续系统可以用以下一阶矢量微分方程表示：

$$\dot{X}(t) = F(t)X(t) + G(t)W(t) \tag{附 D.1}$$

式中，$X(t)$ 为系统 n 维状态矢量；$W(t)$ 为随机输入 m 维矢量(控制或干扰)；$F(t)$ 为 $n \times n$ 维状态矩阵；$G(t)$ 为 $n \times m$ 维扰动矩阵。

设 $W(t) = B(t) + u(t)$，且 $E[W(t)] = B(t)$，$E[u(t)u^{\mathrm{T}}(t)] = Q(t)\delta(t-\tau)$，即随机矢量由均值 $B(t)$ 和随机分量 $u(t)$ 组成，后者是谱密度矩阵为 $Q(t)$ 的白噪声。由于系统引入随机扰动矢量 $W(t)$，状态矢量 $X(t)$ 的分析只能在概率意义上进行。

设 $X(t) = M(t) + R(t)$，其中 $M(t)$ 为均值分量，$R(t)$ 为随机分量。

状态矢量 $X(t)$ 可以用均值 $M(t)$ 和协方差矩阵 $P(t)$ 来描述：

$$M(t) = E[X(t)] \tag{附 D.2}$$

$$P(t) = E[R(t)R^{\mathrm{T}}(t)] \tag{附 D.3}$$

对式(附 D.1)两边取期望值，有

$$\begin{aligned}
E[\dot{X}(t)] &= \dot{M}(t) \\
&= E[F(t)X(t) + G(t)W(t)] \\
&= F(t)E[X(t)] + G(t)E[W(t)]
\end{aligned} \tag{附 D.4}$$

对式(附 D.3)两边求导，有

$$\dot{P}(t) = \frac{\mathrm{d}}{\mathrm{d}t}E[R(t)R^{\mathrm{T}}(t)] = E[\dot{R}(t)R^{\mathrm{T}}(t) + R(t)\dot{R}^{\mathrm{T}}(t)] \tag{附 D.5}$$

将 $X(t) = M(t) + R(t)$ 和 $W(t) = B(t) + u(t)$ 代入式(附 D.1)，有

$$\dot{M}(t) + \dot{R}(t) = F(t)M(t) + F(t)R(t) + G(t)B(t) + G(t)u(t)$$

则

$$\begin{aligned}
\dot{R}(t) &= F(t)M(t) + F(t)R(t) + G(t)B(t) + G(t)u(t) - \dot{M}(t) \\
&= F(t)M(t) + F(t)R(t) + G(t)B(t) + G(t)u(t) - [F(t)M(t) + G(t)B(t)] \\
&= F(t)R(t) + G(t)u(t)
\end{aligned} \tag{附 D.6}$$

将式(附 D.6)代入式(附 D.5)中，有

$$\dot{P}(t) = E\{[F(t)R(t) + G(t)u(t)]R^{\mathrm{T}}(t)\} + E\{R(t)[F(t)R(t) + G(t)u(t)]^{\mathrm{T}}\}$$
$$= F(t)E[R(t)R^{\mathrm{T}}(t)] + G(t)E[u(t)R^{\mathrm{T}}(t)] + E[R(t)R^{\mathrm{T}}(t)]F^{\mathrm{T}}(t) + E[R(t)u^{\mathrm{T}}(t)]G^{\mathrm{T}}(t)$$
$$= F(t)P(t) + P(t)F^{\mathrm{T}}(t) + E[R(t)u^{\mathrm{T}}(t)]G^{\mathrm{T}}(t) + G(t)E[u(t)R^{\mathrm{T}}(t)] \tag{附 D.7}$$

式(附 D.6)的解为

$$R(t) = \Phi(t,t_0)R(t_0)\int_{t_0}^{t}\Phi(t,\tau)G(\tau)u(t)\mathrm{d}\tau$$

则

$$E[R(t)u^{\mathrm{T}}(t)] = \Phi(t,t_0)E[R(t_0)u^{\mathrm{T}}(t)] + \int_{t_0}^{t}\Phi(t,\tau)G(t)E[u(t)u^{\mathrm{T}}(t)]\mathrm{d}\tau$$
$$= \int_{t_0}^{t}\Phi(t,\tau)G(t)Q(\tau)\delta(t-\tau)\mathrm{d}\tau$$

根据分布定理公式

$$\int_{a}^{b}f(x)\delta(b-x)\mathrm{d}x = \frac{1}{2}f(b)$$

可得

$$E[R(t)u^{\mathrm{T}}(t)] = \frac{1}{2}\Phi(t,t)G(t)Q(t) = \frac{1}{2}G(t)Q(t)$$

同理，可求得

$$E[u(t)R^{\mathrm{T}}(t)] = \frac{1}{2}Q(t)G^{\mathrm{T}}(t)$$

代入式(附 D.7)可得

$$\dot{P}(t) = F(t)P(t) + P(t)F^{\mathrm{T}}(t) + G(t)Q(t)G^{\mathrm{T}}(t) \tag{附 D.8}$$

至此，就得到线性系统状态矢量的均值和协方差传播方程(式(附 D.4)及式(附 D.8))，合并到一起后如式(附 D.9)所示：

$$\begin{cases}\dot{M}(t) = F(t)E[X(t)] + G(t)E[W(t)] \\ \dot{P}(t) = F(t)P(t) + P(t)F^{\mathrm{T}}(t) + G(t)Q(t)G^{\mathrm{T}}(t)\end{cases} \tag{附 D.9}$$